图灵教育

站在巨人的肩上
Standing on the Shoulders of Giants

TURING

图灵教育

站在巨人的肩上

Standing on the Shoulders of Giants

TURING 图灵程序设计丛书

CSS 揭秘

CSS Secrets: Better Solutions to Everyday Web Design Problems

[希] Lea Verou 著

CSS魔法 译

Beijing • Cambridge • Farnham • Köln • Sebastopol • Tokyo

O'Reilly Media, Inc.授权人民邮电出版社出版

人民邮电出版社

北　京

图书在版编目（CIP）数据

CSS揭秘 / （希）韦鲁（Verou, L.）著；CSS魔法译.
-- 北京：人民邮电出版社，2016.4（2022.4重印）
（图灵程序设计丛书）
ISBN 978-7-115-41694-0

Ⅰ. ①C… Ⅱ. ①韦… ②C… Ⅲ. ①网页制作工具
Ⅳ. ①TP393.092

中国版本图书馆CIP数据核字(2016)第022284号

内 容 提 要

本书是一本注重实践的教程，作者为我们揭示了47个鲜为人知的CSS技巧，主要内容包括背景与边框、形状、视觉效果、字体排印、用户体验、结构与布局、过渡与动画等。本书将带领读者循序渐进地探寻更优雅的解决方案，攻克每天都会遇到的各种网页样式难题。

本书的读者对象为前端工程师、网页开发人员。

◆ 著　　　　[希] Lea Verou
　　译　　　　CSS魔法
　　责任编辑　朱　巍
　　执行编辑　杨　琳
　　责任印制　彭志环

◆ 人民邮电出版社出版发行　　北京市丰台区成寿寺路11号
　　邮编　100164　电子邮件　315@ptpress.com.cn
　　网址　https://www.ptpress.com.cn
　　涿州市京南印刷厂印刷

◆ 开本：880×1230　1/16
　　印张：16.25　　　　　　　　2016年4月第1版
　　字数：435千字　　　　　　　2022年4月河北第18次印刷
　　著作权合同登记号　图字：01-2016-0435号

定价：129.00元
读者服务热线：(010)84084456-6009　印装质量热线：(010)81055316
反盗版热线：(010)81055315
广告经营许可证：京东市监广登字 20170147 号

版权声明

谨以此书献给
我的母亲兼我最好的朋友:
匆匆离世的 Maria Verou（1952—2013）

本书赞誉

"这本书是为新一代 CSS 所写的新一代 CSS 图书。也许从前的 CSS 只会让你联想到浏览器里的各种小把戏,但如今 CSS 已经成为一门功能强大、具备完整生态、涉及 80 多项 W3C 规范的复杂语言。在我所知的技术专家中,没人比 Lea Verou 更能领会新一代 CSS 的精髓,没人能像她那样透彻地给出问题解决之道。"

——Jeffrey Zeldman,《网站重构》作者

"极少有哪本书能像 Lea Verou 的这本《CSS 揭秘》一样囊括如此之多的实用技巧。它针对常见的网页设计难题提出了数不胜数的解决方案,手到擒来、高效可靠,堪称 CSS 智慧与技巧的集大成之作。哪怕你自认是 CSS 领域的专家,这本书仍然值得一读!"

——Vitaly Friedman,*Smashing Magazine* 联合创始人兼总编

"每当我读到 Lea Verou 的文章时,总能收获新技能。这本《CSS 揭秘》也不例外。这本书经过了精心编排,把丰富的经验和技巧分解为一篇篇的短文,易读易懂。尽管书中的部分内容颇具前瞻性,但大多数知识还是极为实用的,我在自己的项目中就用到了很多。"

——Jonathan Snook,网页设计师兼开发者

"Lea 的这本书棒极了。她对 CSS 的运用已臻化境,我敢说即便是 CSS 规范的作者也无法想像!这本书的每个章节各具特色,呈现了各式各样的技巧,它将教会你用多种思路来达成各式各样的设计效果。不久之后,你在工作中就会不由自主地念念有词:'嗯,这个效果可以用 Lea 的方法来完美实现!'甚至在不知不觉之中,你的网站都不怎么需要用到图片了,因为你已经把所有图形效果都写成了易于维护的 CSS 组件。最重要的是,她的表达方式生动活泼,注重实效但又不失奇趣!"

——Nicole Sullivan,资深软件工程师,OOCSS 项目创始人

"Lea Verou 的这本《CSS 揭秘》不只是一套 CSS 技巧的合集，更是一本注重实效的 CSS 经典教科书。在每篇攻略中，她不仅讲授解决问题的方法，更会深入解析背后的思路，从而教会你如何自行探索更多的 CSS 奥秘。千万不要错过第 1 章引言，那里有你不可不知的 CSS 最佳实践。"

——Elika J. Etemad（网名 fantasai），W3C CSS 工作组特邀专家

"Lea 在全球各地的技术会议上所作的演讲早已成为不可错过的学习素材。作为她多年经验的提炼与升华，这本《CSS 揭秘》为各种网页设计顽症提供了优雅的解决方案，更重要的是，它展示了 CSS 解决问题的方式和思路。这绝对是每位前端设计师和开发者必读的一本书。"

——Dudley Storey，设计师、开发者、作家、Web 教育专家

"我一直以为我对 CSS 的理解已经达到相当高的层次了，直到我读到了 Lea Verou 的这本书。如果你希望把自己的 CSS 技能提升到一个新的段位，那这本书正是不二之选。"

——Ryan Seddon，Zendesk 团队负责人

"《CSS 揭秘》是迄今为止我在这个领域里读到的最具专业性的书。或许你曾以为 CSS 这门语言简单无奇，但 Lea 已将它的疆域拓展为如此广袤的一片天地，令人叹为观止。这本书显然不适合初学者，但我会强烈推荐给每一位自信精通 CSS 的开发者。"

——Hugo Giraudel，前端开发者，Edenspiekermann 公司工程师

"我一直觉得 CSS 就像是一种魔法：寥寥数行的代码就可以让你的网页脱胎换骨、焕然一新。在《CSS 揭秘》中，Lea 将这种魔法提升到了一个全新的境界。她就像是一位 CSS 魔法大师，带领我们在这个充满魔力的世界里自由翱翔。在阅读这本书的过程中，我曾无数次地脱口而出：'这简直帅呆了！'这本书唯一的问题在于，在读完它之后，我已对其他事情兴趣全无，终日沉溺在 CSS 的魔幻之中无法自拔。"

——Elisabeth Robson，WickedlySmart.com 联合创始人，《深入浅出 JavaScript 编程》联合作者

"《CSS 揭秘》值得被每一位网页开发者收入囊中。这本书将传授给你丰富的经验和技巧，帮助你实现那些你原以为不可能用 CSS 完成的任务。最令我惊讶不已的是，对于每一个困扰我多年的网页样式难题，作者居然都可以从不同的角度提出不止一种简洁优雅的解决方案。"

——Robin Nixon，网页开发者、在线讲师、多本 CSS 书籍的作者

"Lea Verou 是一位网页设计和开发领域的大师，她的书跟她的代码一样富有美感、饱含智慧。不论你对 CSS 是否精通，也不论你对 CSS3 的种种细节是否了解，这本书总有适合你的地方。"

——Estelle Weyl，开放 Web 布道师，《CSS 权威指南》联合作者

目录

译者序   ix

序   xi

前言   xiii

致谢   xv

本书是怎样炼成的   xviii

关于本书   xx

第 1 章
引言   1

Web 标准：是敌还是友   2

CSS 编码技巧   7

第 2 章
背景与边框   17

1 半透明边框   18

2 多重边框   20

3 灵活的背景定位   22

4 边框内圆角   25

5 条纹背景   27

6 复杂的背景图案   33

7 伪随机背景   43

8 连续的图像边框   46

第 3 章
形状   51

9 自适应的椭圆   52

10 平行四边形   57

11 菱形图片   60

12 切角效果   63

13 梯形标签页   71

14 简单的饼图   75

第 4 章
视觉效果   86

15 单侧投影   87

16 不规则投影   90

17 染色效果   93

18 毛玻璃效果   97

19 折角效果   105

第 5 章

字体排印 112

㉚ 连字符断行 113

㉑ 插入换行 115

㉒ 文本行的斑马条纹 119

㉓ 调整 tab 的宽度 121

㉔ 连字 123

㉕ 华丽的 & 符号 125

㉖ 自定义下划线 129

㉗ 现实中的文字效果 132

㉘ 环形文字 138

第 6 章

用户体验 143

㉙ 选用合适的鼠标光标 144

㉚ 扩大可点击区域 147

㉛ 自定义复选框 149

㉜ 通过阴影来弱化背景 153

㉝ 通过模糊来弱化背景 157

㉞ 滚动提示 159

㉟ 交互式的图片对比控件 164

第 7 章

结构与布局 172

㊱ 自适应内部元素 173

㊲ 精确控制表格列宽 175

㊳ 根据兄弟元素的数量来设置样式 178

㊴ 满幅的背景，定宽的内容 182

㊵ 垂直居中 185

㊶ 紧贴底部的页脚 191

第 8 章

过渡与动画 195

㊷ 缓动效果 196

㊸ 逐帧动画 205

㊹ 闪烁效果 209

㊺ 打字动画 212

㊻ 状态平滑的动画 217

㊼ 沿环形路径平移的动画 221

按规范分类 230

译者序

我在微博上发起了一个小调查，结果证实了我的猜测——大约有 30% 的读者是几乎不看译者序的。于是我就脑洞大开了：我在纸质书中把译者序的篇幅压缩到最短→节省了一页纸→凑巧减少了一个印张→成本下降→售价降低→销量大增。这岂不是功德无量的大好事？蝴蝶效应谁知道呢！

因此，这篇译者序将只包含致谢环节。（当然，我知道还有 50% 的朋友是必看译者序的。请放心，我会在网上为你们准备一篇超长完整版。）

感谢原作者 Lea Verou 女士，感谢您为全球的 CSS 开发者带来了这本充满智慧的 CSS 图书。我的书架有个位置已经空了近十年，如今终得圆满。

感谢贺师俊（Hax）老师把这本书推荐给我，并把我推荐给了图灵公司；同时，感谢您长久以来的鼓励和帮助。

感谢李松峰老师对我的信任，把这本书交给了我翻译。感谢图灵公司的朱巍、岳新欣、杨琳等编辑老师为这本书付出的心力。

感谢我的多年好友、任教于上海外国语大学的严泽群老师担任英语顾问。

感谢挚友赵锦江（勾三股四）先生担任部分章节的技术审校。

感谢 GitHub、微博、微信上的众多网友对本书翻译工作的支持、鼓励和反馈。限于篇幅，我无法一一列出你们的名字，但你们就在这里。

感谢百姓网各位小伙伴的支持和鼓励。百姓网是工程师的天堂——回顾我职业履历的各个阶段，只有现在的我才有可能完成这项挑战。

感谢我的妻子，是你的支持和监督保障了翻译工作的如期完成。

感谢每一位读者——也就是此时此刻手捧这本书的你。这是一本难得的好书，而你的潜心研习与融会贯通将会令它的价值更加深远。

最后，我还为所有看完译者序的朋友准备了一件礼物：我正在为这本书编写注解，尽我所能解答关于这本书的所有疑问。所有注解都将以开源的方式发布到 http://book.cssmagic.net 网站，在那里你还可以与我以及万千读者交流探讨、携手共进。

此外，你也可以通过微信与我联系，请关注"CSS 魔法"微信公众号。

祝阅读愉快！

CSS 魔法

2015 年 11 月 16 日于百姓网

前端进阶·你我同行
"CSS 魔法"微信公众号

序

啊，过去的日子多美好啊！回想上个世纪，我们只有两款支持 CSS 的浏览器，而且它们所实现的也只是一套非常有限的规范的一个非常有限的子集，因此你可以很容易地在自己的头脑中建立一幅完整的图景，标记出什么好用、什么不好用。这幅图景包含各个浏览器实现中的各种 bug，因为这些实现其实存在着不少的错误和疏忽，有些地方甚至错得离谱。唉，有些 bug 还涉及非常基础的层面，以致于各浏览器的布局行为完全不兼容，这迫使我们想出对策，反过来利用浏览器自身的解析器 bug 来变相地纠正这些不一致的行为！

慢着。过去那些日子其实**糟透了**。所幸它们已经一去不复返了！

就在最近这几年，CSS 领域已经发生了极大的好转。（绝大多数）浏览器已经在兼容性上逐渐趋同，它们不兼容的地方几乎都是因为某一家支持了某个特性，而另一家还没支持——这比两家都支持但效果不一样要强多了。规范不仅推动了兼容性的进步，还增加了新的特性，用更加简洁的新方法取代了以前繁琐的技巧。CSS 拥有了比以往多得多的特性、强得多的能力；不过我们都知道，功能越强大，复杂度也会越高。这种复杂度甚至并不是有意为之：当你把足够多的工作部件组合到一起之后，不管单个部件看起来有多简单，这个组合体也一定会产生有趣的结果。（关于这个话题的更多内容，请看《乐高大电影》。）

正是由于在无意之中产生的复杂度，CSS 获得了种种我们从未期望或设计过的神奇特性，不断带给我们惊喜。在属性与属性的交错之间，在值与值的混合之下，有很多秘密有待发现。你可以通过渐变图案来挖出凹角，让元素产生动画，扩大可点击区域，甚至创建饼图……如今，CSS 已经拥有了我多年前梦寐以求的强大功能，它带来的可能性已经远远超越了我当初的想象。很多我原以为绝不可能以简洁易懂的方式表达出来的功能，现在也已成为 CSS 的一部分（比如动画）。CSS 已经进化得如此强大，令我坚信它仍然有很多的秘密等待我们去发现——或许某天你也会有所斩获。

眼下，很多炫酷的技巧已经被世人所发掘，但极少有人能像 Lea Verou 那样善于探索、乐于分享。从她的博客文章到她的开源贡献，再到她在全球各地所做的生动演讲，Lea 在 CSS 领域已经建立了令人钦佩的知识储备。这本书正是这些知识储备的完美升华。你手里的这本书由这个领域内最顶尖的一位智者精心打造，她将带你领略 CSS 所能达成的最有趣、最神奇、最实用的技巧。Lea 在这本书里为你准备的内容将令你感到充实、愉悦、甚至惊喜。

向前冲，努力探索，别再让这些精湛的技艺沦为失传的秘密！

——Eric A. Meyer，《CSS 权威指南》作者

前言

在过去的几年里，**CSS 经历了一场巨变**，正如 JavaScript 在 2004 年前后所经历的那场革命。它从一门极度简单、功能有限的样式语言，发展成为一项由 80 多项 W3C 规范（含草案）所定义的复杂技术，并建立起了独有的开发者生态圈、专属的技术会议、专用的框架和工具链。**CSS 已经如此壮大，以致于一个普通人已经无法把它完整地装进自己的头脑了**。甚至在 W3C 专门定义这门语言的工作组中，也没人敢说自己是精通 CSS 所有方面的专家，甚至连接近这个程度都非常困难。实际上，大多数工作组成员只专注 CSS 的某个特定细节，可能对其他部分知之甚少。

大约在 2009 年之前，评判一个人的 CSS 专业程度并不是看他对这门语言的了解有多深。对当时的 CSS 行业来说，这或多或少就是现实：一个人能否称得上 CSS 高手，往往要看他能记住多少个浏览器 bug 和相应的对策。一转眼就到了 2015 年，现在的浏览器都是以 Web 标准作为设计基准的，过去那些针对特定浏览器的脆弱 hack 早已风光不再。当然，某些不兼容的情况仍然无法避免，但是迭代速度已经非常之快（尤其是因为现在的浏览器几乎都已经实现自动更新了），把这些不兼容的情况记录在书中完全是在浪费时间和空间。

我们在现代 CSS 中所面临的挑战已经不在于如何绕过这些转瞬即逝的浏览器 bug。如今的挑战是，在保证 **DRY**[①]、**可维护**、**灵活性**、**轻量级**并且尽可能**符合标准**的前提下，把我们手中的这些 CSS 特性转化为网页中的各种创意。这正是这本书将要呈现的内容。

---

① DRY 是 Don't Repeat Yourself 的首字母缩写，意思是不应该重复你已经做过的事。它是一种广为流传的编程理念，旨在提升代码某方面的可维护性：在改变某个参数时，做到只改尽量少的地方，最好是一处。强调 CSS 代码的 DRY 原则是一个贯穿本书的主题。DRY 的反面是 WET，它的意思是 We Enjoy Typing（我们喜欢敲键盘）或 Write Everything Twice（同样的代码写两次）。

市面上有很多书，其内容就是以字母顺序记载一些 CSS 特性。你手里的这本书并不在其列，这可能是好事也可能是坏事。本书的目的在于，在你已经熟悉了那些参考书的内容之后，帮你填补知识断档。它会让你接触各种全新的方法，充分发挥那些你已经熟悉的特性所具备的无穷威力；同时也让你明白，某些你不熟悉而且看似不起眼的 CSS 特性可能同样威力无穷、不可小觑。总的来说，本书最核心的目的是教你**如何用 CSS 解决难题**。

本书也不是一本"菜谱书"（cookbook）。每篇"攻略"并不是即开即用的菜谱——死板地套用某些步骤就可以达成特定的效果。实际上，我努力把每个技巧背后的思考都尽量细致地描述出来，因为我相信**理解发现解决方案的过程比解决方案本身更有用**。即使你认为某项技巧跟你的工作没有直接关联，学会如何摸索并得出解决方案仍然是有价值的，甚至可以帮你处理完全不同的问题。长话短说，**本书不仅授人以"鱼"，而且授人以"渔"，让你一辈子不会为"没鱼吃"发愁**。

致谢

如果没有以下这些贵人的帮助和支持，这本书不可能成形，我对他们心存感激。热烈而衷心地感谢你们。

- 感谢在这些年来支持我工作的人们。没有你们，从一开始我就不可能在写书这件事上找到自己正确的位置。感谢**我的博客**（http://lea.verou.me）、**Twitter**（http://twitter.com/leaverou）以及其他地方的读者，更要感谢亲爱的**你们**——正在阅读我首本书的读者！感谢所有采用**我的开源项目**（https://github.com/leaverou）的人们，更要感谢那些贡献代码的人。

- 感谢这些年来邀请我参加各种讲座和论坛的会议组织者。尤其是 Damian Wielgosik 和 Pawel Czerski，是你们最早信任并邀请我参加 2010 年的首届 Front-Trends 会议。还要感谢 Vasilis Vassalos，你在 2010 年就放手让我为雅典经济贸易大学设计 Web 开发课程，这段经历让我对教学有了更深的理解（编写一本技术书本质上就是一种教学）。

- 感谢 **CSS 工作组**中每个投票同意我成为特邀专家的人，这件事从根本上改变了我对于 Web 技术的理解，尤其是 CSS。

- 感谢我的编辑 Mary Treseler 和 Meg Foley。你们给了我对整个过程的控制权，当我一再拖稿时仍然对我怀有难以置信的耐心（我准时交稿的情况真的不多）。

- 感谢我的制作编辑 Kara Ebrahim。在本书使用的 PDF 渲染器中，你花费了大量时间来修复布局问题，并且通过不断的手工微调来克服 CSS 渲染 bug 和功能局限。

- 感谢我的技术编辑 Elika Etemad、Tab Atkins、Ryan Seddon、Elisabeth Robson、Ben Henick、Robin Nixon 和 Hugo Giraudel。你们不仅

帮助我纠正了书稿中实际存在的错误，还提供了非常宝贵的反馈，帮助我把枯燥的部分写得深入浅出。

- 感谢 Eric Meyer。我现在仍然难以相信，你竟然会答应为我的书写推荐序。

- 感谢我的研究顾问 David Karger。当我到达麻省理工学院时，早就应该写完这本书了，你却对我没有完成表示了理解。如果不是你一直以来的宽容大度，这本书的命运可能会完全不同。

- 感谢我的父亲 Miltiades Komvoutis 在很早就教会了我艺术和审美。如果没有你，我很可能根本不会对设计和 CSS 感兴趣，而这本书可能就是关于另外一个主题了，比如 C++ 或者内核编程。

- 感谢我的舅舅 Stratis Veros，以及可爱的舅母 Maria Brere。感谢你们容忍我在写这本书时的烦躁情绪。同样也感谢你们的孩子 Leonie 和 Phoebe，你们是世上最可爱的小姑娘；没有你们，这本书或许能早一个月完成。

- 感谢我已故的母亲 Maria Verou，并将本书献给你。在我们共同生活的 27 年里，你是我最好的朋友和最大的支持者。你的一生对我来说就是巨大的鼓舞：20 世纪 70 年代你就搬到地球另一边的麻省理工学院去读研究生，并以优异的成绩取得了硕士学位；而在那个年代，一般的希腊女性几乎不可能考进大学。你教导我上进、善良、正直、独立、思想开放。最重要的是，你教会了我如何笑对人生。我无比地思念着你。

照片的幕后功臣

非常感谢那些可爱的摄影师们慷慨地以 CC 协议发布了他们的照片。如果没有他们，恐怕本书中每个示例的图片都得请出我家的猫咪了（不过有些地方还是会有它的身影）。下面列出了我使用的 CC 照片及其来源。

"House Made Sausage from Prairie Grass Cafe, Northbrook", kurman Communications, Inc.

http://www.flickr.com/kurmanphotos/7847424816

"Cats that Webchick Is Herding", Kathleen Murtagh
http://www.flickr.com/ceardach/4549876293

"Stone Art", Josef Stuefer
http://www.flickr.com/josefstuefer/5982121

本书是怎样炼成的

通俗地说，**这本书在技术上是自产自销的**。它完全用 HTML5 写成，并用到了一些由 O'Reilly 的 **HTMLBook 标准**（http://oreillymedia.github.io/HTMLBook）定义的 data- 属性。这意味着你在这本书里看到的每样东西（包括布局、图片、颜色等）**都是由 CSS 渲染出的 HTML**。大量图片是由 SVG 生成的，或者是由 SCSS 函数生成的 SVG data URI。书中为数不多的数学公式是在 LaTeX 中写成的，然后转换成 MathML。有一点可能会让你意想不到，书中的所有页码、章节号、攻略编号都是由纯粹的 CSS 计数器生成的。

目前 O'Reilly 出版的绝大多数图书都是以这种方式制作出来的。O'Reilly 专门为这件事搭建了一个叫作 Atlas（http://atlas.oreilly.com）的系统。Atlas 最美好的地方在于，它并不只是供 O'Reilly 官方专用的，对公众也开放。

不过这本书并不能算是 Atlas 的典型案例。实际上，在**将 CSS 用于书籍排印**这件事上，这本书将这种可能性推到了极致——据我所知，还没有其他书做到这个程度。它帮助我们发现了 Atlas 和 Antenna House（Atlas 采用的 PDF 渲染器）中的许多 bug；甚至 CSS 规范自身也有很多与排印有关的问题暴露出来，我将这些问题都递交给了 CSS 工作组。

你可能会问："使用 Web 技术来打造这样一本书究竟要花费多少代码？"让我们来看一些（正式出版前的）统计数据。

- 这本书的样式动用了 **4700** 行 SCSS 代码，编译成 CSS 后有 **3800** 行。
- 大约 **10 000** 行出头的 HTML 代码。
- 在整本书用到了 **322** 张插图，但只有 **140** 张是图片文件（包括 SVG 图片和屏幕截图），绝大多数插图都只是一系列加了 CSS 样式的 div 标签而已。（这些用于插图的样式占到全书 CSS 和 SCSS 代码量的 **65%**！）

下面列出了（除了 Atlas 之外）制作本书所用到的工具。

- Git 用于版本控制。

- SCSS 用于 CSS 预处理。

- 整本书都是在 Espresso（http://macrabbit.com/espresso）这款文本编辑器中写成的。

- CodeKit 用于把 SCSS 编译成 CSS。

- Dabblet（http://dabblet.com）用于存放在线演示，有一部分插图截取自这些在线演示页面。

- 那些 SVG 格式的插图并不是手工写成的，而是在 Adobe Illustrator 中创建的。

- 在必要时用到了 Adobe Photoshop 来处理屏幕截图。

本书是在一台 13 英寸的 MacBook Air 上写成的，它在写作过程中随我到了很多国家，包括希腊、肯尼亚、澳大利亚、新西兰、菲律宾、新加坡、智利、巴西、美国、法国、西班牙、英国、威尔士、波兰、加拿大和奥地利。

关于本书

这本书适合谁

这本书的主要目标读者是**正在由中级向高级进阶的 CSS 开发者**。我们将跳过基础入门部分，直接探索现代 CSS 特性所针对的更高级的应用场景，并将它们融会贯通。不过在此之前，亲爱的读者朋友，我**假设**你已经具备了以下条件。

- 假设**你已经彻底掌握了 CSS 2.1**，并有数年的实践经验。你不需要费劲地猜测定位的原理是什么。在增强网页设计效果时，你会使用生成性内容，而不是依赖冗余的标签和图片。你不会在代码中到处使用 !important 来打补丁，因为你已经深入理解了选择符优先级、继承和层叠机制。你知道盒模型中的各个部分都是什么，而且不会为外边距重叠头疼不已。你对各种长度单位了如指掌，而且清楚它们分别应该用在什么地方。

- 你已经在书里或在网上了解过**最流行的 CSS3 特性**都有哪些，并且已经亲手尝试过——哪怕只是在自己的小项目里。即使还没有深入地研究过它们，你也已经知道如何生成圆角、加上投影或生成一个线性渐变图案。你玩过基本的 2D 变形（transform），并通过简单的过渡和动画来增强交互体验。

- 你知道 SVG，以及它的用途，即使你还不太清楚自己应该怎么写。

- 你可以读懂简单的、**原生的 JavaScript 代码**，比如创建元素，操作它们的属性，把它们添加进文档，等等。

- 你听说过 **CSS 预处理器**，并且知道它们可以做什么，即使你决定一个也不用。

■ **高一数学**应该难不倒你，比如平方根、勾股定理、三角函数、对数等。

尽管如此，为了让不完全符合上述条件的读者也可以愉快地阅读本书，在每篇攻略的开头，我都会准备一个**"背景知识"**提示框，简要地列出读懂当前攻略所必需的 CSS 知识以及前面相关的攻略（不过 CSS 2.1 的内容就不列出了，否则这个提示框会撑爆的）。这个提示框如下所示：

背景知识
box-shadow，基本的 CSS 渐变，"自适应的椭圆"

这样一来，哪怕你暂时还没有掌握这些基础知识，也可以在补好课之后再回来阅读。**只要你具备了某篇攻略所要求的背景知识，就可以直接学习它了，不用在乎顺序。**不过，还是建议你按照书中的顺序来阅读，因为我花了很多心思才把这些章节调整到最佳顺序。

请注意，上面列出的条件中写明的是"CSS 开发者"，并没有要求任何"设计能力"。一定要意识到**这并不是一本关于设计的书**。虽然我们会不可避免地涉及一定的设计原理，阐述一些用户体验的改进方式，但这本书的初衷和核心价值是**帮助你用代码解决问题**。CSS 会产生视觉上的输出结果，但它仍然是代码，就好比 SVG、WebGL/OpenGL 或 JavaScript 里的 Canvas API——它们都是代码，而不是设计。编程要求我们具备条理性的思维，想要写出合理的、灵活的 CSS 代码同样如此。如今，绝大多数 CSS 开发者都在使用 CSS 预处理器，他们会用到变量、数学计算、条件判断和循环，因此写 CSS 看起来已经像是在编程了。

这并不是说不鼓励设计师们读这本书。只要具备足够的 CSS 编写经验，任何人都可以从本书中受益；而且有很多才华横溢的设计师可以写出非常出色的 CSS 代码。总之，希望大家可以明白，本书的目标并不是教大家如何改进网站的视觉设计或可用性，即使它在这些方面会起到间接的帮助。

本书的格式和约定

这本书包含了 **47 篇攻略**，并根据主题的不同收入 **7 章**之中。这些攻略基本上是相互独立的，并且可以按照任意顺序阅读——只要你掌握了各篇攻略所需的背景知识。在每篇攻略中出现的演示案例并不是完整的网站，甚至连网站的片断都算不上。这些案例有意设计得尽量简短，以便降低理解负担。这本书的目的并不是要给出设计创意，而是给出创意的实现方案。

每篇攻略分为两个或多个部分。第一部分叫作"难题"，会引入一项常见的 CSS 挑战，需要我们去解决。这个部分有时会列出一些广泛流行但不

图 P-1

这是一个插图的示例。图中是伟大的 Sir Adam Catlace

够完美的解决方案（比如，需要添加大量的结构标记，需要死写数值，等等），而且往往会以类似"还有更好的方法吗"这样的问题作为结尾。

　　在引入问题之后，会给出一个或多个解决方案。本书的灵感来源于我在各种技术会议上的 CSS 演讲，因此我尝试在书中尽可能保持那种互动式的风格。每种解决方案都会配以多幅插图，把每个能产生视觉变化的步骤都用图片演示出来。由于所有插图不一定都能紧贴着对应的段落，我给它们编上了号，这样就可以在正文中引用这些插图。你可以在**图 P-1** 看到一个插图的示例，而且这句话本身也是一个引用插图的示例。

　　行内代码采用等宽字体来表示，颜色值也是如此。颜色值前面通常还会加一个小的预览色块（比如 ■ **#f06**）。代码块是这样的：

```
background: url("adamcatlace.jpg");
```

或这样的：

```
<figure>
    <img src="adamcatlace.jpg" />
    <figcaption>Sir Adam Catlace</figcaption>
</figure>
```
`HTML`

你可能已经看出来了，只有当代码块的语言不是 CSS 时，语言类型才会在右上角标记出来。同样，为简洁起见，当示例代码只涉及单个元素、不涉及伪类或伪元素时，通常就不再把选择符和花括号写出来了。

　　本书中的所有 JavaScript 示例都是原生的 JavaScript，不需要依赖任何类库或框架。我们只会用到一个工具函数——**$$()**。它可以让我们更容易地获取和遍历所有匹配特定 CSS 选择符的 DOM 元素。这个函数的定义如下：

```
function $$(selector, context) {
    context = context || document;
    var elements = context.querySelectorAll(selector);
    return Array.prototype.slice.call(elements);
}
```
`JS`

!　这是一个警告。它的作用是警告你（要做好心理准备哦），为你指出一些常见的误区，或提醒你哪些地方容易出错。

小花絮　随便聊两句

书页底部的"小花絮"段落会扯得稍微远一些，比如介绍某个 CSS 特性背后历史性的或技术性的趣闻。它们对使用和理解正文内容没有直接作用，但读者或许会在这里发现他们感兴趣的东西。

每篇攻略至少会附上一个在线示例，URL 都在 play.csssecrets.io 域名下，而且都很简短易记。这些在线示例的链接是这样展示的：

▶ 试一试　play.csssecrets.io/**polka**

强烈建议你打开这些"试一试"示例，尤其是当你对文中所述的技巧不那么清楚时，或者当你在读到某个地方卡住了的时候。

该表扬就表扬：当文中提到的技巧是某人在社区中首次提出时，我们都会在类似本段这样的"致敬"环节向他发出谢意，同时也会给出相关链接。如果把这些链接都放在全书末尾的"参考资料"中，查起来会很不方便，因此我们将采用**就近注解**的方式。

致　敬

在每篇攻略的末尾，你还会发现一份相关规范的清单，就像下面这样：

> **相关规范**
>
> ■ CSS 背景与边框
> http://w3.org/TR/css-backgrounds
>
> ■ 选择符
> http://w3.org/TR/selectors
>
> ■ 可缩放矢量图形（SVG）
> http://w3.org/TR/SVG

这份清单列出了当前攻略所述技术所对应的各项技术规范。不过，跟前面提到的"背景知识"提示框一样，这份清单也不再列出 CSS 2.1（http://w3.org/TR/CSS21）的内容。这意味着，少数几篇只讨论 CSS 2.1 的攻略就根本没有"相关规范"这个段落。

关于未来　　**未来的解决方案**

"关于未来"段落（通常安排在书页的最底部并配以深色背景）会介绍一些已经被列入规范草案的技术，但在编写本书时可能还没有浏览器实现。你在阅读本书的时候，别忘了再次查证这些特性是否已经可用，因为当本书出版后，浏览器可能已经实现了。考虑到这些特性的草案可能还很不稳定，浏览器兼容性查询网站可能还没有包含它们，因此这个段落同样也会提供一个测试性的示例页面，以便读者自行查验。这些测试页面的 URL 同样也很简短易记，会以下面这样"测一测"的形式标注出来。这些测试通常是这样设计的——绿色阴影表示当前浏览器已经支持某个特性，而红色阴影反之。在测试代码的注释中，也提供了明确的说明。

测一测　play.csssecrets.io/**test-conic-gradient**

浏览器支持与回退机制

本书的最大创举可能就是**完全不提供浏览器兼容性表格**。这是一个经过深思熟虑的决定，因为以当前浏览器的更新速度来看，这些信息必定在书还没有上架时就已经过时了。我认为，**不准确的浏览器支持信息极具误导性，还不如干脆没有**。

不完全支持

尽管如此，书中大多数攻略要么已经在浏览器中获得了良好的支持，要么可以做到平稳退化。万一某项技术在目前的支持程度下特别不理想，我会在相关段落处设置一个"不完全支持"的警告图标，比如本段旁边就有一个示例。它应该足以提醒你在正式使用这些技术之前不要忘了查证一下浏览器的支持情况，并且要特别注意做好回退机制。

有很多优秀的网站提供了及时有效的浏览器兼容性信息。推荐如下：

- Can I Use…?（http://caniuse.com）
- WebPlatform.org（http://webplatform.org）
- Mozilla Developer Network（http://developer.mozilla.org）
- 维基百科上的"浏览器排版引擎对比（CSS 兼容性）"词条（http://en.wikipedia.org/wiki/Comparison_of_layout_engines_(Cascading_Style_Sheets)）

有时候你可能会发现某个特性已经得到浏览器支持了，但不同浏览器的表现可能还有着细微的差异。比如说，它可能需要一个**浏览器前缀** [1]，或者**在语法上存在细微的差别**。我们的示例代码中只会包含符合标准的、无前缀的语法。不过在绝大多数情况下，你都可以同时使用各种不同的语法，并且通过层叠机制来确保哪条声明最终生效。出于这个原因，**你应该把标准语法排在最后**。举例来说，要得到一条从黄色到红色的垂直渐变色，本书只会列出标准语法：

```
background: linear-gradient(0deg, yellow, red);
```

但是如果你想要支持那些较早的浏览器，可能得把代码写成这样才能奏效：

```
background: -moz-linear-gradient(90deg, yellow, red);
background: -o-linear-gradient(90deg, yellow, red);
background: -webkit-linear-gradient(90deg, yellow, red);
background: linear-gradient(0deg, yellow, red);
```

这种差异的局面跟浏览器兼容性的局面一样，时刻处在变化之中。因此，当你在使用某项 CSS 特性之前，不要忘记这方面也是你要做好的功课，

---

[1] 关于浏览器前缀的更多信息，比如它们为什么会存在，以及如何在代码中把它们抽象出来，你可以在"冰与火之歌：浏览器前缀"一节中进一步了解。

本书就不再为此花费过多篇幅了。

还有一些内容我们也不再赘述。提供回退机制通常是一种很好的做法，这样可以确保你的网站不会在低版本浏览器中挂掉，只是看起来没有那么炫而已。当这些后备机制很明显的时候，我们就不展开讨论了，因为你应该已经很清楚样式声明的层叠机制了。举例来说，当我们像上面那样指定一个渐变色作为背景的时候，应该在前面添加一行实色背景的声明。添加实色的一个好方法是取渐变色的平均色值（比如在这个例子中是 ▓ rgb(255, 128, 0)）。

```
background: rgb(255, 128, 0);
background: -moz-linear-gradient(0deg, yellow, red);
background: -o-linear-gradient(0deg, yellow, red);
background: -webkit-linear-gradient(0deg, yellow, red);
background: linear-gradient(90deg, yellow, red);
```

不过，有些时候不太可能只通过样式的层叠就提供完善的回退样式。这时别忘了你还有一招，可以使用 Modernizr（http://modernizr.com/）这样的工具来给根元素（<html>）添加一些辅助类，比如 textshadow 或 no-textshadow 等。这样你就可以**针对支持或不支持某些特性的浏览器来分别编写样式**了，就像这样：

```
h1 { color: gray; }

.textshadow h1 {
    color: transparent;
    text-shadow: 0 0 .3em gray;
}
```

如果你想尝试使用的某个 CSS 特性非常新，还可以试试用 @supports 规则来实现回退，可以将其视作浏览器"原生"的 Modernizr。比如说，上面的代码还可以这样写：

```
h1 { color: gray; }

@supports (text-shadow: 0 0 .3em gray) {
    h1 {
        color: transparent;
        text-shadow: 0 0 .3em gray;
    }
}
```

但在眼下，**还必须慎用 @supports**。在上面的例子中，我们想要的文本投影效果只会在那些支持 text-shadow 且同时支持 @supports 规则的浏览器中生效。这个范围明显比我们所期望的要窄。

最后，同样值得一提的是，即使你不打算使用 Modernizr，也可以自己写一小段 JavaScript 代码来实现相同的功能——做一些特性检测然后给根元素加一些辅助类。如果要检测某个样式属性是否被支持，核心思路就是在任

一元素的 `element.style` 对象上检查该属性是否存在：

```js
var root = document.documentElement; // <html>

if ('textShadow' in root.style) {
    root.classList.add('textshadow');
}
else {
    root.classList.add('no-textshadow');
}
```

如果我们需要检测多个属性，也可以很容易地把上述代码改造成一个函数：

```js
function testProperty(property) {
    var root = document.documentElement;

    if (property in root.style) {
        root.classList.add(property.toLowerCase());
        return true;
    }

    root.classList.add('no-' + property.toLowerCase());
    return false;
}
```

如果我们想要检测某个具体的属性值是否支持，那就需要把它赋给对应的属性，然后再检查浏览器是不是还保存着这个值。很显然，这个过程会改变元素的样式，因此我们需要一个隐藏元素：

```js
var dummy = document.createElement('p');
dummy.style.backgroundImage = 'linear-gradient(red,tan)';

if (dummy.style.backgroundImage) {
    root.classList.add('lineargradients');
}
else {
    root.classList.add('no-lineargradients');
}
```

这段代码同样也可以被很容易地改造成一个函数：

```js
function testValue(id, value, property) {
    var dummy = document.createElement('p');
    dummy.style[property] = value;

    if (dummy.style[property]) {
        root.classList.add(id);
        return true;
    }

    root.classList.add('no-' + id);
    return false;
}
```

如果要检测选择符和 @ 规则的支持情况，则会稍稍复杂一些。不过原理也很简单，在解析 CSS 代码时，浏览器总会丢弃它自己无法识别的部分，因此我们可以动态地应用样式并检查它是否生效，以此来判断浏览器是否可以识别某个特性。当然，我们也要清楚地认识到，浏览器可以**解析某个 CSS 特性并不代表它已经实现（或正确实现）了这个特性**。

第 1 章

引言

1

Web 标准：是敌还是友

标准的制定过程

图 1-1

"标准就像香肠：最好别去看它们是怎么做出来的。"

——某位匿名的 W3C 工作组成员

与大众的理解大相径庭的是，**W3C 并不"生产"标准**。实际上，它扮演的是一个论坛的角色：W3C 以工作组的方式，把某项技术的相关各方聚集起来，最终由他们来产出标准。当然，W3C 并不只是一个观察者：它设定了整个平台的规则，监督整个进程。但**这些技术规范（基本上）并不是由 W3C 的工作人员编写完成的。**

CSS 规范通常是由 CSS 工作组的成员来编写的。在编写本书时，CSS 工作组共有 98 名成员，人员结构如下：

- **86 名来自 W3C 会员公司的成员（88%）**
- **7 名特邀专家（笔者有幸在列）（7%）**
- **5 名 W3C 工作人员（5%）**

你可能注意到了，工作组的绝大多数成员（88%）来自 W3C 会员公司。这些公司（比如浏览器厂商、主流网站、研究机构、常规技术公司等）都是 Web 标准兴旺发展的直接受益者。它们每年的会费也是 W3C 的主要资金来源，使得 W3C 能够**免费、开放**地发布所有技术规范，而不像其他标准制定组织那样不得不采取收费政策来维持运作。

特邀专家是指那些被邀请参与标准制定的 Web 开发者。在真正获得这样的殊荣之前，他们需要证明自己在解决难题时能够持续不断地投入，在参与讨论时能够体现出深厚的技术背景。

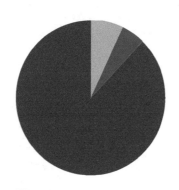

图 1-2

CSS 工作组的人员结构：
 会员公司
特邀专家
W3C 工作人员

最后，同样不可忽视的是 W3C 工作人员。他们才是真正在 W3C 内工作的人，他们为工作组和 W3C 之间的交流提供便利。

Web 开发者们普遍存在一个误解，以为 W3C 手握标准、号令天下，而可怜的浏览器厂商们则唯唯诺诺、莫敢不从。这显然不是真相：对于哪些东西该进入标准，浏览器厂商**比 W3C 有更多的发言权**，上面列出的人员结构已经证明了这一点。

同样跟大众观念截然相反的是，**制定标准并不是闭门造车**。CSS 工作组坚持透明原则，它内部所有的交流都是公开的，并邀请公众的关注和参与。

- 绝大多数的讨论都发生在工作组的**邮件列表**中：**www-style**（http://lists.w3.org/Archives/Public/www-style）。这个邮件列表是公开存档的，欢迎任何人的参与。
- 每周都会召开一次**电话会议**，时长一小时。该会议并不向非工作组成员开放，但它会被实时记录在 **W3C 的 IRC 服务器**（http://irc.w3.org/）上的 **#css** 频道。这些会议记录会在几天内整理出来，并发布到邮件列表中。

- 还有每季度一次的**面对面会议**，也会以上述方式进行会议记录。在获得工作组主席的许可之后，这类会议也通常会对**观察员**开放（以旁听的方式）。

所有这些都是 W3C 进程的一部分，任何决定都是通过这样的方式来产生的[①]。此外，那些真正负责把这些决定写成文字（即编撰规范）的人叫作规范编辑。规范编辑可能是 W3C 的工作人员、浏览器开发者、相关专业的特邀专家；也可能是会员公司的雇员，他们全职从事此工作，为了共同利益去推进标准。

每项规范从最初启动到最终成熟，都会经过以下阶段。

(1) **编辑草案**（ED）：这是一项规范的初始阶段，可能非常粗糙，就像是编辑们想法的大杂烩。对这个阶段没有什么要求，也不保证它会被工作组批准。但它也是各个修订版本的必经阶段，每次变更都是先从一个 ED 中产生的，然后才会发布出来。

(2) **首个公开工作草案**（FPWD）：一项规范的首个公开发布版本，它应该准备就绪，以接受工作组的公开反馈。

(3) **工作草案**（WD）：在第一个 WD 之后，还会有更多的 WD 出来。这些 WD 会吸收来自工作组和更广阔的社区的反馈，一版接着一版小幅改进。浏览器的早期实现通常是从这个阶段开始的，厂商基本不太可能对更早阶段的草案提供实验性的支持。

(4) **候选推荐规范**（CR）：这可以认为是一个相对稳定的版本。此时比较适合实现和测试。一项规范只有具备一套完整的测试套件和两个独立的实现之后，才有可能继续推进到下一阶段。

(5) **提名推荐规范**（PR）：这是 W3C 会员公司对这项规范表达反对意见的最后机会。实际上他们很少在这个阶段提出异议，因此每个 PR 推进到下一阶段（也是最后一个阶段）只是时间问题。

(6) **正式推荐规范**（REC）：一项 W3C 技术规范的最终阶段。

工作组中会有一到两位成员担任主席的角色。主席负责组织会议、协调讨论、控制时间，而且要从大局上斡旋整件事情。担任主席是一件耗时费神的工作，经常被比作**养一大群猫**。当然，所有接触过这项工作的人都知道这个比喻并不恰当——养猫比这要容易多了。

图 1-3

主持 W3C 工作组往往被比作养一大群猫

---

① 想了解更多这方面的信息？ Elika Etemad（网名 fantasai）写了**一系列关于 CSS 工作组如何运作的文章**（http://fantasai.inkedblade.net/weblog/2011/inside-csswg），非常精彩，强烈推荐。

CSS3、CSS4 以及其他传说

CSS 1 的规范由 Håkon Wium Lie 和 Bert Bos 发表于 1996 年，它非常短，而且比较简单。它的内容少到用一个 HTML 页面就足以呈现了，即使用 A4 纸打印出来也只需要 68 页。

CSS 2 发表于 1998 年，它的定义更加严格，囊括了更多的功能，而且增加了两名编辑：Chris Lilley 和 Ian Jacobs。此时，规范的篇幅暴增到了 480 页打印纸，人们已经无法把它完整地记忆下来了。

在 CSS 2 之后，CSS 工作组意识到这门语言已经变得非常庞大，再也无法把它塞进单个规范中了。这样不仅阅读和编辑极其困难，而且限制了 CSS 本身的快速发展。别忘了，**一项规范如果要推进到最终阶段，其中的每项特性都必须具备两个独立的实现和全面的测试**。原先的那种方式已经玩不转了。因此，我们决定跨出一步，将 CSS 打散到多个不同的规范（模块）中，每个模块都可以独立更新版本。这其中，那些延续 CSS 2.1 已有特性的模块会升级到 3 这个版本号。比如以下模块：

- **CSS 语法**（http://w3.org/TR/css-syntax-3）
- **CSS 层叠与继承**（http://w3.org/TR/css-cascade-3）
- **CSS 颜色**（http://w3.org/TR/css3-color）
- **选择符**（http://w3.org/TR/selectors）
- **CSS 背景与边框**（http://w3.org/TR/css3-background）
- **CSS 值与单位**（http://w3.org/TR/css-values-3）
- **CSS 文本排版**（http://w3.org/TR/css-text-3）
- **CSS 文本装饰效果**（http://w3.org/TR/css-text-decor-3）
- **CSS 字体**（http://w3.org/TR/css3-fonts）
- **CSS 基本 UI 特性**（http://w3.org/TR/css3-ui）

此外，如果某个模块是前所未有的新概念，那它的版本号将从 1 开始。比如下面这些：

- **CSS 变形**（http://w3.org/TR/css-transforms-1）
- **图像混合效果**（http://w3.org/TR/compositing-1）
- **滤镜效果**（http://w3.org/TR/filter-effects-1）
- **CSS 遮罩**（http://w3.org/TR/css-masking-1）
- **CSS 伸缩盒布局**（http://w3.org/TR/css-flexbox-1）
- **CSS 网格布局**（http://w3.org/TR/css-grid-1）

尽管"CSS3"这个名词非常流行，但它实际上并没有在任何规范中定义过。这一点跟 CSS 2.1 或更早的 CSS 1 不一样。真正的情况是，绝大多数编辑在提到这个词时，指的是一个非正式的集合，它包括 CSS 规范第三版（Level 3）再加上一些版本号还是 1 的新规范。尽管在哪些规范应该归入 CSS3 的问题上，编辑们达成了一定的共识，但我们也不得不面对现实：由于 CSS 的各个模块在近些年里以不同的速度在推进，我们已经越来越难以把这些规范以 CSS3、CSS4 这样的方式来划分了，而且这样也难以被大众理解和接受。

冰与火之歌：浏览器前缀

在标准的开发过程中，总是有大大的"第 22 条军规"[1]挡在面前：标准的工作组需要网页开发者这一端的输入，以确保各项规范可以处理真实的开发需求；但是开发者往往没有兴趣尝试那些在生产环境中还不能使用的东西。当实验性的技术被广泛应用到生产时，工作组就被这些技术早期的、实验性的版本捆住手脚了，因为一旦这些技术有变动，那些已经在用这些技术的网站就挂了。显然，这完全否定了让开发者尝试早期标准的好处。

这些年来，为了解决这个难题，许多方案被提了出来，但都不够完美。饱受诟病的浏览器前缀就是其中之一。这个方案是指每个浏览器都可以实现这些实验性的（甚至是私有的、非标准的）特性，但要在名称前面加上自己特有的前缀。最常见的前缀分别是 Firefox 的 -moz-、IE 的 -ms-、Opera 的 -o- 以及 Safari 和 Chrome 的 -webkit-。网页开发者可以自由地尝试这些加了前缀的特性，并把试用结果反馈给工作组，而工作组随后会将这些反馈吸收到规范之中，并且逐渐完善该项特性的设计。由于最终标准化的版本会有一个不同的名称（没有前缀），它在实际应用中就不会跟加前缀版本相冲突了。

听起来不错，对吧？但是你可能也猜到了，现实与我们的期望往往有很大的落差。当开发者发现这些实验性的、加了前缀的属性可以轻而易举地实现以前大费周章才能达到的效果时，他们就开始滥用了。这些加了浏览器前缀的属性迅速成为 CSS 领域的一大潮流。网上的教程会写到它们，Stack Overflow 上的问答会提到它们……很快，几乎每个有上进心的 CSS 开发者都开始争先恐后地使用它们。

不久，网页开发者们就发现，在使用这些神奇的新特性时，如果只写出当下有效的浏览器前缀，就意味着以后要经常回来打补丁：每当又一个浏览器实现了这个新特性时，他们都需要多加一行。跟进各个特性在各个浏览器下是不是要加前缀，光是想想就让人头皮发麻。开发者会怎样应对？那就是先发制人地加上所有可能的浏览器前缀，再把无前缀的版本放在最后，以图一劳永逸。我们最终写出的代码可能就是这样的：

---

① 《第 22 条军规》是美国作家 Joseph Heller 的代表作，这部讽刺小说被誉为 20 世纪最伟大的文学作品之一。书中提到的"第 22 条军规"是一条自相矛盾的、永远不可能执行的悖论。——译者注

```
-moz-border-radius: 10px;
-ms-border-radius: 10px;
-o-border-radius: 10px;
-webkit-border-radius: 10px;
border-radius: 10px;
```

这里面有两条声明是完全多余的：-ms-border-radius 和 -o-border-radius 这两个属性从来没有在任何浏览器中出现过，因为 IE 和 Opera 从一开始就是直接实现 border-radius 这个无前缀版本的。

显然，把每个声明都重复五遍是相当枯燥的，而且很难维护。因此出现某个工具来把这项工作自动化只是个时间问题。

- 像 CSS3, Please!（http://css3please.com）和 pleeease（http://pleeease.io/playground.html）这样的网站允许你把无前缀的 CSS 代码粘贴进去，它们会自动帮你把必要的前缀都加好。这类网站是"前缀危机"所催生出的第一批工具，很快就过气了，因为跟其他方案相比，它们的使用成本太高了。

- Autoprefixer（https://github.com/ai/autoprefixer）采用 Can I Use...（http://caniuse.com）的数据库来判断哪些前缀是需要添加的；此外，它是在本地完成编译的，类似预处理器。

- 我自己开发的 -prefix-free（http://leaverou.github.io/prefixfree）会在浏览器中进行特性检测，来决定哪些前缀是需要的。它的好处在于几乎不需要更新，因为其所有信息都是用一份属性清单在真实的浏览器环境中跑出来的结果。

- 类似 Stylus（http://stylus-lang.com/）、LESS（http://lesscss.org）或 Sass（http://sass-lang.com）的预处理器并不自带任何加前缀的方法，但很多人开发过一些能为常用属性加前缀的 mixin；社区中也有一些库提供了这类 mixin。

由于网页开发者使用无前缀的属性是想确保代码的向前兼容，那么工作组想要修改这些无前缀语法就变得不可能了。我们基本上就跟这些半生不熟的早期规范绑在一起了，只能通过极其有限的途径来修改它们。用不了多久，这个"坑"里的每个人就会意识到，**浏览器前缀已是一场史诗般的失败**。

最近，浏览器厂商已经很少以前缀的方式来实验性地实现新特性了。取而代之的是，这些实验性特性需要通过**配置开关**来启用，这可以有效防止开发者在生产环境中使用它们，因为你不能要求用户为了正确地浏览你的网站而去修改浏览器设置。当然，这会导致一个后果：尝试这些实验性特性的开发者会减少；但我们仍然会得到足够多的反馈，甚至是更高质量的反馈（你可能会质疑），同时还避免了浏览器前缀的所有缺点。不过我们还需要很长的时间，才能从浏览器前缀所引发的涟漪效应中解脱出来。

CSS 编码技巧

尽量减少代码重复

在软件开发中，保持代码的 DRY 和可维护性是最大的挑战之一，而这句话对 CSS 也是适用的。在实践中，代码可维护性的最大要素是**尽量减少改动时要编辑的地方**。举例来说，如果在放大一个按钮时需要在一堆规则中进行 10 处修改，那就很可能会漏改其中某处，当你在给别人善后时更是如此。即使这些要修改的地方很明显，或者最终可以找齐它们，但你还是浪费了时间，原本可以利用这些时间来做点更有意义的事情。

而且，这还不仅仅是后期修改的问题。灵活的 CSS 通常更容易扩展：在写出基础样式之后，只用极少的代码就可以扩展出不同的变体，因为只需覆盖一些变量就可以了。让我们来看一个例子。

先来看看下面这段 CSS，它给按钮添加了一些效果（参见**图 1-4**）：

图 1-4

在我们的示例中会一直用到这个按钮

```
padding: 6px 16px;
border: 1px solid #446d88;
background: #58a linear-gradient(#77a0bb, #58a);
border-radius: 4px;
box-shadow: 0 1px 5px gray;
color: white;
text-shadow: 0 -1px 1px #335166;
font-size: 20px;
line-height: 30px;
```

这段代码在可维护性方面存在一些问题，我们来一一修复。最软的柿子应该是跟字体尺寸相关的部分了。如果我们决定改变字号[①]（可能是为了生成一个更大、更重要的按钮），就得同时调整行高，因为这两个属性都写成了绝对值。更麻烦的是，行高并没有反映出它跟字号的关系，因此我们还得做些算术，算出字号改变之后的行高该是多少。**当某些值相互依赖时，应该把它们的相互关系用代码表达出来**。在这个例子中，行高是字号的 1.5 倍。因此，把代码改成下面这样会更易维护：

```
font-size: 20px;
line-height: 1.5;
```

既然跨出了这一步，我们为什么还把字号定为绝对长度值呢？没错，绝对值很容易掌控，但每当你想要修改它们的时候，它们都会回头反咬你一口。比如说，如果我们决定把父级的字号加大，就不得不修改每一处使用绝对值作为字体尺寸的样式。如果改用百分比或 em 单位就好多了：

图 1-5

只放大字体会破坏按钮的其他效果（最突兀的就是圆角），因为它们都被指定了一些绝对的长度值

---

① 在本书中，"字号"是对字体尺寸（**font-size**）的俗称。——译者注

```
font-size: 125%; /* 假设父级的字号是 16px */
line-height: 1.5;
```

现在，如果我们改变父级的字号，按钮的尺寸就会随之变化。但是，它看起来很不协调（参见**图 1-5**），因为所有其他效果都是为一个小按钮设计的，并没有跟着缩放。如果我们把这些长度值都改成 em 单位，那这些效果的值就都变成可缩放的了，而且是依赖字号进行缩放[①]。按照这种方法，我们就可以在一处控制按钮的所有尺寸样式了：

```
padding: .3em .8em;
border: 1px solid #446d88;
background: #58a linear-gradient(#77a0bb, #58a);
border-radius: .2em;
box-shadow: 0 .05em .25em gray;
color: white;
text-shadow: 0 -.05em .05em #335166;
font-size: 125%;
line-height: 1.5;
```

图 1-6

现在我们可以把按钮放大，而且它的所有效果也都跟着放大了

现在我们的大号按钮看起来更像是一个原按钮的等比例放大版本了（参见**图 1-6**）。请注意还有一些长度值是绝对值。**此时就需要重新审视到底哪些效果应该跟着按钮一起放大，而哪些效果是保持不变的。**比如在这个例子中，我们希望按钮的边框粗细保持在 1px，不受按钮尺寸的影响。

不过，让按钮变大或变小并不是我们唯一想要改动的地方。颜色是另一个重要的变数。比如，假设我们要创建一个红色的取消按钮，或者一个绿色的确定按钮，该怎么做呢？眼下，我们可能需要覆盖四条声明（border-color、background、box-shadow 和 text-shadow），而且还有另一大难题：要根据按钮的亮面和暗面相对于主色调 #58a 变亮和变暗的程度来分别推导出其他颜色各自的亮色和暗色版本。此外，若我们想把按钮放在一个非白色的背景之上呢？显然使用灰色（ gray）作投影只适用于纯白背景的情况。

其实只要把半透明的黑色或白色叠加在主色调上，即可产生主色调的亮色和暗色变体，这样就能简单地化解这个难题了：

推荐使用 HSLA 而不是 RGBA 来产生半透明的白色，因为它的字符长度更短，敲起来也更快。这归功于它的重复度更低。

```
padding: .3em .8em;
border: 1px solid rgba(0,0,0,.1);
background: #58a linear-gradient(hsla(0,0%,100%,.2),
                                 transparent);
border-radius: .2em;
box-shadow: 0 .05em .25em rgba(0,0,0,.5);
color: white;
text-shadow: 0 -.05em .05em rgba(0,0,0,.5);
```

[①] 这里我们希望字号和其他尺寸能够跟父级的字号建立关联，因此采用了 em 单位。但在某些情况下，你可能希望这些尺寸是和根级字号（即 <html> 元素的字号）相关联的，此时使用 em 可能会导致复杂的计算。在这种情况下，你可以使用 rem 单位。在 CSS 中，相关性是一个很重要的特性，但你得想清楚到底哪些东西是真正相关的。

```
font-size: 125%;
line-height: 1.5;
```

现在我们只要覆盖 background-color 属性，就可以得到不同颜色版本的按钮了（参见图 1-7）：

图 1-7
只要改变背景色，就可以得到其他颜色版本的按钮了

```
button.cancel {
    background-color: #c00;
}

button.ok {
    background-color: #6b0;
}
```

我们的按钮现在已经非常灵活了。不过，这个例子并没有涵盖所有能让代码变得更 DRY 的方法。你会在下面几节中发现更多的技巧。

1. 代码易维护 vs. 代码量少

有时候，**代码易维护和代码量少不可兼得**。比如在上面的例子中，我们最终采用的代码甚至比一开始的版本略长。来看看下面的代码片断，我们要为一个元素添加一道 **10px** 宽的边框，**但左侧不加边框**。

```
border-width: 10px 10px 10px 0;
```

只要这一条声明就可以搞定了，但如果日后要改动边框的宽度，你需要同时改三个地方。如果把它拆成两条声明的话，改起来就容易多了，而且可读性或许更好一些：

```
border-width: 10px;
border-left-width: 0;
```

2. currentColor

在 **CSS 颜色**（第三版）（http://w3.org/TR/css3-color）规范中，增加了很多新的颜色关键字，比如 lightgoldenrodyellow 等，其实并不是很常用。但是，我们还得到了一个特殊的颜色关键字 currentColor，它是从 SVG 那里借鉴来的。这个关键字并没有绑定到一个固定的颜色值，而是一直被解析为 color。实际上，这个特性让它成为了 **CSS 中有史以来的第一个变量**[1]。虽然功能很有限，但它真的是个变量。

举个例子，假设我们想让所有的水平分割线（所有 <hr> 元素）自动与文本的颜色保持一致。有了 currentColor 之后，我们只需要这样写：

----

[1] 可能有人会争论说 em 单位才是 CSS 中的第一个变量，因为它引用了 **font-size** 的值。其实大多数百分比数值也扮演了类似的角色，只不过它们的工作方式不是很起眼。

```
hr {
    height: .5em;
    background: currentColor;
}
```

你可能已经注意到了，很多已有的属性也具有类似的行为。举例来说，如果你没有给边框指定颜色，它就会自动地从文本颜色那里得到颜色。这是因为 currentColor 本身就是很多 CSS 颜色属性的初始值，比如 border-color 和 outline-color，以及 text-shadow 和 box-shadow 的颜色值，等等。

未来，我们在原生 CSS 中拥有处理颜色的函数后，currentColor 就会变得更加有用，因为我们可以用这些函数来产生其各种深浅明暗的变体。

3. 继承

尽管绝大多数开发者都知道有 inherit 这个关键字，但还是很容易遗忘它。inherit 可以用在任何 CSS 属性中，而且它总是绑定到父元素的计算值（对伪元素来说，则会取生成该伪元素的宿主元素）。举例来说，要把表单元素的字体设定为与页面的其他部分相同，你并不需要重复指定字体属性，只需利用 inherit 的特性即可：

```
input, select, button { font: inherit; }
```

与此类似，要把超链接的颜色设定为与页面中其他文本相同，还是要用 inherit：

```
a { color: inherit; }
```

Your username:

leaverou

Only letters, numbers, underscores (_) and hyphens (-) allowed!

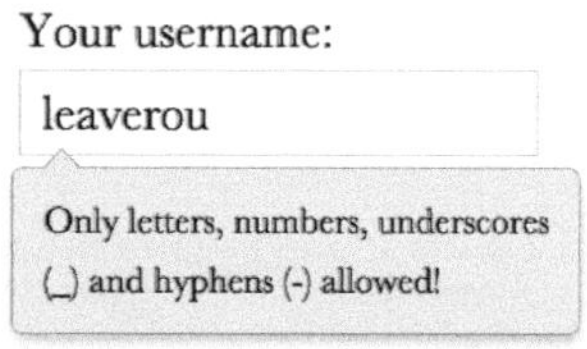

图 1-8
提示框的小箭头从父元素那里获取了背景色和边框样式

这个 inherit 关键字对于背景色同样非常有用。举个例子，在创建提示框的时候，你可能希望它的小箭头能够自动继承背景和边框的样式（参见**图 1-8**）：

```
.callout { position: relative; }

.callout::before {
    content: "";
    position: absolute;
    top: -.4em; left: 1em;
    padding: .35em;
    background: inherit;
    border: inherit;
    border-right: 0;
    border-bottom: 0;
    transform: rotate(45deg);
}
```

相信你的眼睛，而不是数字

人的眼睛并不是一台完美的输入设备。有时候精准的尺度看起来并不精准，而我们的设计需要顺应这种偏差。举一个在视觉设计领域广为人知的例子吧，我们的眼睛在看到一个完美垂直居中的物体时，会感觉它并不居中。实际上，我们应该把这个物体从几何学的中心点再稍微向上挪一点，才能取得理想的视觉效果。来亲身体验一下这件怪事吧（参见**图 1-9**）。

与此类似，在字体设计领域广为人知的是，圆形的字形（比如 0）与矩形字形相比，需要稍微放大一些，因为我们倾向于把圆形感知得比其实际尺寸更小一些。你也可以在**图 1-10**中体验一下。

这些视觉上的错觉在任何形式的视觉设计中都普遍存在，需要我们有针对性地进行调整。一个非常常见的例子是给一个文本容器设置内边距。不论内容文本有多长，是一个单词还是几个段落，这个问题都会出现。假如我们给容器的四边指定相同的内边距，则实际效果看起来并不相等，就像**图 1-11**显示的那样。原因在于，**字母的形状在两端都比较整齐，而顶部和底部则往往参差不齐**，从而导致你的眼睛把这些参差不齐的空缺部分感知为多出来的内边距。因此，如果我们希望四边的内边距看起来是基本一致的，就需要**减少顶部和底部的内边距**。你可以在**图 1-12**中看出这种差异。

关于响应式网页设计

响应式网页设计（Responsive Web Design，RWD）在最近几年风靡一时。但是，人们大多只是在不停念叨网页的"响应式"是多么重要，而极少有人去深入探讨怎样才能做好响应式设计。

比较常见的实践是用多种分辨率来测试一个网站，然后添加越来越多的媒体查询（Media Query）规则来修补网站在这些分辨率下出现的问题。然而对于今后的 CSS 改动来说，**每个媒体查询都会增加成本**，而这种成本是不应轻易上升的。未来每次对 CSS 代码的修改都要求我们逐一核对这些媒体查询是否需要配合修改，甚至可能要求我们反过来修改这些媒体查询的设置。这一点常常被我们忽略，后患无穷。你添加的媒体查询越多，你的 CSS 代码就会变得越来越经不起折腾。

这并不是说媒体查询是一种不良实践。**只要用对了，它就是利器**。但是，你只应该把它作为最后的手段。比如你想把网站做得弹性灵活，但其他尝试全都失败了；或者我们希望在较大或较小的视口下完全改变网站的设计形态（譬如，把侧栏改成水平布局）。我这么说的原因在于，媒体查询不能以一种连续的方式来修复问题。它们的工作原理基于某几个特定的阶梯（亦称"断点"），如果大部分样式代码并不是以弹性的方式来编写的，那么媒体查询能做的只是修补某个特定分辨率下的特定问题——这本质上只是把灰尘扫到地毯下面而已。

图 1-9

在第一个矩形中，棕色方块在数学层面上是完美垂直居中的，但看起来并不是这样；在第二个矩形中，方块从几何中心向上轻微移动了一点儿，但它在人类的眼睛看来却是恰好居中的

图 1-10

圆形看起来要小一些，但实际上它占据的宽高和方形是完全一样的

图 1-11

为容器的四边指定了相同的内边距（这里用了 .5em），但实际看起来上下空得多，左右空得少

图 1-12

如果把左右内边距增大一些（这里把 padding 属性写成 .3em .7em），看起来就明显更加统一了

小提示

不妨考虑在你的媒体查询中使用 em 单位取代像素单位。这能让文本缩放在必要时触发布局的变化。

当然，有一点上面并没有提到，**媒体查询的断点不应该由具体的设备来决定**，而应该根据设计自身来决定。这不仅是因为我们的网站需要面向的设备太多了（尤其是考虑到未来的设备时），还因为一个网站在桌面端可能会以任意尺寸的窗口来显示。如果你有信心自己的设计在任何可能出现的视口尺寸下都能良好工作，谁关心这些设备的分辨率具体是多少呢？

遵从"尽量减少代码重复"所描述的原则对此也是有帮助的，因为你不需要去覆盖媒体查询里同样数量的声明。这在本质上减轻了它们所产生的维护成本。

下面还有一些建议，可能会帮你避免不必要的媒体查询。

- 使用百分比长度来取代固定长度。如果实在做不到这一点，也应该尝试使用与视口相关的单位（vw、vh、vmin 和 vmax），它们的值解析为视口宽度或高度的百分比。

- 当你需要在较大分辨率下得到固定宽度时，使用 max-width 而不是 width，因为它可以适应较小的分辨率，而无需使用媒体查询。

- 不要忘记为替换元素（比如 img、object、video、iframe 等）设置一个 max-width，值为 100%。

- 假如背景图片需要完整地铺满一个容器，不管容器的尺寸如何变化，background-size: cover 这个属性都可以做到。但是，我们也要时刻牢记——带宽并不是无限的，因此在移动网页中通过 CSS 把一张大图缩小显示往往是不太明智的。

- 当图片（或其他元素）以行列式进行布局时，让视口的宽度来决定列的数量。弹性盒布局（即 Flexbox）或者 display: inline-block 加上常规的文本折行行为，都可以实现这一点。

- 在使用多列文本时，指定 column-width（列宽）而不是指定 column-count（列数），这样它就可以在较小的屏幕上自动显示为单列布局。

总的来说，我们的思路是尽最大努力**实现弹性可伸缩的布局，并在媒体查询的各个断点区间内指定相应的尺寸**。当网页本身的设计足够灵活时，让它变成响应式应该只需要用到一些简短的媒体查询代码。Basecamp 的设计师在 2010 年写到过这种非常规情况。

> "结果我们发现，想让网页在一堆不同的设备上合理展示，只需要在最终产品上添加一点 CSS 媒体查询就可以了。这件事情之所以这么简单，关键在于我们的布局原本就是弹性可伸缩的。因此，优化网页在小屏幕上的表现，其实只意味着把一些外边距收拢到最小程度，然后把因为屏幕太窄而无法显示成双列的侧栏调整为单列布局而已。"

——在 Iterations 中实践响应式设计（http://signalvnoise.com/posts/ 2661-experimenting-with-responsive-design-in-iterations）

如果你发现自己需要一大堆媒体查询才能让设计适应大大小小的屏幕，那么不妨后退一步，重新审视你的代码结构。因为在所有的情况下，响应式都不是唯一需要考虑的问题。

合理使用简写

你可能知道，以下两行 CSS 代码并不是等价的：

```css
background: rebeccapurple;

background-color: rebeccapurple;
```

前者是简写，它可以确保你得到 ■ rebeccapurple 纯色背景；但如果你用的是展开式的单个属性（background-color），那这个元素的背景最终有可能会显示为一个粉色的渐变图案、一张猫的图片或其他任何东西，因为同时可能会有一条 background-image 声明在起作用。在使用展开式属性的写法时，通常会遇到这样的问题：展开式写法并不会帮助你清空所有相关的其他属性，从而可能会干扰你想要达到的效果。

当然，你可以把**所有的展开式属性**全都设置一遍，然后收工，但你可能会漏掉几个；又或者，CSS 工作组可能会在未来引入更多的展开式属性，那时你的代码就无法完全覆盖它们了。不要害怕使用简写属性。合理使用简写**是一种良好的防卫性编码方式，可以抵御未来的风险**。当然，如果我们**要明确地去覆盖某个具体的展开式属性**并保留其他相关样式，那就需要用展开式属性，就像我们在**"尽量减少代码重复"**一节中为了得到按钮的其他颜色版本所做的那样。

展开式属性与简写属性的配合使用也是非常有用的，可以让代码更加 DRY。对于那些接受一个用逗号分隔的列表的属性（比如 background），尤其如此。下面的例子可以很好地解释这一点：

```css
background: url(tr.png) no-repeat top right / 2em 2em,
            url(br.png) no-repeat bottom right / 2em 2em,
            url(bl.png) no-repeat bottom left / 2em 2em;
```

请注意 background-size 和 background-repeat 的值被重复了三遍，尽管每层背景的这两个值确实是相同的。其实我们可以从 CSS 的"列表扩散规则"那里得到好处。它的意思是说，**如果只为某个属性提供一个值，那它就会扩散并应用到列表中的每一项**。因此，我们可以把这些重复的值从简写属性中抽出来写成一个展开式属性：

```css
background: url(tr.png) top right,
            url(br.png) bottom right,
            url(bl.png) bottom left;
background-size: 2em 2em;
background-repeat: no-repeat;
```

现在，我们只需要在一处修改，就可以改变所有的 background-size 和 background-repeat 了。你会发现这个技巧在本书中的使用非常普遍。

我应该使用预处理器吗

你很可能听说过像 Stylus（http://stylus-lang.com/）、Sass（http://sass-lang.com/）或 LESS（http://lesscss.org/）这样的 CSS 预处理器。它们为 CSS 的编写提供了一些便利，比如变量、mixin、函数、规则嵌套、颜色处理等。

如果使用得当，它们在大型项目中可以让代码更加灵活，而 CSS 自身在这方面确实有很大局限。只要我们在代码健壮性、灵活性和 DRY 方面有追求，就会感受到 CSS 在这方面的局限。不过，预处理器也不是完美无缺的。

- CSS 的**文件体积和复杂度**可能会失控。即使是简洁明了的源代码，在经过编译之后也可能会变成一头从天而降的巨兽。
- **调试难度会增加**，因为你在开发工具中看到的 CSS 代码并不是你写的源代码。不过这个问题已经大大好转了，因为已经有越来越多的调试工具开始支持 SourceMap。SourceMap 是一种非常酷的新技术，正是为了解决这个痛点而生的，它会告诉浏览器哪些编译生成的 CSS 代码对应哪些预处理器 CSS 代码，精确到行号。
- 预处理器在开发过程中引入了一定程度的**延时**。尽管它们通常很快，但仍然需要差不多一秒钟的时间来把你的源代码编译成 CSS，而你不得不等待这段时间才能预览到代码的效果。

小花絮 **怪异的简写语法**

你可能已经注意到前面那个背景属性简写的例子了：在 background 简写属性中指定 background-size 时，需要同时提供一个 background-position 值（哪怕它的值就是其初始值也需要写出来），而且还要使用一个斜杠（ / ）作为分隔。为什么有些简写的语法如此怪异？

这通常都是为了消除歧义。在这个例子中，top right 显然是 background-position，而 2em 2em 是 background-size，不管它们的顺序如何。但是，请设想一下 50% 50% 这样的值，它到底是 background-size 还是 background-position 呢？当你在使用展开式属性时，CSS 解析器明白你的意图；而当你使用简写属性时，解析器需要在没有属性名提示的情况下弄清楚 50% 50% 到底指什么。这就是需要引入斜杠的原因。

对绝大多数的简写属性来说，并没有这样的歧义问题，因而简写属性的多个值往往可以随意排列。不过，我还是建议你养成随手查阅语法的好习惯，以免犯错。如果你对正则表达式以及规范的语法描述方式（grammar）很熟悉的话，不妨直接在相关规范中查询语法描述。如果要确定某个属性的值是否有明确的顺序要求，这可能是最快的方式。

- 每次抽象都必然会带来更高的学习成本，每当有新人加入到我们的代码库中，这个问题都会重演。他要么已经对我们选择的这门预处理器"方言"很熟悉，要么得从头学。这意味着我们**要么强制协作者接受我们的选择，要么花费额外的时间来培训**，而这两者都不是我们想要的。

- 另外，别忘了还有抽象泄漏法则："所有重大的抽象机制在某种程度上都存在泄漏的情况。"预处理器是由人类写出来的，就像所有由人类写出来的大型程序一样，**它们有它们自己的 bug**。这些 bug 可能会潜伏很久，因为我们很少会怀疑预处理器的某个 bug 才是我们 CSS 出错的幕后元凶。

除了上面列出的这些问题，预处理器还可能导致这种风险：网站开发者可能会不自觉地"依赖"和"滥用"。因为在某些时候，预处理器并不必要。比如在小型项目中；或者在未来，说不定预处理器最受欢迎的那些特性都被加入了原生 CSS 中。很惊讶吗？没错，**很多受预处理器启发的特性都已经以各种方式融入到原生 CSS 中了**。

- 有一份关于（跟变量类似的）自定义属性的草案，叫作 **CSS 自定义属性暨层叠式变量**（http://w3.org/TR/css-variables-1）。

- CSS 值与单位（第三版）中的 `calc()` 函数，不仅在处理运算时非常强大，而且已经得到了广泛的支持，当下可用。

- **CSS 颜色（第四版）**（http://dev.w3.org/csswg/css-color）引入的 `color()` 函数会提供颜色运算方法。

- 关于嵌套，CSS 工作组内部正在进行一些正式的讨论，甚至以前还有过一份相关的草案（ED）。

请注意，这些原生特性通常**比预处理器提供的版本要强大得多**，因为它们是动态的[①]。举个例子，预处理器完全不知道如何完成 100% - 50px 这样的计算，因为在页面真正被渲染之前，百分比值是无法解析的。但是，原生 CSS 的 `calc()` 在计算这样的表达式时没有任何压力。与此类似，下面这样的变量玩法在预处理器中是不可能做到的：

```
ul { --accent-color: purple; }
ol { --accent-color: rebeccapurple; }
li { background: var(--accent-color); }
```

你看清楚这段代码的意图了吗？在有序列表中，列表项的背景色将是 ▉ rebeccapurple；但在无序列表中，列表项的背景色将是 ▉ purple。试试用预处理器能否做到！当然，在这个例子中，我们可以直接使用后代选择符，只不过这个例子的重点在于向你展示 CSS 的原生变量所具备的动态性。

---

① 不要忘了这样的原生 CSS 特性也可以通过脚本来操纵。比如说，你可以用 JS 来改变一个变量的值。

图 1-13

Myth(http://myth.io) 是一款实验
性质的预处理器，它只模拟上述
原生的 CSS 新特性，而不是引
入私有语法。它本质上扮演了
CSSpolyfill 的角色

上面提到的原生 CSS 特性绝大多数在目前还没有得到很好的支持，因此在很多情况下，如果可维护性很重要（它确实很重要），使用预处理器是不可避免的。我的建议是，在每个项目开始时使用纯 CSS，只有当代码开始变得无法保持 DRY 时，才切换到预处理器的方案。为了避免可能发生的"依赖"或"滥用"，**在引入预处理器的问题上需要冷静决策**，不应该在每个项目一开始时就不动脑筋顺着惯性来。

可能你还不知道（或许直接跳过了前言，啧啧），这里再说一次，**这本书的样式是用 SCSS 写的**。这些样式代码以纯 CSS 起步，而且只在代码增长得太过复杂以致无法维护时才切到 SCSS。谁说 CSS 和预处理器只能用在网页上？

第 2 章

背景与边框

半透明边框

难题

　　相信你以前肯定尝试过 CSS 中的半透明颜色，比如 `rgba()` 和 `hsla()`。半透明颜色是 2009 年发生的一场重大变革。从那以后，我们终于可以在网页设计中使用它们了，但是为了尝鲜还需要付出额外的代价。比如说，我们需要做好回退，加载 shim 脚本，甚至在 IE 下还需要用到恶心的滤镜来 hack。尽管半透明颜色很受欢迎，但人们对它的使用基本上还是集中在背景上的。这里面有一些原因。

- 一些早期尝鲜者并没有意识到这些新的颜色格式也是真正的颜色，与 ■ #ff0066 和 ■ orange 一样；而是把它们当作图片，只在背景中使用。
- 针对背景提供回退方案要比其他属性容易得多。举例来说，如果要为半透明背景色提供回退方案，可能只需要准备一张单像素的半透明图片就行了。而对其他属性来说，只能回退到一个实色。
- 在其他属性（比如边框）中使用半透明颜色并没有想像中那么容易。我们接下来就会看到。

　　假设我们想给一个容器设置一层白色背景和一道半透明白色边框，body 的背景会从它的半透明边框透上来。我们最开始的尝试可能是这样的：

```
border: 10px solid hsla(0,0%,100%,.5);
background: white;
```

　　除非你对背景和边框的工作原理有着非常好的理解，否则这个结果（参见**图 2-2**）可能会令你摸不着头脑。我们的边框去哪儿了啊？而且如果我们连使用半透明颜色都不能实现半透明边框，那我们还有什么办法？！

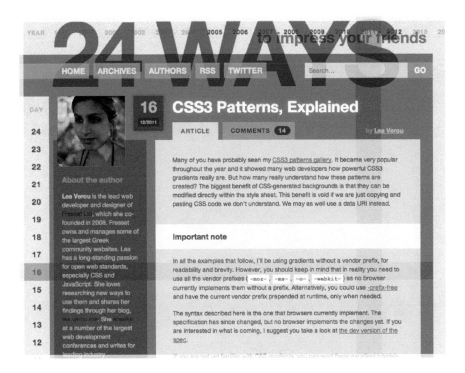

图 2-1

24ways.org 早在 2008 年就开始在网页设计中使用半透明颜色了，是最早尝鲜的网站之一。只不过他们也大多是在背景中使用（由 Tim Van Damme 设计）

图 2-2

为了实现半透明边框，我们最开始尝试的结果

解决方案

　　尽管看起来并不像那么回事，但我们的边框其实是存在的。默认情况下，背景会延伸到边框所在的区域下层。这一点很容易验证，给一个有背景的元素应用一道老土的虚线边框，就可以看出来（参见**图 2-3**）。即使你使用的是不透明的实色边框，这个事实也不会有任何改变。只不过在上面的例子中，这个特性完全打破了我们的设计意图。我们所做的事情并没有让 body 的背景从半透明白色边框处透上来，而是在半透明白色边框处透出了这个容器自己的纯白实色背景，这实际上得到的效果跟纯白实色的边框看起来完全一样。

图 2-3

默认状态下，背景会延伸到边框的区域下层

　　在 CSS 2.1 中，这就是背景的工作原理。我们只能接受它并且向前看。谢天谢地，从**背景与边框（第三版）**（http://w3.org/TR/css3-background）开始，我们可以通过 `background-clip` 属性来调整上述默认行为所带来的不便。这个属性的初始值是 `border-box`，意味着背景会被元素的 **border box**（边框的外沿框）裁切掉。如果不希望背景侵入边框所在的范围，我们要做的就是把它的值设为 `padding-box`，这样浏览器就会用内边距的外沿来把背景裁切掉。

```
border: 10px solid hsla(0,0%,100%,.5);
background: white;
background-clip: padding-box;
```

　　我们在**图 2-4** 中可以看到这个完美的结果。

图 2-4

用 background-clip 来修复这个
问题

试一试 play.csssecrets.io/**translucent-borders**

■ CSS 背景与边框
http://w3.org/TR/css-backgrounds

相关规范

2 多重边框

背景知识

box-shadow 的基本用法

难题

　　回首往事，当**背景与边框（第三版）**（http://w3.org/TR/css3-background）
还在草案阶段时，CSS 工作组内部有过很多讨论，关于是否应该允许多重边
框，就像多重背景那样。不幸的是，当时一致认为这个特性并没有足够多的
使用场景，而且网页开发者还可以使用 border-image 来达到相同的效果。
然而工作组忽略了一点：我们通常希望在 CSS 代码层面以更灵活的方式来
调整边框样式。因此，网页开发者们最终不得不折腾出各种丑陋的 hack，比
如使用多个元素来模拟多重边框。不过，我们还有更好的办法来解决这个难
题，并不需要添加无用的额外元素来污染我们的结构。

图 2-5

用 box-shadow 来模拟外框

box-shadow 方案

　　目前为止，我们大多数人可能已经用过（或滥用过）box-shadow 来生
成投影。不太为人所知的是，它还接受第四个参数（称作"扩张半径"），通
过指定正值或负值，可以**让投影面积加大**或者**减小**。一个正值的扩张半径加
上两个为零的偏移量以及为零的模糊值，得到的"投影"其实就像一道实线
边框（参见**图 2-5**）：

```
background: yellowgreen;
box-shadow: 0 0 0 10px #655;
```

这并没有什么了不起的，因为你完全可以用 border 属性来生成完全一样的边框效果。不过 box-shadow 的好处在于，**它支持逗号分隔语法，我们可以创建任意数量的投影**。因此，我们可以非常轻松地在上面的示例中再加上一道 ▇ deeppink 颜色的"边框"：

```
background: yellowgreen;
box-shadow: 0 0 0 10px #655, 0 0 0 15px deeppink;
```

唯一需要注意的是，box-shadow 是层层叠加的，第一层投影位于最顶层，依次类推。因此，你需要按此规律调整扩张半径。比如说，在前面的代码中，我们想在外圈再加一道 5px 的外框，那就需要指定扩张半径的值为 15px（10px+5px）。如果你愿意，甚至还可以在这些"边框"的底下再加一层常规的投影：

```
background: yellowgreen;
box-shadow: 0 0 0 10px #655,
            0 0 0 15px deeppink,
            0 2px 5px 15px rgba(0,0,0,.6);
```

多重投影解决方案在绝大多数场合都可以很好地工作，但有一些注意事项。

- 投影的行为跟边框不完全一致，因为它不会影响布局，而且也不会受到 box-sizing 属性的影响。不过，你还是可以通过内边距或外边距（这取决于投影是内嵌和还是外扩的）来额外模拟出边框所需要占据的空间。
- 上述方法所创建出的假"边框"出现在元素的**外圈**。它们并不会响应鼠标事件，比如悬停或点击。如果这一点非常重要，你可以给 box-shadow 属性加上 inset 关键字，来使投影绘制在元素的**内圈**。请注意，此时你需要增加额外的内边距来腾出足够的空隙。

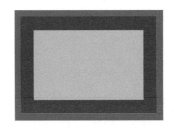

图 2-6

使用 box-shadow 来模拟双层外框

▶ 试一试 play.csssecrets.io/**multiple-borders**

outline 方案

在某些情况下，**你可能只需要两层边框**，那就可以先设置一层常规边框，再加上 outline（描边）属性来产生外层的边框。这种方法的一大优点在于边框样式十分灵活，不像上面的 box-shadow 方案只能模拟实线边框（假设我们需要产生虚线边框效果，box-shadow 就没辙了）。如果要得到图 2-6 的效果，代码可以这样写：

图 2-7

在这些"外框"下再添加一层真实的投影效果

图 2-8

对一层 dashed（虚线）描边使用负的 outline-offset 后，可以得到简单的缝边效果

图 2-9

通过 outline 属性实现的"边框"不会贴合元素的圆角，不过这一行为在未来可能会发生变化

```
background: yellowgreen;
border: 10px solid #655;
outline: 5px solid deeppink;
```

描边的另一个好处在于，你可以通过 outline-offset 属性来控制它跟元素边缘之间的间距，这个属性甚至可以接受负值。这对于某些效果来说非常有用。举个例子，**图 2-8** 就实现了简单的缝边效果。

这个方案同样也有一些需要注意的地方。

- 如上所述，它只适用于双层"边框"的场景，因为 outline 并不能接受用逗号分隔的多个值。如果我们需要获得更多层的边框，前一种方案就是我们唯一的选择了。
- 边框不一定会贴合 border-radius 属性产生的圆角，因此如果元素是圆角的，它的描边可能还是直角的（参见**图 2-9**）。请注意，这种行为被 CSS 工作组认为是一个 bug，因此未来可能会改为贴合 border-radius 圆角。
- 根据 CSS 基本 UI 特性（第三版）规范（http://w3.org/TR/css3-ui）所述，"描边可以不是矩形"。尽管在绝大多数情况下，描边都是矩形的，但如果你想使用这个方法，请切记：最好在不同浏览器中完整地测试最终效果。

- CSS 背景与边框
  http://w3.org/TR/css-backgrounds

- CSS 基本 UI 特性
  http://w3.org/TR/css3-ui

相关规范

灵活的背景定位

难题

很多时候，我们想针对容器某个角对背景图片做偏移定位，如右下角。在 CSS 2.1 中，我们只能指定距离左上角的偏移量，或者干脆完全靠齐到其他三个角。但是，我们有时希望图片和容器的边角之间能留出一定的空隙（类似内边距的效果），以免得到像**图 2-10** 那样的效果。

对于具有固定尺寸的容器来说，使用 CSS 2.1 来做到这一点是可能的，但很麻烦：可以基于它自身的尺寸以及我们期望它距离右下角的偏移量，计算出背景图片距离左上角的偏移量，然后再把计算结果设置给 background-position。当容器元素的尺寸不固定时（因为内容往往是可变的），这就不可能做到了。网页开发者通常只能把 background-position 设置为某个接近 100% 的百分比值，以便近似地得到想要的效果。如你所愿，借助现代的 CSS 特性，我们已经拥有了更好的解决方案！

图 2-10

background-position: bottom right; 通常不会产生在审美上让人非常舒服的结果，因为图片跟容器的边缘之间没有空隙

background-position 的扩展语法方案

在 CSS 背景与边框（第三版）(http://w3.org/TR/css3-background) 中，background-position 属性已经得到扩展，它允许我们指定背景图片**距离任意角的偏移量**，只要我们**在偏移量前面指定关键字**。举例来说，如果想让背景图片跟右边缘保持 20px 的偏移量，同时跟底边保持 10px 的偏移量，可以这样做（结果如**图 2-11** 所示）：

```
background: url(code-pirate.svg) no-repeat #58a;
background-position: right 20px bottom 10px;
```

最后一步，我们还需要提供一个合适的回退方案。因为对上述方案来说，在不支持 background-position 扩展语法的浏览器中，背景图片会紧贴在左上角（背景图片的默认位置）。这看起来会很奇怪，而且它会干扰到文字的可读性（参见**图 2-12**）。提供一个回退方案也很简单，就是把老套的 bottom right 定位值写进 background 的简写属性中：

图 2-11

我们可以指定距离其他各边的偏移量；为了更清楚地看到偏移是怎么工作的，背景图片的外圈加了一层虚线框

```
background: url(code-pirate.svg)
            no-repeat bottom right #58a;
background-position: right 20px bottom 10px;
```

▶**试一试** play.csssecrets.io/**extended-bg-position**

图 2-12

如果我们不希望旧版浏览器的用户看到这个结果，还需要指定一个回退方案

background-origin 方案

在给背景图片设置距离某个角的偏移量时，有一种情况极其常见：偏移量与容器的内边距一致。如果采用上面提到的 background-position 的扩展语法方案，代码看起来会是这样的：

```
padding: 10px;
background: url(code-pirate.svg) no-repeat #58a;
background-position: right 10px bottom 10px;
```

我们可以在**图 2-13** 中看到结果。如你所见，它起作用了，但代码不够 DRY：每次改动内边距的值时，我们都需要在三个地方更新这个值！谢天谢

图 2-13

对背景图片应用的偏移量往往跟内边距的值正好一致

图 2-14
盒模型

地，还有一个更简单的办法可以实现这个需求：让它自动地跟着我们设定的内边距走，不用另外声明偏移量的值。

在网页开发生涯中，你很可能多次写过类似 background-position: top left; 这样的代码。你是否曾经有过疑惑：这个 top left 到底是哪个左上角？你可能知道，每个元素身上都存在三个矩形框（参见**图 2-14**）：border box（边框的外沿框）、padding box（内边距的外沿框）和 content box（内容区的外沿框）。那 background-position 这个属性指定的到底是哪个矩形框的左上角？

默认情况下，background-position 是以 padding box 为准的，这样边框才不会遮住背景图片。因此，top left 默认指的是 padding box 的左上角。不过，在**背景与边框（第三版）**（http://w3.org/TR/css3-background）中，我们得到了一个新的属性 background-origin，可以用它来改变这种行为。在默认情况下，它的值是（闭着眼睛也猜得到）padding-box。如果把它的值改成 content-box（参见下面的代码），我们在 background-position 属性中使用的边角关键字将会以内容区的边缘作为基准（也就是说，此时背景图片距离边角的偏移量就跟内边距保持一致了）：

```
padding: 10px;
background: url("code-pirate.svg") no-repeat #58a
            bottom right; /* 或 100% 100% */
background-origin: content-box;
```

它的视觉效果跟**图 2-13** 是完全一样的，但我们的代码变得更加 DRY 了。另外别忘了，在必要时可以把这两种技巧组合起来！如果你想让偏移量与内边距稍稍有些不同（比如稍微收敛或超出），那么可以在使用 background-origin: content-box 的同时，再通过 background-position 的扩展语法来设置这些额外的偏移量。

▶试一试 play.csssecrets.io/**background-origin**

calc() 方案

> 请不要忘记在 calc() 函数内部的 - 和 + 运算符的两侧各加一个空白符，否则会产生解析错误！这个规则如此怪异，是为了向前兼容：未来，在 calc() 内部可能会允许使用关键字，而这些关键字可能会包含连字符（即减号）。

让我们回顾一下本节开头的挑战：把背景图片定位到距离底边 10px 且距离右边 20px 的位置。如果我们仍然**以左上角偏移的思路**来考虑，其实就是希望它有一个 100% - 20px 的水平偏移量，以及 100% - 10px 的垂直偏移量。谢天谢地，calc() 函数允许我们执行此类运算，它可以完美地在 background-position 属性中使用：

```
background: url("code-pirate.svg") no-repeat;
background-position: calc(100% - 20px) calc(100% - 10px);
```

■ CSS 背景与边框
http://w3.org/TR/css-backgrounds

■ CSS 值与单位
http://w3.org/TR/css-values

相关规范

4 边框内圆角

背景知识

box-shadow, outline, "多重边框"

难题

有时我们需要一个容器，只在内侧有圆角，而边框或描边的四个角在外部仍然保持直角的形状，如**图 2-15** 所示。这是一个有趣的效果，目前还没有被滥用。用两个元素可以实现这个效果，这并没有什么特别的：

```html
<div class="something-meaningful"><div>
    I have a nice subtle inner rounding,
    don't I look pretty?
</div></div>

.something-meaningful {
    background: #655;
    padding: .8em;
}

.something-meaningful > div {
    background: tan;
    border-radius: .8em;
    padding: 1em;
}
```

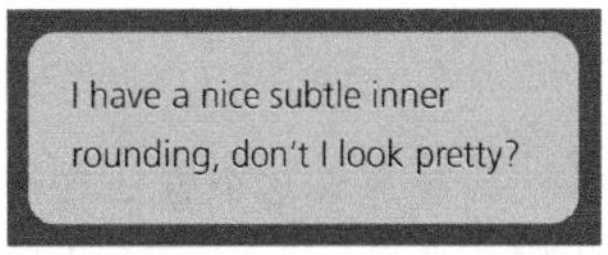

HTML

> I have a nice subtle inner rounding, don't I look pretty?

图 2-15
容器外围有一道边框，但只在内侧有圆角

这个方法很好，但要求我们使用两个元素，而我们只需要一个元素。有没有办法可以只用一个元素达成同样的效果呢？

解决方案

其实上述方案要更加灵活一些，因为它允许我们充分运用背景的能力。举个例子，如果我们希望这一圈"边框"不只是纯色的，而是要加一层淡淡的纹理，它也可以很容易地做到。不过，如果只需要达成简单的实色效果，那我们就还有另一条路可走，只需用到一个元素（但这个办法有一些 hack 的味道）。我们来看看以下 CSS 代码：

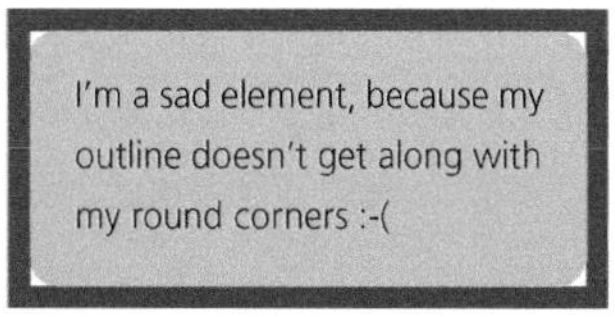

图 2-16

对一个有圆角的元素使用 outline 属性

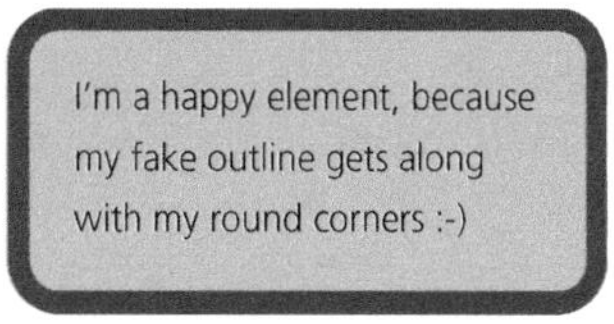

图 2-17

对一个有圆角的元素使用没有偏移量、没有模糊效果的 box-shadow 属性

```css
background: tan;
border-radius: .8em;
padding: 1em;
box-shadow: 0 0 .6em #655;
outline: .6em solid #655;
```

你能猜到视觉效果是怎样的吗？它产生的效果正如**图 2-15** 所示。我们基本上受益于两个事实：描边并不会跟着元素的圆角走（因而显示出直角，参见**图 2-16**），但 box-shadow 却是会的（参见**图 2-17**）。因此，如果我们把这两者叠加到一起，box-shadow 会刚好填补描边和容器圆角之间的空隙，这两者的组合达成了我们想要的效果。**图 2-18** 把投影和描边显示为不同的颜色，从而在视觉上提供了更清晰的解释。

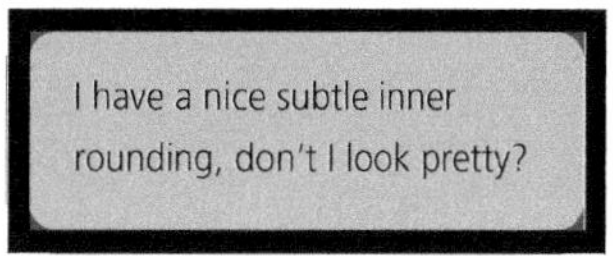

图 2-18

为了事情的真相看起来更清楚，我们把描边显示为黑色，把投影显示为品红色；请注意描边是绘制在上层的

请注意，我们为 box-shadow 属性指定的扩张值并不一定等于描边的宽度，我们只需要指定一个足够填补"空隙"的扩张值就可以了。事实上，指定一个等于描边宽度的扩张值在某些浏览器中可能会得到渲染异常，因此我推荐一个稍小些的值。这又引出了另一个问题：**到底多大的投影扩张值可以填补这些空隙呢？**

为了解答这个问题，我们需要回忆起中学时学过的**勾股定理**，用来计算直角三角形各边的长度。勾股定理表明，如果直角边分别是 a 和 b，则斜边（正对着直角的最长边）等于 $\sqrt{a^2+b^2}$。当两条直角边的长度相等时，这个算式会演化为 $\sqrt{2a^2}=a\sqrt{2}$。

你可能还很纳闷，中学几何到底是怎么跟我们的内圆角效果扯上关系的？关于怎样用它来计算我们需要的最小扩张值，请看**图 2-19** 中图形化的解释。在我们的例子中，border-radius 是 .8em，那么最小的扩张值就是 $0.8\,(\sqrt{2}-1) \approx 0.331\,370\,85$ em。我们要做的就是把它稍微向上取个整，把 .34em 设置为投影的扩张半径。为了避免每次都要计算，你可以直接使用圆角半径的一半，因为 $\sqrt{2}-1 < 0.5$。

请注意，该计算过程揭示了**这个方法的另一个限制**：为了让这个效果得以达成，扩张半径需要比描边的宽度值小，但它同时又要比 $(\sqrt{2}-1)r$ 大（这

为什么说这个方法有点 hack 的味道？ 因为它依赖于**描边不跟着圆角走**的这个事实，但我们无法保证这种行为是永远不变的。当前的规范在描边的绘制方面给了浏览器非常多的余地，但**根据 CSS 工作组最近的讨论来看，未来规范将会明确地建议描边跟着圆角走**。浏览器是否会遵从这个决定，我们到时候就知道了。

里的 r 表示 border-radius）。这意味着，如果描边的宽度比 $(\sqrt{2}-1)r$ 小，那我们是不可能用这个方法达成该效果的。

▶ 试一试　play.csssecrets.io/**inner-rounding**

■ CSS 背景与边框
　http://w3.org/TR/css-backgrounds

■ CSS 基本 UI 特性
　http://w3.org/TR/css3-ui

相关规范

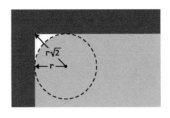

图 2-19
当我们的圆角半径是 r 时，从圆角的圆心到描边顶角的长度就是 $r\sqrt{2}$ ，这意味着投影的扩张值不能小于 $r\sqrt{2}-r=(\sqrt{2}-1)r$

5 条纹背景

背景知识
CSS 线性渐变, **background-size**

难题

　　不论是在网页设计中，还是在其他传统媒介中（比如杂志和墙纸等），各种尺寸、颜色、角度的条纹图案在视觉设计中无处不在。要想在网页中实现条纹图案，其过程还远远不够理想。通常，我们的方法是创建一个单独的位图文件，然后每次需要做些调整时，都用图像编辑器来修改它。可能有人试过用 SVG 来取代位图，但这样还是会有一个独立的文件，而且它的语法也远远不够友好。如果可以直接在 CSS 中创建条纹图案，那该有多棒啊！你可能会惊讶地发现，我们居然真的可以。

图 2-20
我们的起点

解决方案

　　假设我们有一条基本的垂直线性渐变，颜色从 #fb3 过渡到 ■ #58a（参见**图 2-20**）：

图 2-21
渐变现在出现在总高的 60% 区域，剩下的部分显示为实色；色标的位置用虚线标示出来了

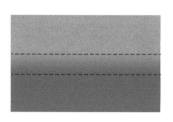

图 2-22

渐变现在出现在总高的 20% 区域，剩下的部分显示为实色；色标的位置用虚线标示

图 2-23

两个色标现在都设为 50% 了

图 2-24

在没有平铺的情况下，我们生成的背景是这样的

图 2-25

最终的水平条纹效果

```
background: linear-gradient(#fb3, #58a);
```

现在，让我们试着把这两个色标拉近一点（参见**图 2-21**）：

```
background: linear-gradient(#fb3 20%, #58a 80%);
```

现在容器顶部的 20% 区域被填充为 #fb3 实色，而底部 20% 区域被填充为 #58a 实色。真正的渐变只出现在容器 60% 的高度区域。如果我们把两个色标继续拉近（分别改为 **40%** 和 **60%**，参见**图 2-22**），那真正的渐变区域就变得更窄了。你是不是开始好奇，如果我们把两个色标重合在一起，会发生什么？

```
background: linear-gradient(#fb3 50%, #58a 50%);
```

> "如果多个色标具有相同的位置，它们会产生一个无限小的过渡区域，过渡的起止色分别是第一个和最后一个指定值。从效果上看，颜色会在那个位置突然变化，而不是一个平滑的渐变过程。"
>
> ——CSS 图像（第三版）（http://w3.org/TR/css3-images）

你在**图 2-23** 中可以看到，已经没有任何渐变效果了，只有两块实色，各占据了 background-image 一半的面积。本质上，我们已经创建了两条巨大的水平条纹。

因为渐变是一种由代码生成的图像，我们能像对待其他任何背景图像那样对待它，而且还可以通过 background-size 来调整其尺寸：

```
background: linear-gradient(#fb3 50%, #58a 50%);
background-size: 100% 30px;
```

在**图 2-24** 中可以看到，我们把这两条条纹的高度都缩小到了 **15px**。由于背景在默认情况下是重复平铺的，整个容器其实已经被填满了水平条纹（参见**图 2-25**）。

我们还可以用相同的方法来创建不等宽的条纹，只需调整色标的位置值即可（参见**图 2-26**）：

```
background: linear-gradient(#fb3 30%, #58a 30%);
background-size: 100% 30px;
```

为了避免每次改动条纹宽度时都要修改两个数字，我们可以再次从规范那里找到捷径。

> "如果某个色标的位置值比整个列表中在它之前的色标的位置值都要小，则该色标的位置值会被设置为它前面所有色标位置值的最大值。"
>
> ——CSS 图像（第三版）（http://w3.org/TR/css3-images）

这意味着，如果我们把第二个色标的位置值设置为 0，那它的位置就总是会被浏览器调整为前一个色标的位置值，这个结果正是我们想要的。因此，下面的代码会产生跟**图 2-26** 完全一样的条纹背景，但代码会更加 DRY：

```
background: linear-gradient(#fb3 30%, #58a 0);
background-size: 100% 30px;
```

图 2-26

不等宽的条纹图案

如果要创建超过两种颜色的条纹，也是很容易的。举例来说，下面的代码可以生成三种颜色的水平条纹（参见**图 2-27**）：

```
background: linear-gradient(#fb3 33.3%,
            #58a 0, #58a 66.6%, yellowgreen 0);
background-size: 100% 45px;
```

图 2-27

有三种颜色的条纹图案

▶试一试 play.csssecrets.io/**horizontal-stripes**

垂直条纹

水平条纹是最容易用代码写出来的，但我们在网页上看到的条纹图案并不都是水平的。有些条纹是垂直的（参见**图 2-28**），而且某些形态的斜条纹或许更受欢迎，或者看起来更加有趣。幸运的是，CSS 渐变同样也能帮助我们创建出这些效果，只是难度稍有不同。

垂直条纹的代码跟水平条纹几乎是一样的，差别主要在于：我们需要在开头加上一个额外的参数来指定渐变的方向。在水平条纹的代码中，我们其实也可以加上这个参数，只不过它的默认值 to bottom 本来就跟我们的意图一致，于是就省略了。最后，我们还需要把 background-size 的值颠倒一下，原因应该不用多说了吧：

图 2-28

我们的垂直条纹。上图：还没有平铺展开的单个贴片；**下图**：平铺得到的条纹图案

```
background: linear-gradient(to right, /* 或 90deg */
            #fb3 50%, #58a 0);
background-size: 30px 100%;
```

▶试一试 play.csssecrets.io/**vertical-stripes**

斜向条纹

在完成了水平和垂直条纹之后，我们可能会顺着往下想：如果我们再次改变 background-size 的值和渐变的方向，是不是就可以得到斜向（比如 45°）的条纹图案呢？比如这样（结果如**图 2-29** 所示）：

```
background: linear-gradient(45deg,
```

图 2-29

我们对于斜向条纹的首次尝试失败了

图 2-30

只有这种可以无缝拼接的图像才能生成斜向条纹；是不是很眼熟

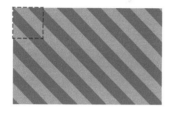

图 2-31

我们得到的 45° 条纹；图中的虚线框标示出了单个贴片的位置

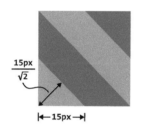

图 2-32

背景尺寸设置为 30px 时，产生的条纹宽度将是 $\frac{15}{\sqrt{2}} \approx 10.606\ 601\ 718$ 像素

图 2-33

我们最终得到的 45° 条纹；请注意现在条纹的宽度跟前面的例子是一样的

```
                  #fb3 50%, #58a 0);
background-size: 30px 30px;
```

可以发现，这个办法行不通。原因在于我们只是把每个"贴片"[①]内部的渐变旋转了 45°，而不是把整个重复的背景都旋转了。试着回忆一下我们以前用位图来生成斜向条纹时是怎么做的吧，做法类似**图 2-30**。单个贴片包含了四条条纹，而不是两条，只有这样才有可能做到无缝拼接。它正是我们需要在 CSS 代码中重新实现的贴片，因此我们需要增加一些色标：

```
background: linear-gradient(45deg,
            #fb3 25%, #58a 0, #58a 50%,
            #fb3 0, #fb3 75%, #58a 0);
background-size: 30px 30px;
```

我们可以在**图 2-31** 中看到结果。如你所见，我们成功地创建了斜向条纹，但这些条纹看起来要比我们在前面制作的水平和垂直条纹细一些。为了理解这其中的道理，我们需要再次回忆起在学校里学过的**勾股定理**，用它来计算直角三角形的斜边长度。这个定理表示，当 a 和 b 是直角三角形的直角边时，则斜边的长度等于 $\sqrt{a^2+b^2}$。对于一个 45° 的直角三角形来说，它的两条直角边是等长的，因此这个算式会变成 $\sqrt{2a^2}=a\sqrt{2}$。在我们的斜向条纹中，背景尺寸指定的长度值决定了直角三角形的斜边长度，但条纹的宽度实际上是直角三角形的高。在**图 2-32** 中可以看到图形化的解释。

这意味着，如果想让条纹的宽度变化为我们原本想要的 15px，就需要把 background-size 指定为 $2×15\sqrt{2} \approx 42.426\ 406\ 871$ 像素：

```
background: linear-gradient(45deg,
            #fb3 25%, #58a 0, #58a 50%,
            #fb3 0, #fb3 75%, #58a 0);
background-size: 42.426406871px 42.426406871px;
```

你可以在**图 2-33** 中看到最终效果。但是，除非有人拿枪顶着你的脑袋威胁你必须把斜向条纹的宽度设置为完全精确的 15 像素，我会强烈推荐你把这一长串数字取整，写成 42.4px，或者甚至是 42px。（当然，在上述情形之下，你还是会被干掉。因为 $\sqrt{2}$ 不是整数，我们最终得到的条纹宽度永远都只能是一个近似值——尽管它已经相当精确了。）

> 试一试 play.csssecrets.io/**diagonal-stripes**

更好的斜向条纹

在前面的段落中展示的方法还不够灵活。假设我们想让条纹不是 45° 而

---

① 原文 tile，表示平铺图案中的每个基本单元。——译者注

是 60°怎么办？或者是 30°？又或者是 3.141 592 653 5°？如果我们只是把渐变的角度改一下，那么结果看起来会相当糟糕。（比如在图 2-34 中，我们尝试实现 60°条纹，但以失败告终。）

幸运的是，我们还有更好的方法来创建斜向条纹。一个鲜为人知的真相是 linear-gradient() 和 radial-gradient() 还各有一个循环式的加强版：repeating-linear-gradient() 和 repeating-radial-gradient()。它们的工作方式跟前两者类似，只有一点不同：色标是无限循环重复的，直到填满整个背景。下面是一个重复渐变的例子（效果参见图 2-35）：

图 2-34
我们对 60° 条纹的尝试很傻很天真，失败了

```
background: repeating-linear-gradient(45deg,
            #fb3, #58a 30px);
```

它相当于下面这个简单的线性渐变：

```
background: linear-gradient(45deg,
            #fb3, #58a 30px,
            #fb3 30px, #58a 60px,
            #fb3 60px, #58a 90px,
            #fb3 90px, #58a 120px,
            #fb3 120px, #58a 150px, ...);
```

图 2-35
一个重复线性渐变图案

重复线性渐变完美适用于——你已经猜到了吧——条纹效果！这得益于它们可以无限循环的天赋，一个渐变图案就可自动重复并铺满整个背景。因此，我们再也不需要去操心如何创建出可以无缝拼接的贴片了。

作个对比，我们在图 2-33 中创建的效果也可以由这个重复渐变来生成：

```
background: repeating-linear-gradient(45deg,
            #fb3, #fb3 15px, #58a 0, #58a 30px);
```

第一个明显的好处就是减少了重复：我们要改动任何颜色时只需要修改两处，而不是原来的三处。另外一点也很重要，我们现在是在渐变的色标中指定长度，而不是原来的 background-size。这里的 background-size 是初始值，对渐变来说就是以整个元素的范围进行填充。这意味着代码中的长度值更加直观，因为这些长度是直接在渐变轴上进行度量的，直接代表了条纹自身的宽度。我们再也不需要计算什么 $\sqrt{2}$ 了！

不过这还不是最大的好处。最大的好处在于，现在我们可以随心所欲地改变渐变的角度了，指哪儿打哪儿，再也不需要苦苦思索如何生成一个无缝贴片。举例来说，我们苦苦追寻的 60°条纹只需这样写即可（参见图 2-36）：

图 2-36
我们终于得到了真正的 60°条纹

```
background: repeating-linear-gradient(60deg,
            #fb3, #fb3 15px, #58a 0, #58a 30px);
```

这简单到只需要改改角度就可以了！请注意，在这个方法中，不论条

纹的角度如何，我们在创建双色条纹时都需要用到四个色标。这意味着，我们最好用前面的方法来实现水平或垂直的条纹，而用这种方法来实现斜向条纹。另外，在处理 45°条纹时，我们甚至可以把这两种方法结合起来，本质上是通过重复线性渐变来简化贴片的代码：

```
background: repeating-linear-gradient(45deg,
            #fb3 0, #fb3 25%, #58a 0, #58a 50%);
background-size: 42.426406871px 42.426406871px;
```

▶ 试一试   play.csssecrets.io/**diagonal-stripes-60deg**

灵活的同色系条纹

图 2-37

这个条纹是由蓝色及其浅色变体所组成的

在大多数情况下，我们想要的条纹图案并不是由差异极大的几种颜色组成的，这些颜色往往属于同一色系，只是在明度方面有着轻微的差异。举个例子，我们来看看这个条纹图案：

```
background: repeating-linear-gradient(30deg,
            #79b, #79b 15px, #58a 0, #58a 30px);
```

在**图 2-37** 中可以看到，条纹是由一个主色调（██ #58a）和它的浅色变体所组成的。但是，这两种颜色之间的关系在代码中并没有体现出来。此外，如果我们想要改变这个条纹的主色调，甚至需要修改四处！

幸运的是，还有一种更好的方法：不再为每种条纹单独指定颜色，而是把最深的颜色指定为背景色，同时把半透明白色的条纹叠加在背景色之上来得到浅色条纹：

关于未来   包含两个位置信息的色标

根据 CSS 图像（第四版）（ http://w3.org/TR/css4-images ）计划新增的一个简化语法来看，很快我们就可以在同一个色标上指定两个位置值了。这个简写语法的含义相当于两个连续的色标具有相同的颜色和不同的位置，这个特性在创建渐变图案时是十分有用的。举个例子，用这个新语法来生成图 2-36 中的斜向条纹：

```
background: repeating-linear-gradient(60deg, #fb3 0 15px, #58a 0 30px);
```

这样的代码不仅更加简单，而且显然是更加 DRY 的；颜色值再也不需要重复了，因此我们在改动颜色时只需要修改一处。遗憾的是，在我写书的当下，还没有任何浏览器支持这个特性。

测一测   play.csssecrets.io/**test-color-stop-2positions**

```
background: #58a;
background-image: repeating-linear-gradient(30deg,
                hsla(0,0%,100%,.1),
                hsla(0,0%,100%,.1) 15px,
                transparent 0, transparent 30px);
```

结果看起来跟**图 2-37** 是一模一样的，但我们现在只需要修改一个地方就可以改变所有颜色了。我们还得到了一个额外的好处，对于那些不支持 CSS 渐变的浏览器来说，这里的背景色还起到了回退的作用。不仅如此，在下一篇攻略中我们还将看到，通过叠加的手法，具有透明区域的多个渐变图案可以构造出非常复杂的图案。

▸ 试一试 play.csssecrets.io/**subtle-stripes**

> **相关规范**
>
> ■ CSS 图像
>   http://w3.org/TR/css-images
>
> ■ CSS 背景与边框
>   http://w3.org/TR/css-backgrounds
>
> ■ CSS 图像（第四版）
>   http://w3.org/TR/css4-images

6　复杂的背景图案

> **背景知识**
> CSS 渐变，"条纹背景"

难题

在上篇攻略中，我们学会了如何用 CSS 渐变来创建各种条纹图案。但是条纹并不是我们要实现的唯一背景图案，它甚至只是几何图案中最简单的一种。我们还需要很多其他不同类型的图案，比如网格、波点、棋盘等。

幸运的是，CSS 渐变在实现这些图案时也能大展拳脚。**用 CSS 渐变来创建任何种类的几何图案**几乎都是可能的，只不过有时这种方法**不太实际**。我们可能稍不留神就会弄出一大块无法维护的代码。CSS 图案可以算是一个值得使用 CSS 预处理器（比如 Sass，http://sass-lang.com）来减少代码冗余的案例，因为最终图案越复杂，相应的代码就会变得越来越不DRY。

在本篇攻略中，我们将深入讨论如何创建那些简单而常用的图案。

网格

只使用一个渐变时，我们能创建的图案并不多。当我们**把多个渐变图案组合起来**，让它们透过彼此的透明区域显现时，神奇的事情就发生了。按照这个思路，我们首先想到的可能就是把水平和垂直的条纹叠加起来，从而得到各种样式的网格。举例来说，下面的代码会创建如图 2-39 所示的桌布（方格纹）图案。

```
background: white;
background-image: linear-gradient(90deg,
                    rgba(200,0,0,.5) 50%, transparent 0),
                  linear-gradient(
                    rgba(200,0,0,.5) 50%, transparent 0);
background-size: 30px 30px;
```

在某些情况下，我们希望**网格中每个格子的大小可以调整，而网格线条的粗细同时保持固定**。举例来说，类似图纸辅助线的网格就是这种情况。这是一个非常好的例子，展示了**使用长度而不是百分比作为色标的场景**：

```
background: #58a;
background-image:
    linear-gradient(white 1px, transparent 0),
    linear-gradient(90deg, white 1px, transparent 0);
background-size: 30px 30px;
```

図 2-38

我 的 CSS3 图 案 库（位 于 lea.
verou.me/css3patterns）展示 了
CSS 渐变早在 2011 年就能够实
现的效果。在 2011 年到 2012 年
间，几乎每篇文章、每本书、每
场技术会议在提到 CSS 渐变时都
会提到这个图案库；而且几大浏
览器厂商也曾用它来调校自己在
CSS 渐变上的实现。但是，并不
是里面的每个例子适用于生产
环境。其中的某些例子只是用来
展示可能性，而它们用到的代
码极度冗长繁琐。对于这些例子
来说，SVG 可能是更好的选择。
关于 SVG 图案的演示，请访问
philbit.com/svgpatterns，这个网
站是 CSS 图案库的 SVG 版实现

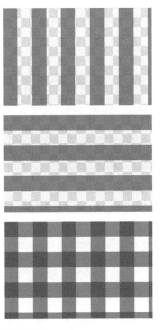

我们得到的结果就是一幅用 **1px** 白线画出来的 **30px** 大小的网格图案
（参见**图 2-40**）。与**"灵活的同色系条纹"**一节中的例子类似，主色调在这
里也起到了回退颜色的作用。

该网格是一个很好的例子，说明图案可以用合理的、可维护的（尽管还
不是完全 DRY 的）CSS 代码生成。

- 当需要改变网格的尺寸、线宽或者任何颜色时，我们可以很容易地
  找到需要编辑的地方。
- 在改变图案的任何一个要素时，我们不需要做大量的修改，而是只

图 2-39

我们的桌布（方格纹）图案，是
由两层渐变图案所组成的（按照
惯例，灰色的棋盘图案表示透明）

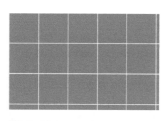

图 2-40

一幅简单的蓝图网格图案。不管每个格子有多大，它的线条始终是 1px

小提示

如果要统计你的 CSS 代码的文件体积，可以把代码粘贴到 bytesizematters.com。

图 2-41

一个更加复杂的蓝图网格，由两幅不同参数的网格图案组成

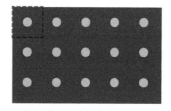

图 2-42

圆点阵列；单个贴片用虚线框标示

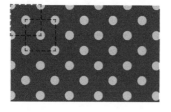

图 2-43

波点图案；两层背景图案各自的贴片分别用虚线框标示

需修改一到两个值。

■ 代码很简短，只有四行，共计 170 字节。SVG 的代码不见得会比它更短。

我们甚至可以把两幅不同线宽、不同颜色的网格图案叠加起来，得到一个更加逼真的蓝图网格（参见**图 2-41**）：

```
background: #58a;
background-image:
    linear-gradient(white 2px, transparent 0),
    linear-gradient(90deg, white 2px, transparent 0),
    linear-gradient(hsla(0,0%,100%,.3) 1px,
        transparent 0),
    linear-gradient(90deg, hsla(0,0%,100%,.3) 1px,
        transparent 0);
background-size: 75px 75px, 75px 75px,
                 15px 15px, 15px 15px;
```

试一试 play.csssecrets.io/**blueprint**

波点

目前为止，我们一直在用线性渐变生成图案。但是，径向渐变同样也是非常实用的，因为它允许我们创建圆形、椭圆，或是它们的一部分。径向渐变能够创建的最简单的图案是圆点的阵列（参见**图 2-42**）：

```
background: #655;
background-image: radial-gradient(tan 30%, transparent 0);
background-size: 30px 30px;
```

坦白地说，目前的这个样子还不是很实用。别着急，我们可以生成两层圆点阵列图案，并把它们的背景定位错开，这样就可以得到真正的波点图案了（参见**图 2-43**）：

```
background: #655;
background-image: radial-gradient(tan 30%, transparent 0),
                  radial-gradient(tan 30%, transparent 0);
background-size: 30px 30px;
background-position: 0 0, 15px 15px;
```

试一试 play.csssecrets.io/**polka**

请注意，为了达到效果，第二层背景的偏移定位值必须是贴片宽高的一半。不幸的是，这意味着如果要改动贴片的尺寸，需要修改四处。虽然可能还没到不可收拾的地步，但这样的代码就快要跌入不可维护的深渊。如果你在使用预处理器，就赶紧把它转换成这个 mixin 吧：

```scss
@mixin polka($size, $dot, $base, $accent) {
    background: $base;
    background-image:
        radial-gradient($accent $dot, transparent 0),
        radial-gradient($accent $dot, transparent 0);
    background-size: $size $size;
    background-position: 0 0, $size/2 $size/2;
}
```

以后在创建波点图案时，我们就可以像这样调用它：

```scss
@include polka(30px, 30%, #655, tan);
```

棋盘

棋盘图案在很多场景下都会用到。比如说，相对于单调的纯色背景来说，具有细微对比度的棋盘图案可能就是一个有趣的替代品。在各种应用程序的界面中，灰色的棋盘图案已经是用于表示透明色的事实标准。在 CSS 中创建棋盘图案是可能的，只不过实现过程可能比我们想像中的要"绕"一些。

棋盘图案是可以通过平铺生成的，平铺成这个图案的典型贴片包含两种不同颜色的方块，且相互间隔，就像**图 2-44** 中所标示出的那样。它貌似可以在 CSS 中很容易地重现出来：只需要创建两个不同背景定位的方块就可以了，没错吧？然而并非如此。是的，在技术上，我们可以用 CSS 渐变来创建平铺的方块，但每个方块的周围是不会有空隙的，因此最终的结果看起来就是一片实色。总的来说，只用一层 CSS 渐变无法创建四周有空隙的方块。如果你对此还怀有疑议，不妨找找看有没有一种渐变可以在重复平铺时产生如**图 2-45** 所示的图像。

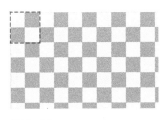

图 2-44

一个灰色的棋盘图案通常用来表示透明色；如果我们通过图片的重复平铺来实现它，那么单个贴片应该就是虚线框所标示的范围

这里的窍门在于**用两个直角三角形来拼合出我们想要的方块**。我们已经知道了如何创建直角三角形。（还记得我们在**图 2-29** 中尝试实现斜向条纹时所遭遇的失败吗？）为了唤起你的记忆，我们再来看看当时的代码（这里换用了另一种颜色和透明色）：

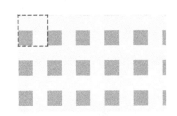

图 2-45

四周有空隙的方块在平铺之后得到的结果；单个贴片用虚线框标示

```css
background: #eee;
background-image:
    linear-gradient(45deg, #bbb 50%, transparent 0);
background-size: 30px 30px;
```

你可能还不明白这个方法是怎么发挥作用的。没错，如果我们尝试直接用两个三角形组合出**图 2-29** 中那样的正方形，可能只会得到一片实色。但是，如果我们把这些三角形的直角边缩短到原来的一半，从而只占据贴片面积的 $\frac{1}{8}$，而不是 $\frac{1}{2}$，会怎么样？要满足这一点，我们只需简单地**把色标的位置值从 50% 改为 25%** 就可以了。然后我们得到的效果会如**图 2-46** 所示。

与此类似，如果我们把色标的顺序反转，就可以创建相反方向的三角形

图 2-46

这些直角三角形的四周有很多
空隙

图 2-47

如果我们完全颠倒色标的顺序,
就能得到相反方向的三角形了

图 2-48

两层三角形图案组合之后的效果

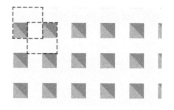

图 2-49

这两组三角形终于拼合成了一组
四周留有空隙的正方形图案;我
们用虚线框标出了两个贴片的位
置,其中第二层渐变还特意用深
色凸显出来

（参见图 2-47）：

```
background: #eee;
background-image:
    linear-gradient(45deg, transparent 75%, #bbb  0);
background-size: 30px 30px;
```

你能猜到把它们组合在一起时会发生什么吗？代码是这样的（结果如图
2-48 所示）：

```
background: #eee;
background-image:
    linear-gradient(45deg, #bbb 25%, transparent 0),
    linear-gradient(45deg, transparent 75%, #bbb 0);
background-size: 30px 30px;
```

乍看起来，这样的效果似乎并不是我们想要的。但是，我们只需要把第
二层渐变在水平和垂直方向均移动贴片长度的一半，就可以把它们拼合成一
个完整的方块：

```
background: #eee;
background-image:
    linear-gradient(45deg, #bbb 25%, transparent 0),
    linear-gradient(45deg, transparent 75%, #bbb 0);
background-position: 0 0, 15px 15px;
background-size: 30px 30px;
```

你能猜到它的结果是什么样子吗？就是我们一直想要实现的效果，如图
2-49 所示。请注意这本质上只是**棋盘的一半**。要把它转变为一幅完整的棋
盘，我们只需要把现有的这一组渐变重复一份，从而创建出另一组正方形，
并且偏移它们的定位值。这有点像我们在波点图案中所用到的技巧：

```
background: #eee;
background-image:
    linear-gradient(45deg, #bbb 25%, transparent 0),
    linear-gradient(45deg, transparent 75%, #bbb 0),
    linear-gradient(45deg, #bbb 25%, transparent 0),
    linear-gradient(45deg, transparent 75%, #bbb 0);
background-position: 0 0, 15px 15px,
                     15px 15px, 30px 30px;
background-size: 30px 30px;
```

最终结果就是一幅棋盘图案，正如图 2-44 所示。其实这段代码还可以
稍稍优化，比如我们可以把这些处在贴片顶角的三角形两两组合起来（即把
第一组和第二组合并为一层渐变，把第三组和第四组合并为一层渐变），然
后还可以把深灰色改成半透明的黑色——这样我们只需要修改底色就可以改
变整个棋盘的色调，不需要单独调整各层渐变的色标了：

```
background: #eee;
background-image:
```

```
linear-gradient(45deg,
    rgba(0,0,0,.25) 25%, transparent 0,
    transparent 75%, rgba(0,0,0,.25) 0),
linear-gradient(45deg,
    rgba(0,0,0,.25) 25%, transparent 0,
    transparent 75%, rgba(0,0,0,.25) 0);
background-position: 0 0, 15px 15px;
background-size: 30px 30px;
```

现在我们把四层渐变简化成了两层渐变，但代码仍然跟以前一样
WET [1]。为了改变棋盘的主色调或者是方格的尺寸，我们还是需要修改四个
地方。在这一点上，使用预处理器的 mixin 来简化代码可能是一个好主意。
比如，用 Sass 写的代码可能就是这样的：

图 2-50

这幅图案本身就比较复杂，而且
它的实现原理也相当复杂，难以
理解，尤其是在把四层渐变精简
为两层时。因此，我会用显眼的
颜色来突出某个渐变或渐变中的
某个色标，这通常有助于理解这
个图案是如何构成的。举例来
说，这里的第一层渐变是用 ■
rebeccapurple 来展示的，不是
半透明的黑色，而两层贴片也都
用虚线框标示出来了

`SCSS`

```scss
@mixin checkerboard($size, $base,
                    $accent: rgba(0,0,0,.25)) {
    background: $base;
    background-image:
        linear-gradient(45deg,
```

——————————
[1] WET 的意思是 We Enjoy Typing（我们喜欢敲键盘），是 DRY 的反义词。它表示繁琐重复、
  无法维护的代码。

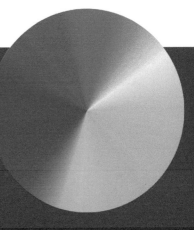

关于未来 **角向渐变**

未来在创建棋盘图案时，我们再也不需要小心翼翼地去拼合三角形了。
CSS 图像（第四版）（http://w3.org/TR/css4-images）定义了一种新
的渐变形式，可以生成角向渐变（也称作圆锥渐变）。这种渐变的效果
通常看起来像是一个俯视的圆锥体，因此得名。它们的生成方式是这
样的：所有色标的颜色变化是由一条射线绕着端点旋转来推进的。举
个例子，以下渐变代码可以创建一个色轮：

```
background: conic-gradient(red, yellow, lime, aqua, blue, fuchsia, red);
```

除了色轮之外，角向渐变在很多地方都大有用武之地：放射状的光芒、金属拉丝效果，以及其他各种各样
的背景，其中包括（猜对了！）棋盘图案。我们只需要一个角向渐变就可以实现如图 2-44 所示的贴片了：

```
background: repeating-conic-gradient(#bbb 0, #bbb 25%, #eee 0, #eee 50%);
background-size: 30px 30px;
```

遗憾的是，直到我写作的此刻，还没有任何浏览器支持角向渐变；不过你可以在 leaverou.github.io/conic-
gradient 找到一个 polyfill。

测一测 play.csssecrets.io/**test-conic-gradient**

```
                          $accent 25%, transparent 0,
                          transparent 75%, $accent 0),
                  linear-gradient(45deg,
                          $accent 25%, transparent 0,
                          transparent 75%, $accent 0);
          background-position: 0 0, $size $size,
          background-size: 2*$size 2*$size;
}

/* 调用时是这样的…… */
@include checkerboard(15px, #58a, tan);
```

在任何情况下，这样的代码量都不能算少，所以转到 SVG 方案可能是更好的选择。**图 2-44** 中的贴片如果用 SVG 来实现，就像下面这样简短：

```
<svg xmlns="http://www.w3.org/2000/svg"
    width="100" height="100" fill-opacity=".25" >
    <rect x="50" width="50" height="50" />
    <rect y="50" width="50" height="50" />
</svg>
```

SVG

可能有人会说："可是 CSS 渐变能省掉 HTTP 请求啊！"其实，对于现代浏览器来说，我们可以把 SVG 文件以 data URI 的方式内嵌到样式表中，甚至不需要用 base64 或 URLencode 来对其编码：

```
background: #eee url('data:image/svg+xml,\
            <svg xmlns="http://www.w3.org/2000/svg" \
                width="100" height="100" \
                fill-opacity=".25">\
            <rect x="50" width="50" height="50" /> \
            <rect y="50" width="50" height="50" /> \
            </svg>');
background-size: 30px 30px;
```

SVG 的版本不仅少了 40 个字符，而且在代码冗余度方面也明显更低。举例来说，我们在改颜色时只需要改一处，而在改尺寸时只需要改两处。

▶ 试一试　play.csssecrets.io/**checkerboard-svg**

相关规范

- CSS 图像
  http://w3.org/TR/css-images

- CSS 背景与边框
  http://w3.org/TR/css-backgrounds

- 可缩放矢量图形（SVG）
  http://w3.org/TR/SVG

- CSS 图像（第四版）
  http://w3.org/TR/css4-images

小提示

请注意，如果你出于可读性的考虑，需要把一句 CSS 代码打断为多行，只需要用反斜杠（\）来转义每行末尾的换行就可以了。

图 2-51

我们还可以把本节的这些技巧和**混合模式**（blending mode）（http://w3.org/TR/compositing-1）结合起来。当我们对组成图案的某些（或所有）图层使用`background-blend-mode`属性并设置一个非`normal`值时，可以产生非常有趣的结果，正如**Bennett Feely 的图案库**（http://bennettfeely.com/gradients）所示。这些图案大多只使用了`multiply`混合模式，但其他值（比如`overlay`、`screen`或`difference`）同样也是非常有用的

7 伪随机背景

背景知识

CSS 渐变，"条纹背景"，"复杂的背景图案"

难题

重复平铺的几何图案很美观，但看起来可能有一些呆板。**其实自然界中的事物都不是以无限平铺的方式存在的。**即使重复，也往往伴随着多样性和随机性。比如花园里的花朵：它们因为排列整齐而生出美感，也会因为稍稍错落而透出情趣。没有两朵花是完全一样的。这就是为什么当我们试图让背景图案尽可能显得自然的时候，往往会想办法让人完全忽略或难以察觉平铺贴片之间的"接缝"，而这一点又与我们保持较小文件体积的期望直接冲突。

图 2-52

大自然不会以"无缝"贴片的方式重复自己

> "当你注意到一个有辨识度的特征（比如，木纹上的节疤）在以固定的规律循环重复时，那它试图营造的自然随机性就会立刻崩塌。"
>
> ——Alex Walker，《蝉原则对网页设计的重要性》（http://sitepoint.com/the-cicada-principle-and-why-it-matters-to-web-designers）

重现大自然的随机性是一个挑战，因为 CSS 本身没有提供任何随机功能。让我们以条纹作为例子吧。假设我们想得到不同颜色和不同宽度的垂直条纹（方便起见，我们只讨论四种颜色），并且不能让人看出贴片平铺时的"接缝"。我们的第一个想法可能就是创建一个具有四种颜色的条纹图案：

```
background: linear-gradient(90deg,
            #fb3 15%, #655 0, #655 40%,
            #ab4 0, #ab4 65%, hsl(20, 40%, 90%) 0);
background-size: 80px 100%;
```

在**图 2-53** 中可以看到，这个重复规律是非常明显的，因为渐变图案每隔 **80px**（即 background-size 的值）就会复重一次。有更好的办法吗？

图 2-53

我们对于伪随机条纹的首次尝
试，是用单条线性渐变来生成所
有颜色

解决方案

为了更真实地模拟条纹的随机性，我们接下来可能会想到，把这组条纹
从一个平面拆散为多个图层：一种颜色作为底色，另三种颜色作为条纹，然
后再让条纹以不同的间隔进行重复平铺。这一点不难做到，我们在色标中定
好条纹的宽度，再用 **background-size** 来控制条纹的间距。代码看起来可
能是这样的：

```
background: hsl(20, 40%, 90%);
background-image:
    linear-gradient(90deg, #fb3 10px, transparent 0),
    linear-gradient(90deg, #ab4 20px, transparent 0),
    linear-gradient(90deg, #655 20px, transparent 0);
background-size: 80px 100%, 60px 100%, 40px 100%;
```

图 2-54

我们的第二次尝试，是把不同尺
寸的渐变图案叠加起来；平铺规
律仍然是有迹可寻的，单个贴片
用虚线框标示

因为最顶层贴片[①] 的重复规律最容易被察觉（它没有被任何东西遮挡），
我们应该把平铺间距最大的贴片安排在最顶层（在我们的例子中是橙色条
纹）。

在**图 2-54** 中可以看到，这样的结果明显更有随机的感觉；但如果仔细
观察的话，仍然可以看出图案每隔 **240px** 就会重复一次。这个组合图案中第
一个贴片的终点，就是**各层背景图像以不同间距重复数次后再次统一对齐的
点**。让我们再次穿越回初中数学课堂：如果我们有一些数字，那么可以同时
整除所有数字的最小数字就叫作它们的最小公倍数（LCM）。因此，**这里贴
片的尺寸实际上就是所有 background-size 的最小公倍数**，而 40、60 和 80
的最小公倍数正是 240。

---

① 请注意，"贴片"这个词在这里是比较广义的。它不仅指各个渐变图案中的重复单元，还泛
　指**多层渐变合成的最终图案中可感知的重复单元**。（换句话说，如果我们用的不是多重背景
　而是传统的背景图片，那么这个平铺的图片有多大才能达到相同的效果呢？）

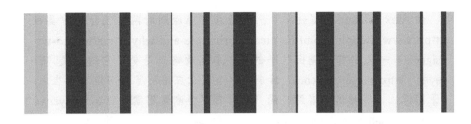

图 2-55
我们最终的条纹图案使用了质数，
从而增加了随机的真实感

　　根据这个逻辑，要让这种随机性更加真实，我们得**把贴片的尺寸最大化**。感谢数学，我们不需要苦苦思索如何做到这一点，因为我们已经知道答案了。**为了让最小公倍数最大化，这些数字最好是互质的** ①。在这种情况下，它们的最小公倍数就是它们的乘积。举例来说，3、4 和 5 是互质的，因此它们的最小公倍数就是 3×4×5=60。要达成互质关系，最简单的办法就是**尽量选择质数**，因为**质数跟其他任意（不是自己倍数的）数字都是互质的**。在网上可以找到质数的清单，它们有的非常大。

　　为了进一步增加随机性，我们甚至可以用质数来指定各组条纹的宽度。于是我们的代码变为：

```
background: hsl(20, 40%, 90%);
background-image:
    linear-gradient(90deg, #fb3 11px, transparent 0),
    linear-gradient(90deg, #ab4 23px, transparent 0),
    linear-gradient(90deg, #655 41px, transparent 0);
background-size: 41px 100%, 61px 100%, 83px 100%;
```

　　是的，我们的代码算不上完美，但想要在**图 2-55** 中找到任何平铺接缝可不容易。平铺贴片的尺寸现在是 41×61×83=207 583 像素，比任何我们所能想像出的屏幕分辨率都要大！

　　这个技巧被 Alex Walker 定名为"蝉原则"，他最先提出了通过质数来增加随机真实性的想法。请注意这个方法不仅适用于背景，还可以用于其他涉及有规律重复的情况。

- 在照片图库中，为每幅图片应用细微的伪随机旋转效果时，可以使用多个 :nth-child(a) 选择符，且让 a 是质数。
- 如果要生成一个动画，而且想让它看起来不是按照明显的规律在循环时，我们可以应用多个时长为质数的动画。（可以在 play.csssecrets.io/cicanimation 看到一个示例。）

▶ 试一试　play.csssecrets.io/**cicada-stripes**

---

① 质数是一些整数，除了 1 和自身之外，它们无法被其他任何数字整除。举例来说，最小的 10 个质数分别是 2、3、5、7、11、13、17、19、23 和 29。另一方面，**互质是一种数字之间的关系**，而不是单个数字自身的属性。构成互质关系的这些数字没有公约数（**除了 1 以外**），但它们自己是可以有多个约数的（比如说，10 和 27 是互质的，但它们都不是质数）。很显然，一个质数跟其他所有（不是自己倍数）数字都可以构成互质关系。

向 Alex Walker 脱帽致敬，感谢他在《蝉原则对网页设计的重要性》（http://www.sitepoint.com/the-cicada-principle-and-why-it-matters-to-web-designers）一文中首次提出这个创意，本篇攻略正是受了它的启发。Eric Meyer（http://meyerweb.com）后来把这个创意应用到了 CSS 渐变所生成的背景图像上，并把这两者结合的产物称作"蝉渐变图案"（http://meyerweb.com/eric/thoughts/2012/06/22/cicadients）。Dudley Storey 也为这个概念写了一篇信息量很大的文章（http://demosthenes.info/blog/840/Brood-X-Visualizing-The-Cicada-Principle-In-CSS）。

■ CSS 图像
http://w3.org/TR/css-images
■ CSS 背景与边框
http://w3.org/TR/css-backgrounds

相关规范

8

连续的图像边框

背景知识
CSS 渐变，基本的 **border-image**，"条纹背景"，基本的 CSS 动画

难题

图 2-56
这张石雕照图片的使用会贯串本篇攻略

有时我们想把一幅图案或图片**应用为边框，而不是背景**。举个例子，请看图 2-57，一个元素有一圈装饰性的边框，基本上就是一张图片被裁剪进了边框所在的方环区域。不仅如此，我们还希望这个元素的尺寸在扩大或缩小时，这幅图片都可以自动延伸并覆盖完整的边框区域。用 CSS 如何做到这一点呢？

这个时候，你的脑子里可能会有一个声音跳出来高声尖叫："border-image！用 border-image！只要有 border-image，这根本就不是一个问题！"**先别急，年轻人。**我们先来回忆一下 border-image 是如何工作的。

它的原理基本上就是**九宫格伸缩法**：把图片切割成九块，然后把它们应用到元素边框相应的边和角。关于它的工作原理，**图 2-58** 提供了图形化的解说。

如何用 `border-image` 切割图片并生成**图 2-57** 中的效果？就算我们针对特定的元素宽高和边框厚度找到了切割位置，这个结果也无法适配尺寸稍有差异的其他元素。问题在于，我们并不想让图片的某个特定部分固定在拐角处；而是希望出现在拐角处的图片区域是随着元素宽高和边框厚度的变化而变化的。只要你稍微尝试一下，就会立即得出结论：这用 `border-image` 是不可能做到的。接下来我们该怎么办？

最简单的办法是使用两个 HTML 元素：一个元素用来把我们的石雕图片设为背景，另一个元素用来存放内容，并设置纯白背景，然后覆盖在前者之上：

图 2-57

这个图片边框在高度变化时的情况

```html
HTML
<div class="something-meaningful"><div>
    I have a nice stone art border,
    don't I look pretty?
</div></div>
```

```css
.something-meaningful {
    background: url(stone-art.jpg);
    background-size: cover;
    padding: 1em;
}

.something-meaningful > div {
    background: white;
    padding: 1em;
}
```

这个方法确实可以生成如**图 2-57** 所示的"边框"效果，但需要一个额外的 HTML 元素。这显然不够理想：它不仅把结构和表现混合起来，而且在某些特定场景下，修改 HTML 是根本做不到的。问题来了：如果只用一个元素，我们能做到这个效果吗？

解决方案

感谢**背景与边框（第三版）**（http://w3.org/TR/css3-background）引入了对 CSS 渐变和背景的扩展，使得我们只用一个元素就能达成完全一样的效果。主要的思路就是**在石雕背景图片之上，再叠加一层纯白的实色背景**。为了让下层的图片背景透过边框区域显示出来，我们需要给两层背景指定不同的 `background-clip` 值。最后一个要点在于，我们只能在多重背景的最底层设置背景色，因此需要用一道从白色过渡到白色的 CSS 渐变来模拟出纯白实色背景的效果。

把这个思路转换成代码之后，可能是：

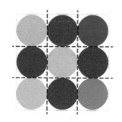

图 2-58

关于 border-image 的快速入门。
上图：待切分的图片，图中的虚线表示切割线
中图：border-image: 33.34% url(...) stretch;
下图：border-image: 33.34% url(...) round;（你可以在 play.csssecrets.io/border-image 体验相关代码）

```
padding: 1em;
border: 1em solid transparent;
background: linear-gradient(white, white),
            url(stone-art.jpg);
background-size: cover;
background-clip: padding-box, border-box;
```

正如我们在**图 2-59** 中所看到的，这个结果跟我们想要的已经非常接近了。但边框的图片有一种怪异的拼接效果。原因是 background-origin 的默认值是 padding-box，因此，图片的显示尺寸不仅取决于 padding box 的尺寸，而且被放置在了 padding box 的原点（左上角）。我们看到的实际上就是背景图片以平铺的方式蔓延到 border box 区域的效果。为了修正这个问题，只需把 background-origin 也设置为 border-box 就可以了：

```
padding: 1em;
border: 1em solid transparent;
background: linear-gradient(white, white),
            url(stone-art.jpg);
background-size: cover;
background-clip: padding-box, border-box;
background-origin: border-box;
```

这些新属性也是可以整合到 background 这个简写属性中的，这样可以显著地减少代码量：

```
padding: 1em;
border: 1em solid transparent;
background:
    linear-gradient(white, white) padding-box,
    url(stone-art.jpg) border-box 0 0 / cover;
```

▶ 试一试 play.csssecrets.io/**continuous-image-borders**

图 2-59

首次尝试就已经非常接近我们想要的效果了

当然，这个技巧还可以用在**渐变图案**上。举个例子，下面这段代码可以生成一种**老式信封样式的边框**：

```
padding: 1em;
border: 1em solid transparent;
background: linear-gradient(white, white) padding-box,
            repeating-linear-gradient(-45deg,
                red 0, red 12.5%,
                transparent 0, transparent 25%,
                #58a 0, #58a 37.5%,
                transparent 0, transparent 50%)
                0 / 5em 5em;
```

你可以在**图 2-61** 中看到结果。你可以很容易地通过 background-size 属性来改变条纹的宽度，通过 border 属性来改变整个边框的厚度。与之前的石雕边框的例子不同，这个效果**也可以通过 border-image 来实现**：

```
padding: 1em;
border: 16px solid transparent;
border-image: 16 repeating-linear-gradient(-45deg,
              red 0, red 1em,
              transparent 0, transparent 2em,
              #58a 0, #58a 3em,
              transparent 0, transparent 4em);
```

不过 border-image 方法存在一些问题。

- 每当我们改变 border-image-slice 时，都需要同时修改 border-width 来让它们相互匹配。
- 由于我们不能在 border-image-slice 属性中使用 em 单位，**只能把边框厚度指定为像素单位。**
- 条纹的宽度需要在色标的位置信息中写好，因此我们在改变条纹宽度时，需要修改四处。

▶ 试一试　play.csssecrets.io/**vintage-envelope**

这个技巧的另一个用武之地是生成好玩的**蚂蚁行军边框**！蚂蚁行军边框是一种虚线边框，看起在不断转动，就好像排队前进的蚂蚁一样（如果你把虚线上的线段想像成一只只蚂蚁的话）。这个技巧在图形界面中的大量应用可能完全出乎你的意料——几乎所有的图像编辑软件都会使用这个效果来标示选区（参见**图 2-62**）。

为了创建蚂蚁行军效果，我们将会用到"老式信封"技巧的一个变种。我们将把条纹转变为黑白两色，并把边框的宽度减少至 1px（注意到斜向条纹是怎么转变成虚线边框的吗），然后再把 background-size 改为某个合适的值。最后，我们把 background-position 以动画的方式改变为 **100%**，就可以让它滚动起来了：

```
@keyframes ants { to { background-position: 100% } }

.marching-ants {
    padding: 1em;
    border: 1px solid transparent;
    background:
        linear-gradient(white, white) padding-box,
        repeating-linear-gradient(-45deg,
          black 0, black 25%, white 0, white 50%
        ) 0 / .6em .6em;
    animation: ants 12s linear infinite;
}
```

你可以在**图 2-63** 中看到它的静止状态。显然，这个技巧不仅在实现蚂蚁行军时很有用，还可以**创建出各种特殊样式的虚线框：不管是为虚线线段指定不同的颜色，还是自定义线段的长度和间隙的长度，全都不在话下。**

图 2-60

现实世界里的老式信封

小提示

想要亲手验证这些问题，请访问 play.csssecrets.io/vintage-envelope-border-image。不妨改一改其中的值来体验一下。

My border is reminiscent of vintage envelopes, how cool is that?

图 2-61

我们的"老式信封"边框样式

图 2-62

Adobe Photoshop 也使用"蚂蚁行军"技巧来标示选区

図 2-63

我们不太可能在书里展示出"蚂蚁行军"的动画效果（在静止状态下它看起来只是个虚线框）；请访问动态的演示页面吧，它真的很好玩

当前，如果要通过 border-image 来实现类似的效果，唯一的办法是为 border-image-source 指定一个 GIF 动画，就像 chrisdanford.com/blog/2014/04/28/marching-ants-animated-selection-rectangle-in-css 所展示的那样。当浏览器开始支持渐变插值的时候，我们还可以用渐变来实现它，只不过有点烦琐、不够 DRY。

▶试一试 play.csssecrets.io/**marching-ants**

当然，border-image 也有它强大的地方，尤其是在搭配渐变图案时更是威力倍增。举个例子，假设我们需要一个顶部边框被裁切的效果，就像一般的脚注那样。我们所需要的就是 border-image 属性再加上一条由渐变生成的垂直条纹，并把要裁切的长度在渐变中写好。边框线的粗细交给 border-width 来控制。代码看起来是这样的：

```
border-top: .2em solid transparent;
border-image: 100% 0 0 linear-gradient(90deg,
                           currentColor 4em,
                           transparent 0);
padding-top: 1em;
```

效果如**图 2-64** 所示。不仅如此，由于我们把所有属性都指定为 em 单位，效果会根据 font-size 的变化而自动调整。另外，由于我们使用了 currentColor，它也会根据 color 属性的变化而自动适应（假设我们希望这条边框跟文字保持相同的颜色）。

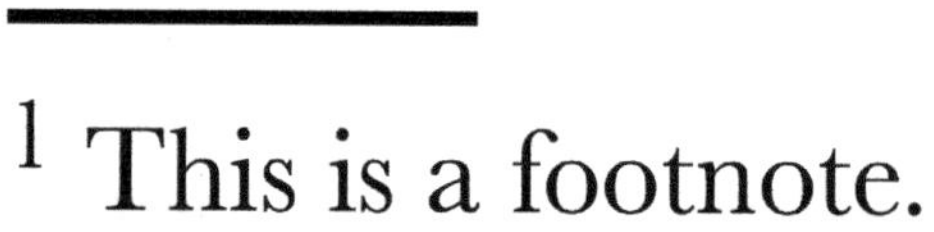

图 2-64

顶部边框的裁切效果，用来模拟传统的脚注

¹ This is a footnote.

▶试一试 play.csssecrets.io/**footnote**

■ CSS 背景与边框
http://w3.org/TR/css-backgrounds

■ CSS 图像
http://w3.org/TR/css-images

相关规范

第 3 章

形状

3

9

自适应的椭圆

难题

你可能注意到过，给任何正方形元素设置一个足够大的 **border-radius**，就可以把它变成一个圆形。所用到的 CSS 代码如下所示：

```
background: #fb3;
width: 200px;
height: 200px;
border-radius: 100px; /* >= 正方形边长的一半 */
```

你可能还注意到了，如果指定**任何**大于 **100px** 的半径，仍然可以得到一个圆形。规范特别指出了这其中的原因：

> "当任意两个相邻圆角的半径之和超过 border box 的尺寸时，用户代理必须按比例减小**各个**边框半径所使用的值，直到它们不会相互重叠为止。"

图 3-1

给元素设置固定宽高以及一半长度的 border-radius，可以得到一个圆形

——**CSS 背景与边框**（第三版）（http://w3.org/TR/css3-background/#corner-overlap）

不过，我们往往不愿意对一个元素指定固定的宽度和高度，因为我们希望它能**根据其内容自动调整并适应**，而内容的长短不可能在事先就知道。即使是在设计一个静态网站的时候（元素的内容可以预先确定），我们也可能需要在某个时刻改变其内容；或者我们为它准备了一款尺寸略有差异的回退字体，而不同字体对相同内容的渲染结果很可能是不同的。在这个案例中，我们通常期望达到这个效果：**如果它的宽高相等，就显示为一个圆；如果宽高不等，就显示为一个椭圆**。可是，我们前面的代码并不能满足这个期望。当宽度大于高度时，我们得到的形状如**图 3-2** 所示。那我们到底能不能用 **border-radius** 来产生一个椭圆，甚至是一个自适应的椭圆呢？

图 3-2

在前面的圆形示例中，当高度小于宽度时发生的情况；border-radius 所产生的圆形用虚线标示

解决方案

说到 border-radius，有一个鲜为人知的真相：它可以**单独指定水平和垂直半径**，只要用一个斜杠（/）分隔这两个值即可。这个特性允许我们在拐角处创建**椭圆圆角**（参见**图 3-3**）。因此，如果我们有一个尺寸为 200px×150px 的元素，就可以把它圆角的两个半径值分别指定为元素宽高的一半，从而得到一个精确的椭圆：

```
border-radius: 100px / 75px;
```

我们可以在**图 3-4** 中看到结果。

但是，这段代码存在一个**很大的缺陷**：只要元素的尺寸发生变化，border-radius 的值就得跟着改。我们在**图 3-5** 中可以看到，当元素的尺寸变为 200px×300px 时，如果 border-radius 没有跟着改变，会发生什么后果。因此，如果我们的元素尺寸会随着它的内容变化而变化，这就是一个问题了。

难道我们真的走投无路了吗？其实，border-radius 这个属性还有另外一个鲜为人知的真相，**它不仅可以接受长度值，还可以接受百分比值**。这个百分比值会**基于元素的尺寸进行解析**，即宽度用于水平半径的解析，而高度用于垂直半径的解析。这意味着**相同的百分比可能会计算出不同的水平和垂直半径**。因此，如果要创建一个自适应的椭圆，我们可以把这两个半径值都设置为 50%：

```
border-radius: 50% / 50%;
```

由于斜杠前后的两个值现在是一致的（即使它们最终可能会被计算为不同的值），我们可以把这行代码进一步简化为：

```
border-radius: 50%;
```

最终，只需要这一行代码，我们就可以得到一个自适应的椭圆了。

▶ **试一试** play.csssecrets.io/**ellipse**

图 3-3

一个容器设置了不相等的水平和垂直 border-radius；拐角处的弧线现在呈现出椭圆的形状，这个椭圆的水平和垂直半径就是我们为 border-radius 指定的值，在图中用虚线标示

图 3-4

通过非对称的 border-radius 曲线来创建一个椭圆

小花絮 **为什么叫border-radius？**

可能有人会奇怪，border-radius 到底由何得名。这个属性并不需要边框来参与工作，似乎把它叫作 corner-radius 更贴切一些。这个名字乍听起来确实让人摸不着头脑，其实原因在于 border-radius 是对元素的 border box 进行切圆角处理的。当元素没有边框时，可能还看不出差异；当它有边框时，则以边框外侧的拐角作为切圆角的基准。边框内侧的圆角会稍小一些（严格来说内角半径将是 max(0, border-radius-border-width)）。

图 3-5

当元素的尺寸发生变化时，我们的椭圆形状就崩坏了；不过话说回来，用这个形状来绘制立体效果的圆柱体倒是挺不赖的

图 3-6

半椭圆

半椭圆

现在我们已经知道如何用 CSS 来生成一个自适应的椭圆了，接下来很自然地就会问到：我们是否还能生成其他常见的形状呢，比如**椭圆的一部分**？让我们先来思考一下半椭圆[①]吧（参见**图 3-6**）。

它是沿纵轴对称，而不是沿横轴对称的。即使我们还不知道 border-radius 的值该是多少（或者是不是真的存在合适的值），但至少有一件事情是很清楚的：我们需要给**每个角**指定不同的半径。但是，我们目前为止所尝试过的所有值都只能把所有四个角指定为同一个值。

幸运的是，border-radius 的语法比我们想像中灵活得多。你可能会惊讶地发现 border-radius 原来是一个简写属性。我们可以为元素的每个角指定不同的值，而且还有两种方法可以做到这一点。第一种方法就是使用它所对应的各个展开式属性：

- border-top-left-radius
- border-top-right-radius
- border-bottom-right-radius
- border-bottom-left-radius

不过，真正简洁的方法还是使用 border-radius 这个简写属性，因为我们可以向它一次性提供**用空格分开的多个值**。如果我们传给它四个值，这四个值就会被分别**从左上角开始以顺时针顺序**应用到元素的各个拐角。如果我们提供的值少于四个，则它们会以 CSS 的常规方式重复，类似于 border-width 的值。如果只提供了三个值，则意味着第四个值与第二值相同；如果只有两个值，则意味着第三个值与第一个相同。**图 3-7** 对它的工作原理提供了一个图形化的解释。我们甚至可以**为所有四个角提供完全不同的水平和垂直半径**，方法是在斜杠前指定 1~4 个值，在斜杠后指定另外 1~4 个值。请注意这两组值是单独展开为四个值的。举例来说，当 border-radius 的值为 10px / 5px 20px 时，其效果相当于 10px 10px 10px 10px / 5px 20px 5px 20px。

在掌握了这个新发现的知识之后，现在让我们来重新审视半椭圆的问题。以这样的方式来指定 border-radius 真的可以生成我们想要的形状吗？试了才知道。让我们先来观察一些细节。

- 这个形状是**垂直对称的**，这意味着左上角和右上角的半径值应该是相同的；与此类似，左下角和右下角的半径值也应该是相同的。
- 顶部边缘并没有平直的部分（也就是说，整个顶边都是曲线），这意味着左上角和右上角的半径之和应该等于整个形状的宽度。

[①] 半椭圆是可以变成半圆的，只要它的宽度刚好伸展到高度的两倍（或者对一个沿纵轴劈开的椭圆来说，是高度伸展为宽度的两倍）。

- 基于前两条观察，我们可以推断出，左半径和右半径在水平方向上的值应该均为 50%。

- 再看看垂直方向，似乎**顶部的两个圆角占据了整个元素的高度，而且底部完全没有任何圆角**。因此，在垂直方向上 border-radius 的合理值似乎就是 100% 100% 0 0。

- 因为底部两个角的垂直圆角是零，那么它们的水平圆角是多少就完全不重要了，因为此时水平圆角总是会被计算为零。（你能想像一个垂直半径为零而水平半径为正值的圆角吗？没错，连写规范的作者们都做不到。）

border-radius:  ;

border-radius:  ;

border-radius: ;

border-radius: ;

图 3-7

为 border-radius 属性分别指定 4、3、2、1 个由空格分隔的值时，这些值是以这样的规律分配到四个角上的（请注意，对椭圆半径来说，**斜杠前和斜杠后最多可以各有四个参数**，这两组值是以同样的方法分配到各个角的）

把所有这些结论综合起来，我们就可以很容易地写出 CSS 代码，来生成**图 3-6** 中那样自适应的半椭圆：

```
border-radius: 50% / 100% 100% 0 0;
```

接下来举一反三，用 CSS 代码来生成一个沿纵轴劈开的半椭圆（如**图 3-8** 所示）应该就很容易了：

```
border-radius: 100% 0 0 100% / 50%;
```

图 3-8

一个沿纵轴劈开的半椭圆

这里给你留个练习：试试用 CSS 代码写出椭圆的另外一半吧。

▸试一试 play.csssecrets.io/**half-ellipse**

四分之一椭圆

在创建了一个完整的椭圆和半椭圆之后，很自然的下一个问题就是如何生成四分之一椭圆[①]（其形状如**图 3-9** 所示）。延续前面所讲的思路，我们注

图 3-9

四分之一椭圆

---

① 与半椭圆的情况类似，当这个形状的宽度和高度相等时，其实就变成了**四分之一圆**（即 90° 扇形）。

意到，要创建一个四分之一椭圆，**其中一个角的水平和垂直半径值都需要是**
100%，而其他三个角都不能设为圆角。由于这四个角的半径在水平和垂直
方向上都是相同的，我们甚至都不需要使用斜杠语法了。最终代码应该是这
样的：

```
border-radius: 100% 0 0 0;
```

你不免还会顺着往下想，是不是还能用 border-radius 来生成椭圆的
其他切块（比如八分之一椭圆、三分之一椭圆）？很遗憾，你可能会失望
了，因为 border-radius 属性是无法生成这些形状的。

图 3-10

Simurai 以其精湛的手法将
border-radius 发挥到了极致，
其糖果按钮（http://simurai.com/
archive/buttons）展示了各种奇妙
的形状

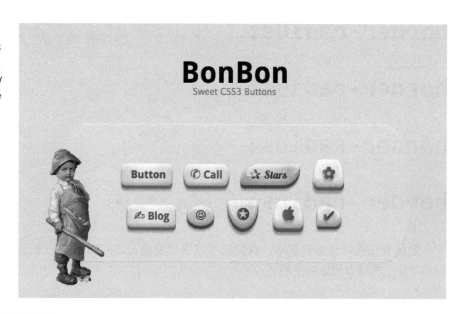

▶试一试　play.csssecrets.io/**quarter-ellipse**

■ CSS 背景与边框
http://w3.org/TR/css-backgrounds

相关规范

10 平行四边形

背景知识
基本的 CSS 变形

难题

平行四边形其实是矩形的超集：它的各条边是两两平行的，但各个角则不一定都是直角（参见**图 3-11**）。在视觉设计中，平行四边形往往可以传达出一种动感（参见**图 3-12**）。

让我们试着用 CSS 创建一个按钮状的平行四边形链接。我们的起点就是一个普通的块状按钮，辅以一些简单的样式，如**图 3-13** 所示。然后，我们可以通过 skew() 的变形属性来对这个矩形进行斜向拉伸：

```
transform: skewX(-45deg);
```

图 3-11
平行四边形

图 3-12
网页设计中的平行四边形（由 Martina Pitakova 设计）

图 3-13
我们的按钮，在应用任何变形样式之前

图 3-14

按钮进行斜向变形之后，它的文
字就很难读了

如果你想把这个效果应用到
一个默认显示为行内的元素，不
要忘记把它的 display 属性设置
为其他值，比如 inline-block
或 block，否则变形是不会生效
的。这一点对它内层的元素也是
适用的。

图 3-15

最终效果

但是，这导致它的内容也发生了斜向变形，这很不好看，而且难读（参
见图 3-14）。**有没有办法只让容器的形状倾斜，而保持其内容不变呢？**

嵌套元素方案

我们可以**对内容再应用一次反向的 skew() 变形，从而抵消容器的变形
效果**，最终产生我们所期望的结果。不幸的是，这意味着我们将不得不使用
一层额外的 HTML 元素来包裹内容，比如用一个 div：

```html
<a href="#yolo" class="button">
    <div>Click me</div>
</a>
```

```css
.button { transform: skewX(-45deg); }
.button > div { transform: skewX(45deg); }
```

我们在**图 3-15** 中可以看到，这个方法的表现很不错，但它也意味着我
们不得不添加额外的 HTML 元素。如果结构层的变更是不允许的，或者你
希望严格保持结构层的纯净度，别担心，我们还有一个纯 CSS 的解决方案。

▶ 试一试   play.csssecrets.io/**parallelograms**

伪元素方案

另一种思路是**把所有样式**（背景、边框等）**应用到伪元素上，然后再对
伪元素进行变形**。因为我们的内容并不是包含在伪元素里的，所以内容并不
会受到变形的影响。下面来看看这个技巧能否得到与前面相同的链接样式。

我们希望伪元素保持良好的灵活性，可以自动继承其宿主元素的尺寸，
甚至当宿主元素的尺寸是由其内容来决定时仍然如此。一个简单的办法是
给宿主元素应用 position: relative 样式，并为伪元素设置 position:
absolute，然后再把所有偏移量设置为零，以便让它在水平和垂直方向上都
被拉伸至宿主元素的尺寸。代码看起来是这样的：

```css
.button {
    position: relative;
    /* 其他的文字颜色、内边距等样式…… */
}
.button::before {
    content: '';
    position: absolute;
    top: 0; right: 0; bottom: 0; left: 0;
}
```

图 3-16

伪元素目前在内容之上，因此对
伪元素应用 background: #58a
会把内容完全盖住

此时，用伪元素生成的方块是重叠在内容之上的，一旦给它设置背景，
就会遮住内容（参见**图 3-16**）。为了修复这个问题，我们可以给伪元素设置

z-index: -1 样式，这样它的堆叠层次就会被推到宿主元素之后。

现在我们要做的最后一步，就是尽情地对它设置变形样式，并享受美好的结果。最终版的代码如下所示，它产生的视觉效果跟前文所述技巧是完全一致的：

```
.button {
    position: relative;
    /* 其他的文字颜色、内边距等样式…… */
}
.button::before {
    content: ''; /* 用伪元素来生成一个矩形 */
    position: absolute;
    top: 0; right: 0; bottom: 0; left: 0;
    z-index: -1;
    background: #58a;
    transform: skew(-45deg);
}
```

这个技巧不仅对 skew() 变形来说很有用，还**适用于其他任何变形样式**，当我们想**变形一个元素而不想变形它的内容**时就可以用到它。举个例子，我们把这个技巧针对 rotate() 变形样式稍稍调整一下，再用到一个正方形元素上，就可以很容易地得到一个菱形。

这个技巧的关键在于，我们利用伪元素以及定位属性产生了一个方块，然后对伪元素设置样式，并将其放置在其宿主元素的下层。这种思路同样可以运用在其他场景中，从而得到各种各样的效果。

- 如果要在 IE8 下实现多重背景，这个方法往往是不错的变通解决方案。这个创意最初是由 Nicolas Gallagher（http://nicolasgallagher.com/multiple-backgrounds-and-borders-with-css2）发现的。

- 这个方法可以用来实现"边框内圆角"中的效果。你能猜到怎么做吗？

- 这个方法可以用来为某一层"背景"单独设置类似 opacity 这样的属性。这个技巧也是由 Nicolas Gallagher（http://nicolasgallagher.com/css-background-image-hacks）首创的。

- 当我们不能使用"多重边框"中的技巧时，这个方法还可以用一种更加灵活的方式来模拟多层边框。比如，当我们需要多层的虚线边框，或者需要在多重边框之间留有透明空隙时。

▶试一试 play.csssecrets.io/**parallelograms-pseudo**

■ CSS 变形
http://w3.org/TR/css-transforms
相关规范

菱形图片

背景知识
CSS 变形，"平行四边形"

难题

在视觉设计中，把图片裁切为菱形是一种常见的设计手法，但在 CSS 中还没有一种简单直观的方法来实现它。事实上，直到最近，这种效果才基本成为可能。当网页设计师想要实现这种设计风格时，他们通常不希望在图像处理软件中预先把图片裁好。显然不用说你也知道，这个方法的可维护性并不好。如果未来有人想修改图片风格，将很难增加其他效果，而且最终往往会搞得一团糟。

想必现在有更好的办法了吧？没错，而且有**两种**办法！

图 3-17

自从 2013 年改版以来，24ways.org 一直把作者的头像显示为一个菱形。它所使用的正是这里要讨论的技巧

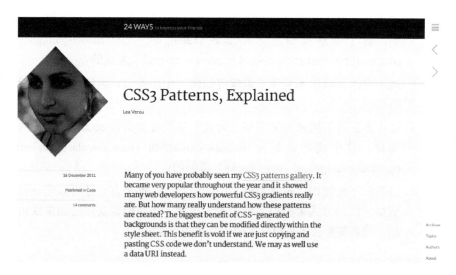

基于变形的方案

主要的思路与前一篇攻略"**平行四边形**"中讨论的第一个解决方案一致：需要把图片用一个 `<div>` 包裹起来，然后对其应用相反的 `rotate()` 变形样式：

```html
<div class="picture">
    <img src="adam-catlace.jpg" alt="..." />
</div>
```
HTML

```css
.picture {
    width: 400px;
    transform: rotate(45deg);
    overflow: hidden;
}
.picture > img {
    max-width: 100%;
    transform: rotate(-45deg);
}
```

图 3-18

原版图片；我们将把它裁切进一个菱形中

但是，我们在 **图 3-19** 中可以看到，它并没有一步到位地直接达到我们期望的效果，除非我们期望的效果是把它裁成一个**八角形**——如果是那样的话，我们就可以到此为止然后去研究点儿别的什么。如果要把图片裁成一个菱形，恐怕还得再费一番周折。

图 3-19

相反的 rotate() 变形样式并不足以达到期望的效果（.picture div 用一个虚线框标示）

主要问题在于 max-width: 100% 这条声明。100% 会被解析为容器（.picture）的边长。但是，我们想让图片的宽度**与容器的对角线相等，而不是与边长相等**。你可能已经猜到了，没错，我们又要用到勾股定理了（如果你需要复习一下，请翻回"**斜向条纹**"一节）。这个定理告诉我们，一个正方形的对角线长度等于它的边长乘以 $\sqrt{2} \approx 1.414\,213\,562$。因此，把 max-width 的值设置为 $\sqrt{2} \times 100\% \approx 141.421\,356\,2\,\%$ 是很合理的，或者把这个值向上取整为 **142%**，因为我们不希望因为计算的舍入问题导致图片在实际显示时稍小（但**稍大是没问题的**，反正我们都是在裁切图片嘛）。

如果用 scale() 变形样式来把这个图片放大，实际上会更加合理，原因如下。

- 我们希望图片的尺寸属性保留 **100%** 这个值，这样当浏览器不支持变形样式时仍然可以得到一个合理的布局。

- 通过 scale() 变形样式来缩放图片时，是以它的中心点进行缩放的（除非我们额外指定了 transform-origin 样式）。通过 width 属性来放大图片时，只会以它的左上角为原点进行缩放，从而迫使我们动用额外的负外边距来把图片的位置调整回来。

图 3-20

最终裁切后的图片效果

把以上这些分析结果整合起来，就可以得到以下代码：

```css
.picture {
    width: 400px;
    transform: rotate(45deg);
    overflow: hidden;
}
.picture > img {
    max-width: 100%;
    transform: rotate(-45deg) scale(1.42);
}
```

可以在**图 3-20** 中看到，这段代码确实可以产生我们期望的结果。

▸ 试一试 play.csssecrets.io/**diamond-images**

裁切路径方案

不完全支持

上面的方法确实可以奏效，但它基本上是一个 hack。这个方法需要一层额外的 HTML 标签，这不够简洁；代码本身也不够直观；它甚至还不够健壮——如果我们碰巧要处理一张非正方形的图片，这个小把戏就会原形毕露（参见**图 3-21**）。

事实上，我们还有一个更好的办法来完成这个任务。它的主要思路是使用 clip-path 属性。这个特性也是从 SVG 那里借鉴而来，已经可以应用在 HTML 元素上了（至少对于支持的浏览器来说是这样的）。而且它的语法也很友好、可读性不错，完全不像 SVG 里的原版语法那样会把人逼疯。它最大的缺陷在于（在写作本书时）其浏览器支持程度还很有限。但是，它可以平稳退化（只是没有裁切效果而已），因此它至少有资格成为我们的备选方案。

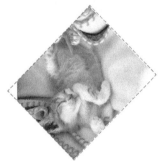

你可能比较熟悉图像处理软件（比如 Adobe Photoshop）中的裁切路径功能。裁切路径允许我们**把元素裁剪**为我们想要的任何形状。在这个例子中，我们将会使用 polygon()（多边形）函数来指定一个菱形。实际上，它允许我们用一系列（以逗号分隔的）坐标点来指定任意的多边形。我们甚至可以使用百分比值，它们会解析为元素自身的尺寸。代码如下所示：

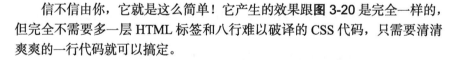
```
clip-path: polygon(50% 0, 100% 50%, 50% 100%, 0 50%);
```

图 3-21

如果图片不是正方形，基于变形的方案就会严重地崩坏

信不信由你，它就是这么简单！它产生的效果跟**图 3-20** 是完全一样的，但完全不需要多一层 HTML 标签和八行难以破译的 CSS 代码，只需要清清爽爽的一行代码就可以搞定。

clip-path 所能创造的奇迹还不止于此。这个属性甚至可以参与动画，只要我们的动画是在同一种形状函数（比如这里是 polygon()）之间进行的，而且点的数量是相同的。因此，如果我们希望图片在鼠标悬停时平滑地扩展为完整的面积，只需要这样做：

图 3-22

clip-path 方法可以很好地适应非正方形的图片

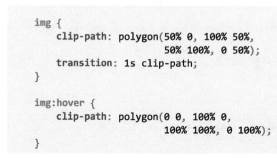
```
img {
    clip-path: polygon(50% 0, 100% 50%,
                       50% 100%, 0 50%);
    transition: 1s clip-path;
}

img:hover {
    clip-path: polygon(0 0, 100% 0,
                       100% 100%, 0 100%);
}
```

此外，这个方法还可以很好地适应非正方形的图片，如**图 3-22** 所示。
啊，现代的 CSS 真是乐趣无穷啊……

▶ 试一试　play.csssecrets.io/**diamond-clip**

- CSS 变形
  http://w3.org/TR/css-transforms

- CSS 遮罩
  http://w3.org/TR/css-masking

- CSS 过渡
  http://w3.org/TR/css-transitions

相关规范

12 切角效果

背景知识
CSS 渐变，**background-size**，"条纹背景"

难题

　　把角切掉不仅是为了省钱，它还是一种非常流行的设计风格，不论是在印刷媒介还是在网页设计中都是如此。它最常见的形态是把元素的一个或多个角切成 45°的缺口（也称作斜面切角）。尤其是在最近，当扁平化设计的风头完全盖过拟物化之后，这种效果就愈发流行了。当切角效果只应用在元素的某一侧，且切角的尺寸刚好达到元素高度的 50% 时，就会得到一个箭头形状，这在按钮和面包屑导航中的应用非常普遍（参见**图 3-23**）。

　　但是，目前的 CSS 仍然无法做到只用一行简单直观的代码就生成这样的效果。这导致绝大多数网页开发者倾向于使用背景图片来达到目的，比如

Next

图 3-23
一个使用了切角效果的按钮，箭头形状很好地强调了它自身的含义

使用三角形盖住元素的顶角来模拟切角效果（当网页背景是纯色时），或者使用一张或多张已经切过角的图片来作为整个元素的背景。

这些方案显然都不够灵活、难以维护，而且增加了网页的加载时间：不仅增加了额外的 HTTP 请求，而且网页所需的文件体积也增加了。我们还有更好的方法吗？

解决方案

第一种方案来自于无所不能的 CSS 渐变。假设我们只需要**一个角被切掉**的效果，以右下角为例。这其中最大的窍门在于充分利用渐变的一大特性：**渐变可以接受一个角度（比如 45deg）作为方向**，而且色标的位置信息也可以是绝对的长度值，**这一点丝毫不受容器尺寸的影响**。

综合以上这些想法，我们只需要**一个线性渐变**就可以达到目标。这个渐变需要把一个透明色标放在切角处，然后在相同位置设置另一个色标，并且把它的颜色设置为我们想要的背景色。CSS 代码如下所示（假设切角的深度是 15px）：

```
background: #58a;
background:
    linear-gradient(-45deg, transparent 15px, #58a 0);
```

很简单，对吧？你可以在**图 3-25** 中看到结果。事实上，第一行声明并不是必需的，加上它是将其作为**回退机制**：如果某些浏览器不支持 CSS 渐变，那第二行声明会被丢弃，而此时我们**至少还能得到一个简单的实色背景**。

现在，假设我们想要**两个角被切掉**的效果，以底部的两个角为例。我们只用一层渐变是无法做到这一点的，因此要再加一层。我们最初的想法可能是这样的：

```
background: #58a;
background:
```

```
linear-gradient(-45deg, transparent 15px, #58a 0),
linear-gradient(45deg, transparent 15px, #655 0);
```

可是，我们在**图 3-26** 中可以发现，这样写是行不通的。默认情况下，这两层渐变都会填满整个元素，因此**它们会相互覆盖**。需要让它们都缩小一些，于是我们使用 background-size 让每层渐变分别只占据**整个元素一半的面积**。

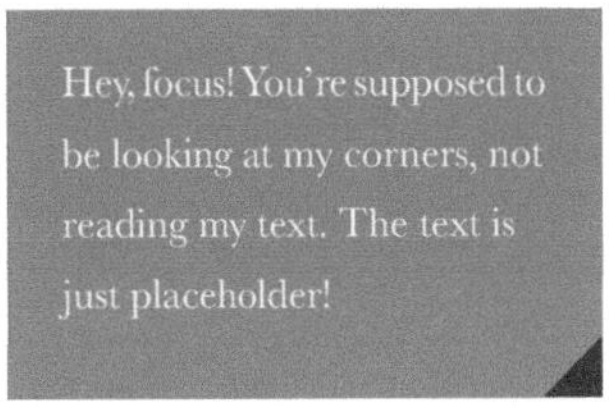

```
background: #58a;
background:
    linear-gradient(-45deg, transparent 15px, #58a 0)
        right,
    linear-gradient(45deg, transparent 15px, #655 0)
        left;
background-size: 50% 100%;
```

我们可以在**图 3-27** 中看到结果。如你所见，尽管我们已经用了 background-size，但这两层渐变**仍然是相互覆盖**的。原因在于，我们忘记把 background-repeat 关掉了，因而**每层渐变图案各自平铺了两次**。这导致我们的两层渐变背景仍然是相互覆盖的，只不过这次是因为背景平铺。改进后的代码是这样的：

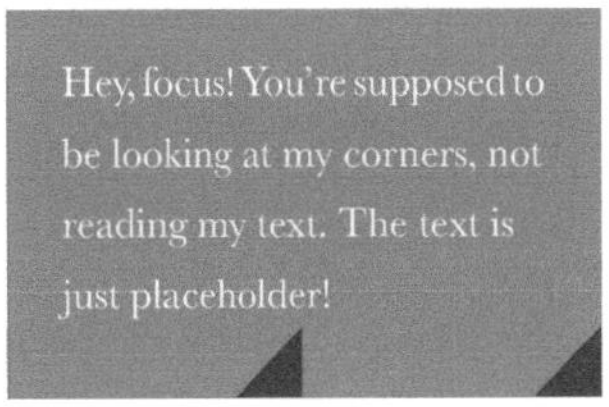

```
background: #58a;
background:
    linear-gradient(-45deg, transparent 15px, #655 0)
        right,
    linear-gradient(45deg, transparent 15px, #58a 0)
        left;
background-size: 50% 100%;
background-repeat: no-repeat;
```

你可以在**图 3-28** 中看最终效果——我们终于成功了！看到这里，你应该已经猜到怎样把**四个角都做出切角效果**了。你需要四层渐变图案，代码如下所示：

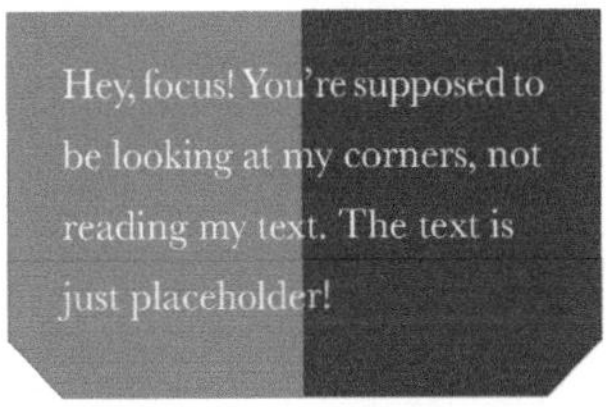

```
background: #58a;
background:
    linear-gradient(135deg,  transparent 15px, #58a 0)
        top left,
    linear-gradient(-135deg, transparent 15px, #58a 0)
        top right,
    linear-gradient(-45deg, transparent 15px, #58a 0)
        bottom right,
    linear-gradient(45deg, transparent 15px, #58a 0)
        bottom left;
background-size: 50% 50%;
background-repeat: no-repeat;
```

你可以在**图 3-29** 中看到结果。上面这段代码有一个问题，它的可维护性并不理想。我们**在改变背景色时需要修改五处**；而**在改变切角尺寸时需要修改四处**。使用预处理器的 mixin 可以帮助我们减少代码的重复度。如果用

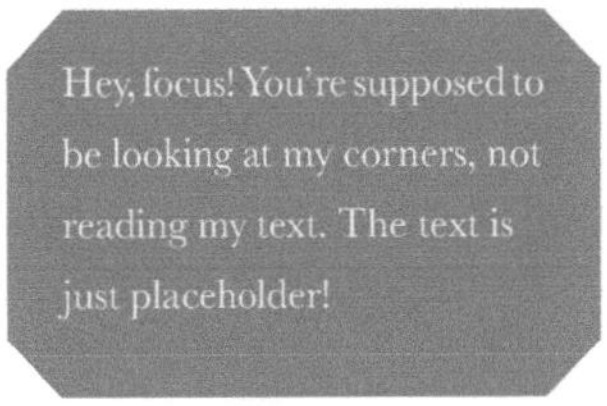

图 3-26

尝试给底部的两个角设置切角样式，但失败了

图 3-27

只用 background-size 还是不够的

图 3-28

左下角和右下角的切角效果终于实现了

图 3-29

通过四层渐变图案，就可以给四个角都加上切角效果

SCSS 来写，代码会是这样的：

```scss
@mixin beveled-corners($bg,
        $tl:0, $tr:$tl, $br:$tl, $bl:$tr) {
    background: $bg;
    background:
        linear-gradient(135deg, transparent $tl, $bg 0)
            top left,
        linear-gradient(225deg, transparent $tr, $bg 0)
            top right,
        linear-gradient(-45deg, transparent $br, $bg 0)
            bottom right,
        linear-gradient(45deg, transparent $bl, $bg 0)
            bottom left;
    background-size: 50% 50%;
    background-repeat: no-repeat;
}
```

然后，在需要的时候，我们就可以直接调用它，并传入 2~5 个参数：

```scss
@include beveled-corners(#58a, 15px, 5px);
```

在上面这行代码中，元素的左上角和右下角会得到 **15px** 的切角效果，而右上角和左下角会得到 **5px** 的切角效果。如果我们提供的值少于四个，它的行为跟 border-radius 属性是类似的。这归功于我们在 SCSS 的 mixin 中为各个参数指定了默认值，而且这些默认值也可以引用其他参数的值。

▶ 试一试　play.csssecrets.io/**bevel-corners-gradients**

弧形切角

上述渐变技巧还有一个变种，可以用来创建弧形切角（很多人也把这种效果称为"内凹圆角"，因为它看起来就像是圆角的反向版本）。唯一的区别在于，我们会用径向渐变来替代上述线性渐变：

```css
background: #58a;
background:
    radial-gradient(circle at top left,
            transparent 15px, #58a 0) top left,
    radial-gradient(circle at top right,
            transparent 15px, #58a 0) top right,
    radial-gradient(circle at bottom right,
            transparent 15px, #58a 0) bottom right,
    radial-gradient(circle at bottom left,
            transparent 15px, #58a 0) bottom left;
background-size: 50% 50%;
background-repeat: no-repeat;
```

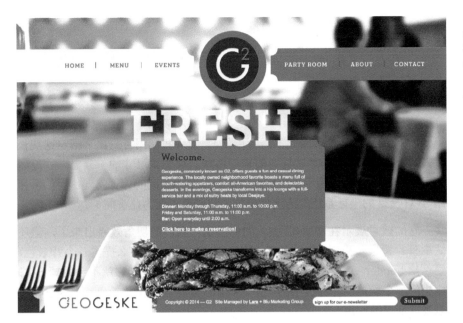

图 3-30

g2geogeske.com 网站很好地驾
驭了内凹圆角设计风格；设计师
把它作为一种核心设计元素，因
为内凹圆角不仅出现在导航中，
还出现在内容中，甚至是页脚中

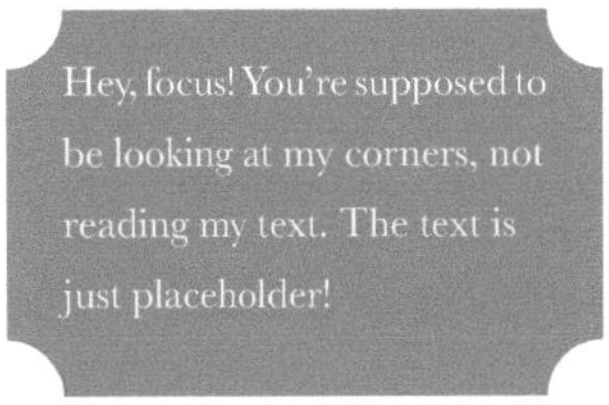

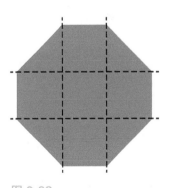

Hey, focus! You're supposed to
be looking at my corners, not
reading my text. The text is
just placeholder!

你可以在**图 3-31** 中看到效果。跟前一段所述的技巧类似，切角的大小
可以通过色标的位置信息来控制，而且我们同样可以用一个 mixin 来改善这
段代码的可维护性。

图 3-31

使用径向渐变生成的内凹圆角
效果

▶ 试一试 play.csssecrets.io/**scoop-corners**

内联 SVG 与 border-image 方案

虽然基于渐变的方案是行之有效的，但也不是完全没有问题。

■ 它的代码还是非常**烦琐冗长**的。在常规设计中，四个角的切角尺寸
  往往是一致的，但我们在改变这个值时仍然需要修改四处。与此类
  似，我们在改变背景色的时候也需要修改四处，如果算上回退背景
  色的话就是五处。

■ 它的烦琐导致我们完全不可能（在某些浏览器下）让各个切角的尺
  寸以动画的方式发生变化。

谢天谢地，我们还有其他一些方法可供选择，具体采用哪种方法取决于
实际需求。其中之一就是使用 border-image，并通过一个内联的 SVG 图像
来产生切角效果。基于 border-image 的工作原理（如果对此有些淡忘，不
妨回头看看**图 3-32** 的科普），你能想像出这个 SVG 图像的样子吗？

由于尺寸无关紧要（border-image 会解决缩放问题，而 SVG 可以实现
与尺寸完全无关的完美缩放——这就是矢量图的好处），每个切片的尺寸都
可以设置为 1，以便理解和书写。切角的尺寸是 1，直线边缘也都是 1。它
（放大后）的样子如**图 3-32** 所示。相应的代码可能是这样的：

图 3-32

边框图像是基于 SVG 的，切割线
也标示了出来

```
border: 15px solid transparent;
border-image: 1 url('data:image/svg+xml,\
    <svg xmlns="http://www.w3.org/2000/svg"\
         width="3" height="3" fill="%2358a">\
    <polygon points="0,1 1,0 2,0 3,1 3,2 2,3 1,3 0,2"/>\
    </svg>');
```

请注意，我们使用的切片尺寸是 1。这并不表示 1 像素；它所对应的是 SVG 文件的坐标系统（因此不需要单位）。如果我们用百分比来指定这些长度，就只能采用 **33.34%** 这样的值来近似地获得图像尺寸的三分之一。近似值总是有风险的，因为不是所有的浏览器都使用相同的计算精度。但如果使用 SVG 文件的坐标系统作为度量单位，我们就不用为此头痛了。

它的效果展示在**图 3-33** 中。如你所见，我们的切角效果出来了，但还缺少整片背景。我们有两种办法可以解决这个问题：要么提供一个背景色，要么给 border-image 属性值加上 fill 关键字——**这样它就不会丢掉 SVG 中央的那个切片了**。在这个例子中，我们决定指定一个背景色，因为**它还可以发挥回退的作用**。

图 3-33

把我们的 SVG 应用到 border-image 属性中

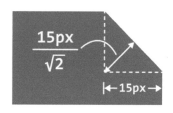

图 3-34

把 border-width 指定为 15px，所产生的切角尺寸（斜向度量结果）为 $\frac{15}{\sqrt{2}} \approx 10.606\,601\,718$，这就是为什么它比前面的切角看起来稍小一些

顺便一提，你可能已经注意到了，我们的切角跟前面的技巧相比要小**一些**，这令人有些困惑。我们明明已经指定 15px 作为边框宽度了啊！其实原因在于，在渐变中，这个 15px 是沿着渐变轴来度量的，它的方向与渐变推进的方向一致。边框宽度并不是斜向度量的，而是以水平或垂直方向来度量的。你能看出它们的差别吗？对，我们又要请出万能的勾股定理了，我们在"条纹背景"一节中就已经见过它了。**图 3-34** 应该可以很好地解释这个问题。简而言之，为了得到相同的尺寸，我们需要把渐变中的尺寸乘以 $\sqrt{2}$，然后才能用在边框宽度属性中。在这个例子中，它实际上就是 $15 \times \sqrt{2} \approx 21.213\,203\,436$ 像素；可以取近似值 **20px**，除非我们**绝对要求**斜向尺寸严格接近 **15px**：

```
border: 20px solid transparent;
border-image: 1 url('data:image/svg+xml,\
    <svg xmlns="http://www.w3.org/2000/svg"\
         width="3" height="3" fill="%2358a">\
    <polygon points="0,1 1,0 2,0 3,1 3,2 2,3 1,3 0,2"/>\
    </svg>');
background: #58a;
```

图 3-35

我们美美的切角效果去哪儿了

但是，我们在**图 3-35** 中会发现，这实际上并没有得到我们期望的效果。我们费尽周折创建的切角效果去哪儿了啊？别担心，年轻人，我们的切角其实就在那儿。如果你把背景设置为另一种颜色，比如 #655，就会比较容易理解事情的真相了。

如**图 3-36** 所示，原来这是因为背景色和切角边框混成一团了。接下来要做的就是请出 background-clip 来修复这个问题，避免背景色蔓延到边框区域：

```css
border: 20px solid transparent;
border-image: 1 url('data:image/svg+xml,\
    <svg xmlns="http://www.w3.org/2000/svg"\
        width="3" height="3" fill="%2358a">\
    <polygon points="0,1 1,0 2,0 3,1 3,2 2,3 1,3 0,2"/>\
    </svg>');
background: #58a;
background-clip: padding-box;
```

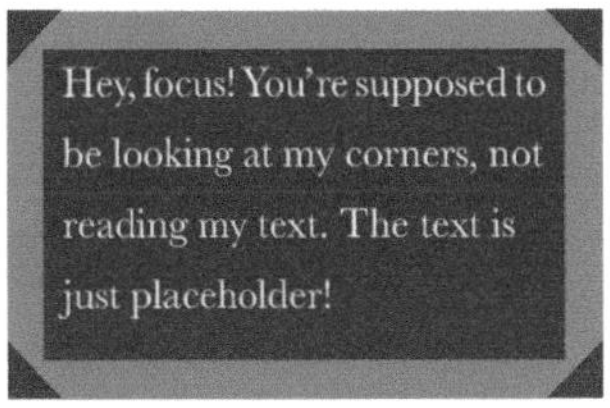

图 3-36

把背景色设置为另一种颜色，终于解开了"切角消失"的谜团

这样一来，问题就解决了，我们的容器现在看起来完全就是**图 3-29** 中的效果了。终于，我们做到了**在改变切角尺寸时只改一处**：只需修改边框宽度就可以了。**我们甚至可以给它加上动画**，因为 `border-width` 属性是支持动画的！我们还做到了在改变背景色时**只改两处**，而不是五处。此外，由于背景效果跟切角效果是相互独立的，我们甚至可以把背景设置为一层渐变图案或者其他图案，只要图案边缘处的颜色是 ▇ #58a 就行。来看看**图 3-37** 这个例子吧，它就使用了一幅由 `hsla(0,0%,100%,.2)` 过渡到 `transparent` 的径向渐变图案。

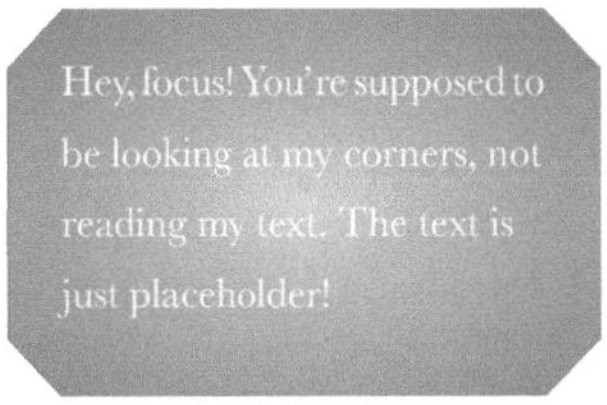

图 3-37

切角与径向渐变背景组合之后的效果

我们只剩下最后一个小问题了。在不支持 `border-image` 的环境下，回退的结果就不仅是没有切角效果了。由于背景裁切，它看起来好像**在容器的边缘和内容之间缺了一圈空隙**。为了修复这个问题，我们可以给边框指定与背景一致的颜色：

```css
border: 20px solid #58a;
border-image: 1 url('data:image/svg+xml,\
    <svg xmlns="http://www.w3.org/2000/svg"\
        width="3" height="3" fill="%2358a">\
    <polygon points="0,1 1,0 2,0 3,1 3,2 2,3 1,3 0,2"/>\
    </svg>');
background: #58a;
background-clip: padding-box;
```

当 `border-image` 属性生效时，这个边框色就会被忽略；但当 `border-image` 不支持时，边框色就可以提供一个**更加平稳的回退措施**，此时的结果如**图 3-35** 所示。不过随之而来的一个缺点就是，当我们改变背景色时**要修改的地方会增加到三处**。

▶试一试 play.csssecrets.io/**bevel-corners**

向 Martijn Saly（http://twitter.com/martijnsaly）脱帽致敬，感谢他在 2015 年 1 月 5 日 的 一 条 推 文（http://twitter.com/martijnsaly/status/552152520114855936）中首次提出用 `border-image` 和内联 SVG 实现斜面切角的创意。

致 敬

裁切路径方案

前面所述的 `border-image` 方案确实非常紧凑，也比较 DRY，但它还是存在一些局限。举个例子，我们要么指定某个实色的背景，要么指定一个边缘接近某个实色的背景图案。假如我们想设置其他类型的背景（比如纹理、平铺图案或一道线性渐变），又该如何？

有另外一种方法不存在这种局限，但有着它自己独有的局限。还记得我们在"菱形图片"中用到的 clip-path 属性吗？CSS 裁切路径最神奇的地方在于我们可以同时使用百分比数值（它会以元素自身的宽高作为基数进行换算）和绝对长度值，从而提供巨大的灵活性。

举个例子，如果用裁切路径将一个元素切出 20px 大小（以水平方向度量）的斜面切角，代码可能如下：

```
background: #58a;
clip-path: polygon(
    20px 0, calc(100% - 20px) 0, 100% 20px,
    100% calc(100% - 20px), calc(100% - 20px) 100%,
    20px 100%, 0 calc(100% - 20px), 0 20px
);
```

图 3-38

运用 clip-path 属性给一张图片设置斜面切角样式

尽管这种方法的代码确实短了很多，但这并不意味着它是 DRY 的。如果你不用预处理器，这就是它最大的缺陷。实际上，它是本节所述的所有纯 CSS 方案中最不 DRY 的，因为如果要改动切角的尺寸，我们需要修改八处！不过另一方面，改变背景倒是变得比较方便，只需修改一处即可。

这个方法最大的好处在于，我们可以**使用任意类型的背景**，甚至可以**对替换元素（比如图片）进行裁切**。看看图 3-38 的这个例子，它给一张图片设置了斜面切角样式。前面提到的任何一种方法都做不到这一点。此外，这种方法还是支持动画效果的，我们不仅可以用动画的方式来改变切角的尺寸，还可以彻底变换裁切形状。我们只需要为动画的终止状态指定另一条裁切路径即可。

暂且不提代码不够 DRY 以及浏览器支持程度上的不足，它还有一个更大的缺点，就是**当内边距不够宽时，它会裁切掉文本**，因为它只能对元素做统一的裁切，并不能区分元素的各个部分。与此不同的是，渐变方案允许文字溢出并超出切角区域（因为它只是背景图案）；而 border-image 方案则会起到普通边框的作用，令文字折行。

切角效果

未来，我们再也不需要费尽心机地动用 CSS 渐变、裁切或 SVG 来实现这个效果了。CSS 背景与边框（第四版）（http://dev.w3.org/csswg/css-backgrounds-4/）将引入一个全新的属性 corner-shape，可以彻底解决这个痛点。这个属性需要跟 border-radius 配合使用，从而产生各种不同形状的切角效果，而切角的尺寸正是 border-radius 的值。举例来说，为容器的四个角指定 15px 的斜面切角就是如此简单：

```
border-radius: 15px;
corner-shape: bevel;
```

▶试一试 play.csssecrets.io/**bevel-corners-clipped**

- CSS 背景与边框
  http://w3.org/TR/css-backgrounds

- CSS 图像
  http://w3.org/TR/css-images

- CSS 变形
  http://w3.org/TR/css-transforms

- CSS 遮罩
  http://w3.org/TR/css-masking

- CSS 过渡
  http://w3.org/TR/css-transitions

- CSS 背景与边框（第四版）
  http://dev.w3.org/csswg/css-backgrounds-4

相关规范

13 梯形标签页

背景知识

基本的 3D 变形，"平行四边形"

难题

梯形的定义甚至比平行四边形还要宽泛一些：一个四边形只要有两条边是平行的，就可以称作梯形，另外两条边可以是任意角度。一直以来，梯形都是**众所周知难以用 CSS 生成的形状**，尽管它也十分常用，尤其是对于标签页来说。网页开发者如果没有用精心设计的背景图片来实现梯形，那多半就是在用边框来模拟梯形两侧的斜边（参见**图 3-39**）。

Trapezoid

图 3-39
通过伪元素的边框模拟出的梯形（为了看得更清楚，伪元素用深色标示）

尽管这个技巧为我们节省了背景图片所产生的额外 HTTP 请求，并且可以很容易地适应不同的宽度，但它还不是最佳方案。它用光了仅有的两个伪元素，而且在样式层面上也不够灵活。举个例子，当我们要给梯形标签页增加一圈边框、一层纹理背景，或者要在其顶部设置圆角时，就只能自求多福了。

由于实现梯形的所有常见技巧都比较杂乱，或者很难维护，我们在网上看到的绝大多数标签页都不是倾斜的——尽管现实世界里的标签往往是斜的。有没有一种合理而又灵活的方法来实现梯形的标签页呢？

图 3-40

在 Cloud9 IDE（http://c9.io）中，每个打开的文档都会分配一个梯形标签页

图 3-41

css-tricks.com 网站的早期设计也采用了梯形标签页，不过只有一条边是倾斜的

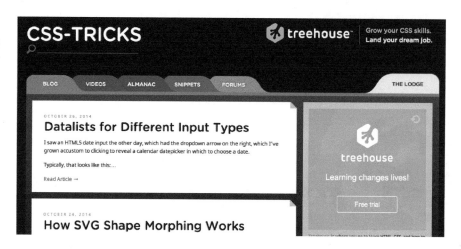

解决方案

如果有一组 2D 变形属性可以生成一个梯形，我们就可以利用"**平行四边形**"涉及的技巧来达到目的。然而遗憾的是并没有。

试想在现实的三维世界中旋转一个矩形。由于透视的关系，我们最终看到的二维图像往往就是一个梯形！谢天谢地，我们可以在 CSS 中用 3D 旋转来模拟出这个效果：

```
transform: perspective(.5em) rotateX(5deg);
```

你可以在**图 3-42** 中看到这行代码所生成的梯形。当然，由于我们是对

整个元素应用 3D 变形的，因此它上面的文字也变形了。**对元素使用了 3D 变形之后，其内部的变形效应是"不可逆转"的**，这一点跟 2D 变形不同（在 2D 变形的体系之下，内部的逆向变形可以抵消外部的变形效应）。取消其内部的变形效应在技术上是有可能的，但非常复杂。因此，如果我们想发挥 3D 变形的功能来生成梯形，唯一可行的途径就是把变形效果作用在伪元素上。这有些类似于我们在"平行四边形"一节中生成平行四边形的方法：

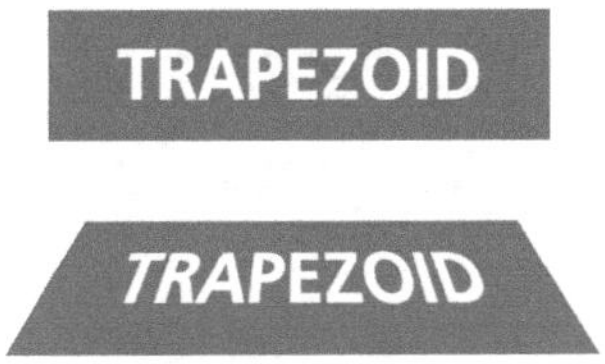

图 3-42
使用 3D 旋转来创建一个梯形。
上图：处理之前
下图：处理之后

```
.tab {
    position: relative;
    display: inline-block;
    padding: .5em 1em .35em;
    color: white;
}

.tab::before {
    content: ''; /* 用伪元素来生成一个矩形 */
    position: absolute;
    top: 0; right: 0; bottom: 0; left: 0;
    z-index: -1;
    background: #58a;
    transform: perspective(.5em) rotateX(5deg);
}
```

正如我们在**图 3-43** 中所看到的，这个方法确实可以生成一个基本的梯形。但还有一个问题没有解决。当我们没有设置 transform-origin 属性时，应用变形效果会让这个元素以它自身的中心线为轴进行空间上的旋转。因此，元素投射到 2D 屏幕上的尺寸会发生多种变化，如**图 3-44** 所示：它的宽度会增加，它所占据的位置会稍稍下移，它在高度上会有少许缩减，等等。这些变化导致它在设计上很难控制。

图 3-43
如果只对伪元素生成的方块应用 3D 变形样式，文本就不受影响了

为了让它的尺寸更好掌握，我们可以为它指定 transform-origin: bottom;，当它在 3D 空间中旋转时，可以把它的底边固定住。你可以在**图 3-45** 中看到这个差异。现在它看起来就直观多了，只有高度会发生变化。不过这样一来，高度的缩水会变得更加显眼，因为现在整个元素是转离屏幕前的观众的；而在之前，元素的上半部分会转向屏幕后面，下半部分会转出屏幕。相比之下，在 3D 空间中，之前的元素总体上是离观众更近的。为了纠正这个问题，我们可能会想到给元素增加额外的顶部内边距。不过在那些不支持 3D 变形的浏览器中，结果看起来会很怪异（参见**图 3-46**）。我们还可以换种思路，**同样通过变形属性来改变它的尺寸**。这样一来，如果浏览器不支持 3D 变形，则所有的变形属性都会被丢弃，从而显示出它朴素的本来面目。经过一番试验之后，我们会发现，垂直方向上的缩放程度（也就是 scaleY() 变形属性）在达到 130% 左右时刚好可以补足它在高度上的缩水：

图 3-44
我们把伪元素变形前后的形状重叠起来，以便标示出它在尺寸上的变化

图 3-45
我们把伪元素变形前后的形状重叠起来，以便标示出它在尺寸上的变化（此时使用了 transform-origin: bottom; 属性）

```
transform: scaleY(1.3) perspective(.5em)
           rotateX(5deg);
transform-origin: bottom;
```

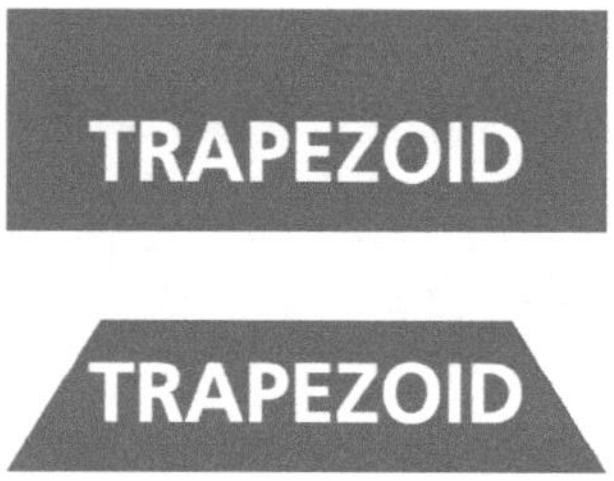

图 3-46

用额外的内边距来修复这个问题，但会导致它的回退样式很怪异（上图）

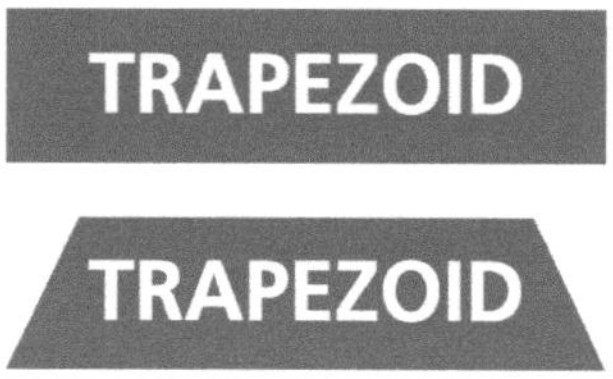

图 3-47

使用 scale() 来弥补高度上的缩水，这种方法的回退样式要好得多（上图）

图 3-48

这个技巧最大的优点在于样式层面上极大的灵活性

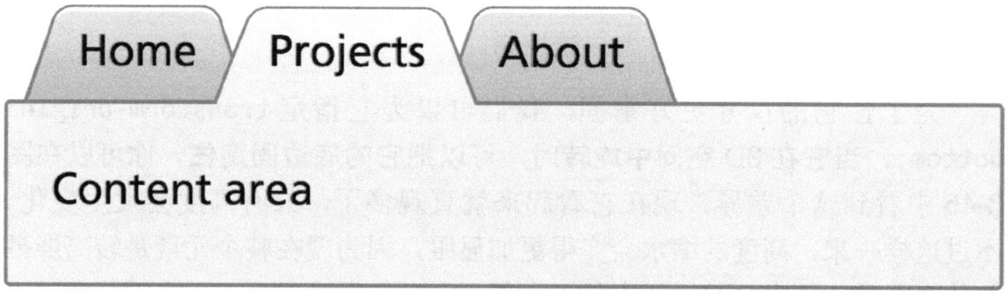

你可以在**图 3-47** 中看到它的效果，以及它的回退样式。到了这里，我们好像才在视觉效果上追平了本节开头所提到的基于边框的方案；只不过在语法上，这个方法要更加简明一些。其实，当你开始为标签页增加一些样式的时候，这个技巧的独特优势才会逐渐显现出来。举例来说，下面这段代码会给标签页添加**图 3-48** 中的那些样式：

```
nav > a {
    position: relative;
    display: inline-block;
    padding: .3em 1em 0;
}

nav > a::before {
    content: '';
    position: absolute;
    top: 0; right: 0; bottom: 0; left: 0;
    z-index: -1;
    background: #ccc;
    background-image: linear-gradient(
                          hsla(0,0%,100%,.6),
                          hsla(0,0%,100%,0));
    border: 1px solid rgba(0,0,0,.4);
    border-bottom: none;
    border-radius: .5em .5em 0 0;
    box-shadow: 0 .15em white inset;
    transform: perspective(.5em) rotateX(5deg);
    transform-origin: bottom;
}
```

如你所见，我们给它添加了背景、边框、圆角、投影等一系列样式。它们都可以完美生效！不仅如此，我们只需要把 transform-origin 改成 bottom left 或 bottom right，就可以立即得到左侧倾斜或右侧倾斜的标签页（参见**图 3-49**）！

尽管优点多多，但这个技巧也不是完美无缺的。它存在一个非常大的**缺点：斜边的角度依赖于元素的宽度**。因此，当元素的内容长度不等时，想要得到斜度一致的梯形就很伤脑筋了。不过，对于宽度变化不大的多个元素（比如导航菜单）来说，这个方法还是非常管用的。在这种场景下，斜度的差异非常难以察觉。

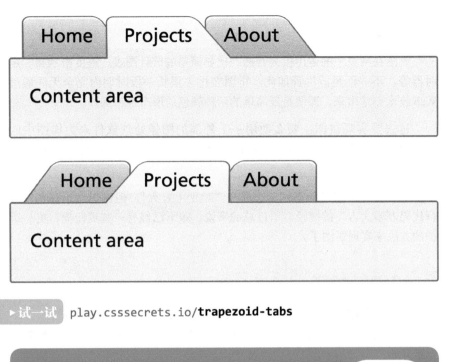

图 3-49
只要改变 transform-origin 就可以得到单侧倾斜的标签页

▶ 试一试   play.csssecrets.io/**trapezoid-tabs**

■ CSS 变形
http://w3.org/TR/css-transforms

相关规范

14 简单的饼图

背景知识

CSS 渐变，基本的 SVG，CSS 动画，"条纹背景"，"自适应的椭圆"

难题

饼图在网页中的运用极为普遍，比如简单的统计图表、进度指示器、定时器等，不一而足。尽管如此，饼图在过去很长一段时期内完全无法通过 Web 技术创建出来，即便是最简单的两种颜色的形态也不例外。

过去要实现饼图，要么动用一个外部的图像处理软件来为饼图中的多个值制作多张图片，要么动用那些专门为复杂图表而设计的 JavaScript 框架。

尽管这件事情已经不像过去那样"难于上青天"，但也仍然不存在"一行代码万事大吉"的捷径。不过总的来说，眼下已经有一些更便捷、更易维护的方法来实现饼图了。

基于 transform 的解决方案

这个方案在结构层面是最佳选择：它只需要一个元素作为容器，而其他部分是由伪元素、变形属性和 CSS 渐变来实现的。让我们先从一个简单的元素开始：

```html
<div class="pie"></div>
```

假设我们目前的需求是一个最简单的饼图，其展示的比率是固定的 20%；稍后再来改进它的灵活性。我们首先把这个元素设置为一个圆形，以它作为背景（参见**图 3-50**）：

```css
.pie {
    width: 100px; height: 100px;
    border-radius: 50%;
    background: yellowgreen;
}
```

我们的饼图是绿色的（确切地说是 yellowgreen），并将采用棕色（ #655）来显示比率。我们首先可能会想到用斜向拉伸变形来处理比率扇区，但稍加尝试就会发现，这其实是一条死胡同。于是我们换种思路，把圆形的左右两部分指定为上述**两种颜色**，然后**用伪元素覆盖上去，通过旋转来决定露出多大的扇区**。

为了把圆形的右半部分设置为棕色，我们要用到一个简单的线性渐变：

```css
background-image:
    linear-gradient(to right, transparent 50%, #655 0);
```

在**图 3-51** 中可以看到，其结果正是我们所需要的。接下来，我们可以继续设置伪元素的样式，让它起到遮盖层的作用：

图 3-50
我们的起点（或者把它看成一个比率为 0 的饼图）

```
.pie::before {
    content: '';
    display: block;
    margin-left: 50%;
    height: 100%;
}
```

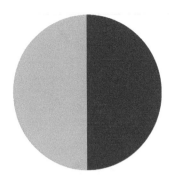

图 3-51

用一个简单的线性渐变来把图形
的右半部分设置为棕色

可以在**图 3-52** 中看到，我们的伪元素现在相对于整个饼图进行了重叠。不过现在还没有设置任何样式，它还起不到遮盖的作用；暂时只是一个透明的矩形。在开始为它设置样式之前，我们还要再做一些观察和分析。

- 我们希望它能**遮盖圆形中的棕色部分**，因此应该给它指定绿色背景。在这里使用 background-color: inherit 声明可以避免代码的重复，因为我们希望它的背景色与其宿主元素保持一致。

- 我们希望它是**绕着圆形的圆心来旋转**的，对它自己来说，这个点就是它左边缘的中心点。因此，我们应该把它的 transform-origin 设置为 0 50%，或者干脆写成 left。

- 我们不希望它呈现出矩形的形状，否则它会突破整个饼图的圆形范围。因此要么给 .pie 设置 overflow: hidden 的样式，要么给这个伪元素指定合适的 border-radius 属性来把它变成一个半圆。

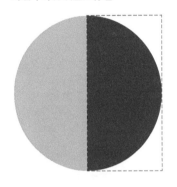

图 3-52

把伪元素当作遮盖层来用，它的
位置用虚线框标示

综合上面的思路，这个伪元素的 CSS 就确定下来了：

```
.pie::before {
    content: '';
    display: block;
    margin-left: 50%;
    height: 100%;
    border-radius: 0 100% 100% 0 / 50%;
    background-color: inherit;
    transform-origin: left;
}
```

> ! 不要在这里用 background:
> inherit;，而应该用 backgr-
> ound-color: inherit;，否则渐
> 变背景也会被继承过来。

我们的饼图看起来就是**图 3-53** 中的样子了。接下来，美好的事情即将发生！我们现在可以通过一个 rotate() 变形属性来**让这个伪元素转起来**。如果我们要显示出 20% 的比率，我们可以指定旋转的值为 72deg（0.2 × 360 = 72），写成 .2turn 会更加直观一些。在**图 3-54** 中，你还可以看到其他一些旋转值的情况。

你可能以为这就大功告成了，但事实上我们才刚刚开了个头。我们的饼图在显示 0 到 50% 的比率时运作良好，但如果我们尝试显示 60% 的比率时（比如指定旋转值为 .6turn 时），结果就变成如**图 3-55** 所示了。不过也别泄气，我们一定能够排除万难修复这个问题！

如果把 50%~100% 的比率看作另外一个问题，我们就会发现，可以使用**上述技巧的一个反向版本**来实现这个范围内的比率：设置一个棕色的伪元素，让它在 0 至 .5turn 的范围内旋转。因此，要得到一个 60% 比率的饼图，伪元素的代码可能是这样的：

图 3-53

设置好样式之后的伪元素，用虚
线框标示

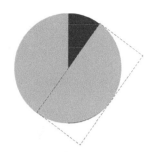

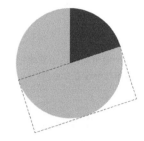

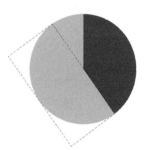

图 3-54

我们的简单饼图可以显示出不同的比率了；从上到下分别是：10%（**36deg** 或 **.1turn**）、20%（**72deg** 或 **.2turn**）、40%（**144deg** 或 **.4turn**）

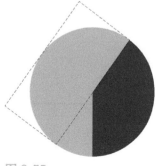

图 3-55

当比率大于 50% 时，我们的饼图就崩坏了（这里演示的是 60% 的情况）

```css
.pie::before {
    content: '';
    display: block;
    margin-left: 50%;
    height: 100%;
    border-radius: 0 100% 100% 0 / 50%;
    background: #655;
    transform-origin: left;
    transform: rotate(.1turn);
}
```

你可以在**图 3-56** 中看到它的实际效果。由于已经找到了实现任意比率的方法，我们甚至可以用 CSS 动画来实现一个饼图从 0 变化到 100% 的动画，从而得到一个炫酷的**进度指示器**：

```css
@keyframes spin {
    to { transform: rotate(.5turn); }
}

@keyframes bg {
    50% { background: #655; }
}

.pie::before {
    content: '';
    display: block;
    margin-left: 50%;
    height: 100%;
    border-radius: 0 100% 100% 0 / 50%;
    background-color: inherit;
    transform-origin: left;
    animation: spin 3s linear infinite,
               bg 6s step-end infinite;
}
```

试一试 play.csssecrets.io/**pie-animated**

这个效果很棒，但我们**怎样才能制作出多个不同比率的静态饼图呢？**（这似乎才是更加常见的需求。）理想情况下，我们希望可以用这样的方式来书写结构：

```html
<div class="pie">20%</div>
<div class="pie">60%</div>
```

然后就能得到两个饼图，一个展示为 20%，另一个展示为 60%。首先，我们需要探索如何用**内联样式**来实现这个需求；接下来，我们就可以写一小段脚本来解析文本内容并把内联样式添加到元素上去，以实现**代码的优雅性、封装抽象度、可维护性**，以及（可能是）最重要的一点——**可访问性**。

用内联样式来控制饼图的比率带来了一个很大的挑战：这些负责设置比率的 CSS 代码最终是要应用到伪元素身上的。你可能已经知道了，**我们无法为伪元素设置内联样式**，因此还要开动脑筋寻找对策。

解决方案恰恰来源于一个看似最不沾边的地方。我们将使用上面刚刚用到的那个动画，但动画必须处于**暂停**状态。跟常规情形下我们让动画动起来的做法不一样，这里我们要用**负的动画延时来直接跳至动画中的任意时间点，并且定格在那里**。很难理解？别担心，先来看看负的 animation-delay 在规范中的解释。

> "一个负的延时值是**合法的**。与 0s 的延时类似，它意味着动画会立即开始播放，但会自动前进到延时值的绝对值处，就好像动画在过去已经播放了指定的时间一样。因此实际效果就是动画跳过指定时间而从中间开始播放了。"
>
> ——CSS 动画（第一版）(http://w3.org/TR/css-animations/
> #animation-delay)

因为我们的动画是暂停的，所以动画的第一帧（由负的 animation-delay 值定义）将是**唯一显示出的那一帧**。在饼图上显出的比率就是**我们的 animation-delay 值在总的动画持续时间中所占的比率**。举例来说，如果动画持续时间定为 6s，我们只需要把 animation-delay 设置为 -1.2s，就能显示出 20% 的比率。为了简化这个计算过程，我们可以设置一个长达 100s 的持续时间。别忘了，**这里的动画是永远处在暂停状态的，因此我们指定的持续时间并不会产生其他副作用**。

现在还剩最后一个问题：**动画是作用在伪元素上的，但我们希望最终内联样式可以设置在 .pie 元素上**。不过，由于 <div> 上并没有任何动画效果，我们可以用内联样式的方式为其设置 animation-delay 属性，然后再在伪元素上应用 animation-delay: inherit; 属性。综合以上要素，如果要让饼图显示为 20% 和 60%，则结构代码为：

```html
<div class="pie"
    style="animation-delay: -20s"></div>
<div class="pie"
    style="animation-delay: -60s"></div>
```

我们刚刚为动画准备的 CSS 代码就会变成（这里省去了 .pie 的相关样式，因为跟前面相比没有变化）：

```css
@keyframes spin {
    to { transform: rotate(.5turn); }
}

@keyframes bg {
    50% { background: #655; }
}

.pie::before {
    /* [其余的样式代码保持原样] */
    animation: spin 50s linear infinite,
               bg 100s step-end infinite;
    animation-play-state: paused;
```

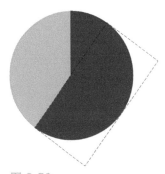

图 3-56
我们最终得到了正确的 60% 饼图

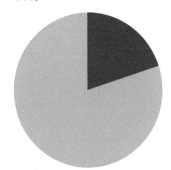

20%

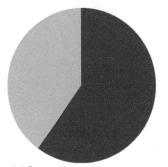

60%

图 3-57
文本内容在隐藏之前的样子

```
animation-delay: inherit;
}
```

此时，我们就可以再次优化结构，把饼图的比率写到元素的内容中，就像我们最开始所期望的那样；然后我们通过一段简单的脚本来把 animation-delay 写到内联样式中：

```
$$('.pie').forEach(function(pie) {
    var p = parseFloat(pie.textContent);
    pie.style.animationDelay = '-' + p + 's';
});
```

请注意，我们原封不动地保留了文字，因为我们需要它来确保**可访问性**和**可用性**。目前，我们的饼图看起来就是**图 3-57** 这样的效果。我们可以利用 color: transparent 来把文字隐藏起来，同时还保证了可访问性，因为此时文字仍然是可以被选中和打印的。我们还可以进一步优化，**把比率文字放置在饼图的中心处**，从而方便用户选中它。为了实现这一点，我们需要进行以下步骤。

- 把这个饼图的 height 换成 line-height（或者添加一个跟 height 相等的 line-height 属性，但这会增加无意义的代码重复；其实 line-height 本身就可以起到设置高度的作用）。
- 通过**绝对定位**来完成对伪元素的尺寸设置和定位操作，这样它就不会把文字推到下面了。
- 增加 text-align: center; 来实现文字的水平居中。

最终代码看起来会是这样的：

```
.pie {
    position: relative;
    width: 100px;
    line-height: 100px;
    border-radius: 50%;
    background: yellowgreen;
    background-image:
        linear-gradient(to right, transparent 50%, #655 0);
    color: transparent;
    text-align: center;
}

@keyframes spin {
    to { transform: rotate(.5turn); }
}
@keyframes bg {
    50% { background: #655; }
}

.pie::before {
    content: '';
    position: absolute;
    top: 0; left: 50%;
```

```
width: 50%; height: 100%;
border-radius: 0 100% 100% 0 / 50%;
background-color: inherit;
transform-origin: left;
animation: spin 50s linear infinite,
           bg 100s step-end infinite;
animation-play-state: paused;
animation-delay: inherit;
}
```

▶ 试一试　play.csssecrets.io/**pie-static**

SVG 解决方案

　　SVG 的出现让很多图形的制作任务变得简单，饼图也不例外。不过，我们这里并不打算用纯粹的矢量路径来绘制饼图，因为需要一些复杂的计算。我们将换用一个更加巧妙的方法。

　　首先从一个圆形开始：

SVG

```
<svg width="100" height="100">
<circle r="30" cx="50" cy="50" />
</svg>
```

　　然后，给它添加一些基本的样式 ①：

```
circle {
    fill: yellowgreen;
    stroke: #655;
    stroke-width: 40;
}
```

图 3-58

我们的起点：一个绿色的 SVG 圆形，有一道粗粗的 ▉ #655 描边

　　你可以在**图 3-58** 看到这个加了描边的圆形。SVG 的描边效果并不仅仅由 stroke 和 stroke-width 组成。还有很多不那么为人所知的属性可以微调描边的效果，其中之一就是 stroke-dasharray，它是为虚线描边而准备的。举个例子，我们可以这样使用它：

```
stroke-dasharray: 20 10;
```

　　这行代码表示我们想让虚线的线段长度为 20 且间隙长度为 10，如**图 3-59** 所示。看到这里，你可能开始纳闷了，这些关于 SVG 描边的基础知识到底跟我们想要的饼图有什么关系？当我们把这个虚线描边的线段长度指定为 0，并且把虚线间隙的长度设置为等于或大于整个圆周的长度时，答案就会浮出水面了。（这里做个简单的计算，圆形的周长 $C = 2\pi r$，因此在这里 $C = 2\pi \times 30 \approx 189$。）

图 3-59

通过 stroke-dasharray 可以生成一道简单的虚线描边

――――――――――
① 你可能已经了解，**这些 CSS 属性同样也可以作为标签属性**添加到 SVG 元素上。在对代码的可移植性要求较高的场合，这个特性会很方便。

```
stroke-dasharray: 0 189;
```

其结果就是**图 3-60** 中的第一个图形。我们可以看到，**它完全去除了描边效果**，只剩下绿色的圆形。不过，当我们开始增加第一个值时，好玩的事情就开始了（参见**图 3-60**）：因为虚线的间隙太大，我们根本就看不到连续的虚线效果，只能得到虚线的第一段线段，而它在整个圆周上覆盖的长度正是我们给它指定的长度值。

你可能已经开始思考下一步该怎么办了：如果我们把这个圆形的半径减小到一定程度，它就会**被描边完全覆盖**，而我们最终会得到一个非常接近饼图的图形。举例来说，当我们把圆形的半径设为 25 并且把 stroke-width指定为 50 时，所需要的代码如下所示（你可以在**图 3-61** 看到这段代码的效果）：

```
<svg width="100" height="100">
    <circle r="25" cx="50" cy="50" />
</svg>


circle {
    fill: yellowgreen;
    stroke: #655;
    stroke-width: 50;
    stroke-dasharray: 60 158; /* 2π × 25 ≈ 158 */
}
```

现在，把它转换成前一种方案所呈现的那种饼图就非常简单了：我们只需要**在描边的下层再绘制一个稍大些的圆形**，然后**把描边以逆时针方向旋转 90°**，以便让扇区的起点出现在最顶部。由于 <svg> 元素本身也是一个HTML 元素，我们可以给它设置样式：

```
svg {
    transform: rotate(-90deg);
    background: yellowgreen;
    border-radius: 50%;
}
```

你可以在**图 3-62** 中看到最终效果。这个技巧还可以让饼图从 0 到

① 请记住：SVG 在绘制描边时总是会把一半绘制在元素外部，另一半绘制在元素内部。在未来，我们将有能力控制这种行为。

100% 的动画变得更加简单。我们只需要新建一个 CSS 动画，并把 stroke-dasharray 属性从 0 158 变化到 158 158 就可以了：

```
@keyframes fillup {
    to { stroke-dasharray: 158 158; }
}

circle {
    fill: yellowgreen;
    stroke: #655;
    stroke-width: 50;
    stroke-dasharray: 0 158;
    animation: fillup 5s linear infinite;
}
```

接下来继续优化，我们可以给这个圆形指定一个特定的半径，从而让它的周长无限接近 100，这样就可以**直接把比率的百分比值指定为 stroke-dasharray 的长度**，不需要做任何计算了。因为周长是 $2\pi r$，半径就是 $\frac{100}{2\pi} \approx 15.915\,494\,309$，我们最终把这个值取整为 16。我们还可以在 SVG 的 viewBox 属性中指定其尺寸，而不再使用 width 和 height 属性，这样就可以让它自动适应容器的大小了。

在完成这些改进之后，我们再来试试生成**图 3-62** 中的饼图。结构代码将是这样的：

```
<svg viewBox="0 0 32 32">
    <circle r="16" cx="16" cy="16" />
</svg>
```

而 CSS 代码会变成这样：

```
svg {
    width: 100px; height: 100px;
    transform: rotate(-90deg);
    background: yellowgreen;
    border-radius: 50%;
}

circle {
    fill: yellowgreen;
    stroke: #655;
    stroke-width: 32;
    stroke-dasharray: 38 100; /* 可得到比率为38%的扇区 */
}
```

来感受一下，现在**改变饼图比率是多么轻松自然啊**。不过，在经过了这些简化之后，我们还是不希望每画一个饼图都要重复编写一次 SVG 标签。这个时候就轮到 JavaScript 大显身手了，它能把这个过程自动化。我们需要写一小段脚本来处理类似下面这段简单的 HTML 结构：

```html
<div class="pie">20%</div>
<div class="pie">60%</div>
```

然后在每个 .pie 元素内部生成一个 SVG 图像,并添入所有必要的图形元件和属性。为确保**可访问性**,还可以在它内部增加一个 `<title>` 元素,这样屏幕阅读器的读者也可以知道这个图像显示的是什么比率了。这段脚本最终可能是这样的:

```js
$$('.pie').forEach(function(pie) {
    var p = parseFloat(pie.textContent);
    var NS = "http://www.w3.org/2000/svg";
    var svg = document.createElementNS(NS, "svg");
    var circle = document.createElementNS(NS, "circle");
    var title = document.createElementNS(NS, "title");
    circle.setAttribute("r", 16);
    circle.setAttribute("cx", 16);
    circle.setAttribute("cy", 16);
    circle.setAttribute("stroke-dasharray", p + " 100");
    svg.setAttribute("viewBox", "0 0 32 32");
    title.textContent = pie.textContent;
    pie.textContent = '';
    svg.appendChild(title);
    svg.appendChild(circle);
    pie.appendChild(svg);
});
```

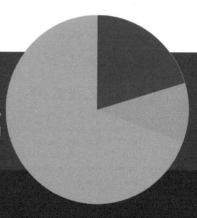

关于未来 饼图

还记得"棋盘"一节中提到的角向渐变吗?它在这里也是大有用武之地的。我们在生成饼图时只需要一个圆形元素,再配上一幅具有两个色标的角向渐变即可。举例来说,图 3-53 所呈现的 40% 饼图可能就是这么简单:

```css
.pie {
    width: 100px; height: 100px;
    border-radius: 50%;
    background: conic-gradient(#655 40%, yellowgreen 0);
}
```

不仅如此,一旦 attr() 函数在 CSS 值(第三版)(http://w3.org/TR/css3-values/#attr-notation)中的扩展定义得到广泛实现之后,你将可以通过一个简单的 HTML 标签属性来控制饼图的比率显示。

```css
background: conic-gradient(#655 attr(data-value %), yellowgreen 0);
```

有了这件利器,在饼图中加入第三种颜色也会变得手到擒来。举个例子,如果要生成本段右上方的那个饼图,我们只需要再增加两个色标就可以了:

```css
background: conic-gradient(deeppink 20%, #fb3 0, #fb3 30%, yellowgreen 0);
```

这样就可以了！你**可能会琢磨前面的 CSS 方案是不是更好一些**，因为它的代码看起来更简单，而且你也更熟悉。但实际上 **SVG 的方案具有不少优点**，而这恰恰是纯 CSS 方案存在不足的地方。

- **增加第三种颜色是非常容易的**：只要增加另一个圆形，并设置虚线描边，再用 `stroke-dashoffset` 来推后描边线段的起始位置即可。把它的描边长度添加到它下面那层描边的长度，也可以做到。在前一种方案中，我们该怎么给饼图增加第三种颜色呢？
- 我们**不需要特别担心打印**，因为 SVG 元素本身被视为页面内容，是会被打印出来的，在这方面它跟 `<img>` 元素类似。前面的方案则依赖背景来实现，因此往往是打印不出来的。
- 我们可以**用内联样式来指定颜色**，这意味着可以很容易地通过**脚本**来控制颜色（比如，我们想让用户输入来决定颜色）。前一种方案则依赖伪元素，我们无法对它使用内联样式；即使可以通过继承来变通实现，也往往很不方便。

▶ 试一试　play.csssecrets.io/**pie-svg**

相关规范

- CSS 变形
  http://w3.org/TR/css-transforms

- CSS 图像
  http://w3.org/TR/css-images

- CSS 背景与边框
  http://w3.org/TR/css-backgrounds

- 可缩放矢量图形（SVG）
  http://w3.org/TR/SVG

- CSS 图像（第四版）
  http://w3.org/TR/css4-images

第 4 章

视觉效果

15

单侧投影

难题

在问答网站上，最常被问到的 box-shadow 问题，就是如何只在元素的一侧（偶尔是两侧）设置投影。在 stackoverflow.com 上进行快速搜索，就可以搜到近千个此类问题。这种现象不无道理，因为只在单侧显示投影可以创建一种优雅而又真实的效果。有时，走投无路的开发者甚至会写信给 CSS 工作组的邮件列表，要求增加类似 box-shadow-bottom 这样的属性来实现这个需求。其实，利用我们再熟悉不过的 box-shadow 属性，再加上一点创意，就可以完美地实现这个效果。

单侧投影

大多数人使用 box-shadow 的方法是，指定三个长度值和一个颜色值：

```
box-shadow: 2px 3px 4px rgba(0,0,0,.5);
```

接下来的几个步骤很好地（虽然在技术上还不够严谨）以图形化的方式讲解了投影是如何绘制的（参见**图 4-1**）。

图 4-1

box-shadow 的绘制原理

(1) 参照该元素的尺寸[①]和位置，画一个 rgba(0,0,0,.5) 的矩形。

(2) 把它向右移 2px，向下移 3px。

(3) 使用高斯模糊算法（或类似算法）将它进行 4px 的模糊处理。这在本质上表示在阴影边缘发生阴影色和纯透明色之间的颜色过渡长度近似于模糊半径的两倍（比如在这里是 8px）。

(4) 接下来，模糊后的矩形**与原始元素的交集部分会被切除掉**，因此它看起来像是在该元素的"后面"。这跟大多数开发者所理解的情况（元素叠

---

① 除非特别注明，元素的尺寸表示它的 border box 的尺寸，而不是它的 CSS 宽度和高度。

在模糊后矩形的上层）可能稍有不同。不过，在某些场景下，意识到**没有任何投影绘制在元素的下层**十分重要。举例来说，如果给元素设置一层半透明的背景，我们就看不到它下层有任何投影。这一点跟 text-shadow 不同，因为文字下层的投影不会被裁切。

使用 4px 的模糊半径意味着投影的尺寸会比元素本身的尺寸大约 8px，因此投影的最外圈会从元素的四面向外显露出来①。我们只需改变偏移量，就可以把投影的顶部和左侧隐藏起来，只要这两个方向上的偏移量不小于 4px 就可以了。但是，这在某种程度上会导致外露的投影太过浓重，看起来不是很美观（参见**图 4-2**）。另外，就算这个问题勉强可以接受，我们想要的投影也只能出现在单侧（而不是相邻的两侧），还记得吗？

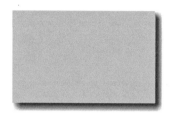

图 4-2

试图使用与模糊半径相等的偏移量来隐藏顶部和左侧的投影

最终的解决方案来自 box-shadow 鲜为人知的**第四个长度参数**。它排在模糊半径参数之后，称作**扩张半径**。**这个参数会根据你指定的值去扩大或（当指定负值时）缩小投影的尺寸**。举例来说，一个 -5px 的扩张半径会把投影的宽度和高度各减少 10px（即每边各 5px）。

从逻辑上来说，如果我们应用一个负的扩张半径，而它的值刚好等于模糊半径，那么投影的尺寸就会与投影所属元素的尺寸完全一致。除非用偏移量（前两个长度参数）来移动它，**我们将完全看不见任何投影**。因此，如果给投影应用一个正的垂直偏移量，我们就会在元素的底部看到一道投影，而元素的另外三侧是没有投影的，这正是我们一直苦苦追寻的效果：

图 4-3

只有底边有 box-shadow

```
box-shadow: 0 5px 4px -4px black;
```

你可以在**图 4-3** 中看到最终效果。

▶**试一试** play.csssecrets.io/**shadow-one-side**

邻边投影

图 4-4

只在两条邻边有 box-shadow

另一个经常被问到的问题是，如何在元素的两条边上设置投影。如果这两条边是相邻的（比如右侧和底部），就比较容易一些：要么满足于**图 4-2** 这样的效果，要么运用上一段所述技巧，并做出如下调整。

- 我们不应该把投影缩得太小，而是只需把阴影藏进一侧，另一侧自然露出来就好。因此，扩张半径不应设为模糊半径的相反值，而应该是这个相反值的一半。
- 需要指定两个偏移量，因为我们希望投影在水平和垂直方向上同时

① 确切地说，我们将在顶部看到 1px 的投影（4px-3px）、在左侧看到 2px（4px-2px）、在右侧看到 6px（4px+2px）、在底部看到 7px（4px+3px）。在实践中，投影看起来会比这些值稍小，因为投影的颜色在边缘处的过渡不是线性的，这跟渐变不一样。

移动。它们的值需要大于或等于模糊半径的一半，因为我们希望把投影藏进另外两条边之内。

举例来说，把一个 ■ black、6px 的投影设置到右侧和底部可以这样做：

```
box-shadow: 3px 3px 6px -3px black;
```

你可以在**图** 4-4 中看到最终效果。

▶ 试一试 play.csssecrets.io/**shadow-2-sides**

双侧投影

当我们想把投影设置在元素的两条对边（比如左侧和右侧）时，事情就变得棘手了。因为扩张半径在四个方向上的作用是均等的（也就是说，我们无法指定投影在水平方向上放大，而在垂直方向上缩小）[①]，唯一的办法是用**两块投影（每边各一块）**来达到目的。然后基本上就是把"单侧投影"中的技巧运用两次：

图 4-5

只在两条对边有 box-shadow

```
box-shadow: 5px 0 5px -5px black,
           -5px 0 5px -5px black;
```

你可以在**图** 4-5 中看到最终效果。

▶ 试一试 play.csssecrets.io/**shadow-opposite-sides**

■ CSS 背景与边框
http://w3.org/TR/css-backgrounds

相关规范

---

① CSS 工作组内部也在讨论未来是否允许分开指定水平和垂直方向上的扩张半径，这个特性将会大大简化本段的难题。

16 不规则投影

难题

当我们想给一个矩形或其他能用 border-radius 生成的形状（在"**自适应的椭圆**"一节中可以看到一些示例）加投影时，box-shadow 的表现都堪称完美。但是，当元素添加了一些伪元素或半透明的装饰之后，它就有些力不从心了，因为 box-shadow 会无耻地忽视透明部分。这类情况包括：

- 半透明图像、背景图像、或者 border-image（比如老式的金质像框）；
- 元素设置了点状、虚线或半透明的边框，但没有背景（或者当 background-clip 不是 border-box 时）；
- 对话气泡，它的小尾巴通常是用伪元素生成的；
- 我们在"**切角效果**"一节中见过的切角形状；
- 几乎所有的折角效果，包括"**折角效果**"一节将提到的例子；
- 通过 clip-path 生成的形状，比如"**菱形图片**"一节中提到的菱形图像。

如果我们打算对这类元素直接应用 box-shadow，那只能得到**图 4-6** 这样的结果。难道我们只能完全放弃投影效果吗？有没有办法可以解决这个难题？

图 4-6
通过 CSS 美化过的元素无法完美地渲染 box-shadow；图中 box-shadow 的 值 为 2px 2px 10px rgba(0,0,0,.5)

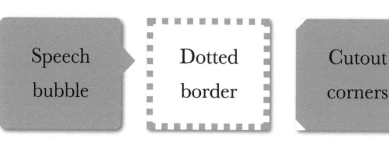

解决方案

滤镜效果规范（http://w3.org/TR/filter-effects）为这个问题提供了一个解决方案。它引入了一个叫作 `filter` 的新属性，这个属性也是从 SVG 那里借鉴过来的。尽管 CSS 滤镜基本上就是 **SVG 滤镜**，但我们**并不需要掌握任何 SVG 知识**。相反，只需要一些函数就可以很方便地指定滤镜效果了，比如 `blur()`、`grayscale()` 以及我们需要的 `drop-shadow()`！如果你喜欢，甚至可以把多个滤镜串连起来，只要用空格把它们分隔开就可以了，比如：

不完全支持

```
filter: blur() grayscale() drop-shadow();
```

`drop-shadow()` 滤镜可接受的参数基本上跟 `box-shadow` 属性是一样的，但不包括扩张半径，不包括 `inset` 关键字，也不支持逗号分割的多层投影语法。举个例子，上面的投影：

```
box-shadow: 2px 2px 10px rgba(0,0,0,.5);
```

可以这样来写：

```
filter: drop-shadow(2px 2px 10px rgba(0,0,0,.5));
```

在**图 4-7** 中，你可以看这个 `drop-shadow()` 滤镜应用到**图 4-6** 中那些元素上的效果。

> ! 这两个属性所用的模糊算法可能不同，因此你可能需要调整模糊参数！

图 4-7
`drop-shadow()` 滤镜应用到图 4–6 中那些元素上的效果

Speech bubble

Dotted border

Cutout corners

CSS 滤镜最大的好处在于，它们可以**平稳退化**：当浏览器不支持时，不会出现问题，只不过没有任何效果而已。如果你确实需要这个效果在尽可能多的浏览器中显示出来，可以**同时附上一个 SVG 滤镜**，这样可以得到稍微好一些的浏览器支持度。你可以在**滤镜效果规范**（http://www.w3.org/TR/filter-effects/）中为每个滤镜函数找到对应的 SVG 滤镜版本。你可以把 SVG 滤镜和简化的 CSS 滤镜放在一起使用，让层叠机制来决定哪一行最终生效：

```
filter: url(drop-shadow.svg#drop-shadow);
filter: drop-shadow(2px 2px 10px rgba(0,0,0,.5));
```

不幸的是，如果 SVG 滤镜是存放在一个独立文件里的，那它就无法像一个简洁易用的函数那样在 CSS 代码中进行随意配置；如果它是内联的，则又会

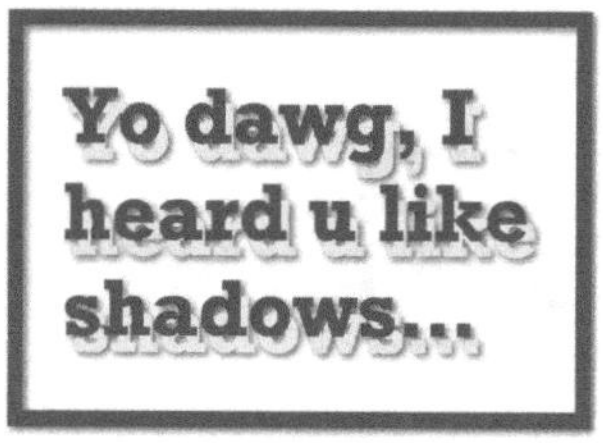

图 4-8

text-shadow 也会从 drop-shadow()
滤镜那里得到一层投影

搅乱你的代码。参数需要写死在文件内部,因此每当我们新加一种哪怕是大同小异的投影效果时,都需要多准备一个文件,这显然是难以接受的。当然,我们还可以使用 data URI(它也会省掉额外的 HTTP 请求),但这个方法仍然会带来文件体积的增长。总的来说,这个方法只是一种回退方案,因此只要我们把 SVG 滤镜控制在一定数量以内,哪怕它们的效果大同小异,也是说得过去的。

另外一件需要牢记的事情就是,**任何非透明的部分都会被一视同仁地打上投影**,包括文本(如果背景是透明的),正如我们刚刚在**图 4-7** 中看到的那样。你可能会想,是不是可以通过 text-shadow: none; 来取消掉文本上的投影呢?其实 text-shadow 跟它是完全不相干的两码事,因此这样做**并不能取消**文本上的 drop-shadow() 效果。此外,如果你已经用 text-shadow 在文本上加了投影效果,文本投影还会被 drop-shadow() 滤镜再加上投影,**这本质上是给投影打了投影!**看看下面这段示例代码(请原谅它惨不忍睹的效果,这样只是为了凸显这个怪异的问题):

```
color: deeppink;
border: 2px solid;
text-shadow: .1em .2em yellow;
filter: drop-shadow(.05em .05em .1em gray);
```

你可以在**图 4-8** 中看到它的渲染效果,图中的文字被同时打上了 text-shadow 和 drop-shadow()。

▶ 试一试　play.csssecrets.io/**drop-shadow**

> ■ 滤镜效果
> http://w3.org/TR/filter-effects
>
> **相关规范**

染色效果

背景知识
HSL 色彩模型，`background-size`

难题

为一幅灰度图片（或是被转换为灰度模式的彩色图片）增加染色效果（color tint），是一种流行且优雅的方式，可以给一系列风格迥异的照片带来视觉上的一致性。我们通常会在静止状态下应用这个效果，当发生 :hover 或其他交互时再去除。

一直以来，我们需要使用图像处理软件来生成图片的两个版本，然后再写一些简单的 CSS 代码来处理这两个版本的交替显现。这个方法行得通，但它会导致更大的文件体积和额外的 HTTP 请求，而且在可维护性方面也是一场噩梦。想像一下，一旦我们决定改变这个效果的主色调，就不得不处理所有的图片，为它们重新制作全套的单色版本！

图 4-9
CSSConf 2014 官网为讲师照片使用了这个效果，当鼠标悬停或获得焦点时，照片将显示为全彩的样式

另外一种方法是：在图片的上层覆盖一层半透明的纯色；或者把图片设置为半透明并覆盖在一层实色背景之上。但这其实并不是真正的染色效果：不仅没有把图片中的各种颜色转换为目标色调，同时也极大地削弱了图片的对比度。

此外还有基于 JavaScript 的方案，把图片置入 <canvas> 元素中，并利用脚本对其进行染色处理。这确实可以得到真实的染色效果，但性能不佳，而且限制很多。

难道就没有一种更简单的、纯 CSS 的方法能实现图片染色效果吗？

基于滤镜的方案

由于没有一种现成的滤镜是专门为这个效果而设计的，我们需要花一些心思，把**多个滤镜**组合起来。

我们要使用的第一个滤镜是 sepia()，它会给图片增加一种**降饱和度的橙黄色染色效果**，几乎所有像素的色相值会被收敛到 35~40（参见**图 4-10**）。如果这种色调正是我们想要的，那就可以收工了。不过我们的需求通常并非如此。如果我们想要的主色调的饱和度比这更高，可以用 saturate() 滤镜来给每个像素提升饱和度。假设我们想要的主色调是 hsl(335, 100%, 50%)，那就需要把饱和度提升一些，于是我们将饱和度参数设置为 4。具体取值取决于实际情况，我们通常需要用肉眼来观察和判断。如**图 4-11** 所示，这两个滤镜的组合会让我们的图片具有一种**暖金色的染色效果**。

图片现在看起来很不错，但我们并不希望把图片调为这种橙黄色调，而是稍深的亮粉色。因此，我们还需要再添加一个 hue-rotate() 滤镜，把**每个像素的色相以指定的度数进行偏移**。为了把原有的色相值 40 改变为 335，我们需要增加大约 295 度（335 − 40）：

```
filter: sepia(1) saturate(4) hue-rotate(295deg);
```

此时，我们就把这张图片的色调改变了，效果如**图 4-12** 所示。如果这个效果需要由 :hover 或其他状态来触发切换，我们甚至还可以为这个变化增加过渡动画：

```
img {
    transition: .5s filter;
    filter: sepia(1) saturate(4) hue-rotate(295deg);
}

img:hover,
img:focus {
    filter: none;
}
```

不完全支持

图 4-10

原始图片（上图）和添加了 sepia() 滤镜之后的图片（下图）

图 4-11

图片又添加了 saturate() 滤镜

▶试一试 play.csssecrets.io/**color-tint-filter**

图 4-12

图片又添加了 hue-rotate() 滤镜

基于混合模式的方案

滤镜方案是行之有效的，但你可能会注意到它产生的结果与我们在图像处理软件中得到的效果不完全一致。即使我们想把图像调为一种很亮的颜色，结果仍然会显得像褪了色一般。如果尝试在 saturate() 滤镜中增加饱和度，又会得到一种**不自然的、过度风格化的效果**。不过，幸好我们还有另一种更好的实现方法——**混合模式**！

不完全支持

如果用过 Adobe Photoshop 这样的图像处理软件，那你可能已经对混合模式相当熟悉了。当两个元素叠加时，"混合模式"控制了上层元素的颜色**与下层颜色进行混合的方式**。用它来实现染色效果时，需要用到的混合模式是 luminosity。这种 luminosity 混合模式会**保留上层元素的 HSL 亮度信息，并从它的下层吸取色相和饱和度信息**。如果在下层准备好我们想要的主色调，并把待处理的图片放在上层并设置为这种混合模式，那本质上不就是在做染色处理吗？

要对一个元素设置混合模式，有两个属性可以派上用场：mix-blend-mode 可以为整个元素设置混合模式，background-blend-mode 可以为每层背景单独指定混合模式。这意味着，如果用这个方案来处理图片，我们实际上有两种选择。不过这两者各有所短。

图 4-13

比较一下滤镜产生的效果（上图）和混合模式产生的效果（下图）

- 　■　第一种选择：需要把图片包裹在一个容器中，并把容器的背景色设置为我们想要的主色调。

- 　■　第二种选择：不用图片元素，而是用 <div> 元素——把这个元素的第一层背景设置为要染色的图片，并把第二层的背景设置为我们想要的主色调。

针对不同的场景，可以选择这两者的其中之一。举个例子，如果我们希望对一个 <img> 元素应用这个效果，就需要把它包含在另一个元素内部。不过如果我们已经有了这一层容器，比如 <a>，那就水到渠成了：

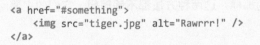

```html
<a href="#something">
    <img src="tiger.jpg" alt="Rawrrr!" />
</a>
```

然后，只需要两行声明就可以实现这个效果：

```css
a {
    background: hsl(335, 100%, 50%);
}

img {
    mix-blend-mode: luminosity;
}
```

和 CSS 滤镜类似，混合模式可以平稳退化：如果不被支持，效果只是不出现而已，图片本身还是完好可见的。

有一件事情需要注意，**滤镜是可动画的，而混合模式则不是**。我们在上面已经见识过了，一张图片只需要在 filter 属性上设置好 CSS 过渡之后就可以从全彩样式慢慢淡化为单色样式，但你无法对混合模式做同样的事情。不过也别着急，这并不表示过渡动画是完全不可能的，只是意味着我们需要跳出框框来重新思考。

如上面所解释的那样，mix-blend-mode 是把整个元素向下进行混合，而不管它的下层是什么。因此，如果我们把这个属性设置为 luminosity 混合模式，那图片就总是会跟**某些东西**进行混合。此外，使用 background-blend-mode 属性则可以让每层背景跟它的下层背景进行混合，但并不关心元素之外是什么情况。另外，当我们只有一个背景图像以及一个透明背景色时，会发生什么？你猜对了：**不会出现任何混合效果！**

好的，接下来我们将利用上述分析结果，采用 background-blend-mode 属性来达成我们想要的效果。在此之前，HTML 代码需要稍作调整：

```html
<div class="tinted-image"
    style="background-image:url(tiger.jpg)">
</div>
```

这样一来，我们就只需要对一个 <div> 元素设置 CSS 了，因为这个技巧并不需要其他额外的元素：

```css
.tinted-image {
    width: 640px; height: 440px;
    background-size: cover;
    background-color: hsl(335, 100%, 50%);
    background-blend-mode: luminosity;
    transition: .5s background-color;
}

.tinted-image:hover {
    background-color: transparent;
}
```

不过，就像前面提到的那样，**这两种方法都不够理想**。它们的主要问题在于：

- **图片的尺寸**需要在 CSS 代码中**写死**；
- **在语义上**，这个元素并不是一张图片，因此并不会被读屏器之类的设备读出来。

生活就是这样，没有十全十美。在这一节中，我们收获了三种实现染色效果的方法，每种方法都各有优缺点。到底选择哪种方法，还是要看项目的具体需求。

▶ 试一试 play.csssecrets.io/**color-tint**

向 Dudley Storey（http://demosthenes.info）脱帽致敬，感谢他提出了混合模式的动画技巧（http://demosthenes.info/blog/888/Create-Monochromatic-Color-Tinted-Images-With-CSS-blend）。

致 敬

相关规范

■ 滤镜效果
http://w3.org/TR/filter-effects

■ 图像混合效果
http://w3.org/TR/compositing

■ CSS 过渡
http://w3.org/TR/css-transitions

18 毛玻璃效果

背景知识
RGBA/HSLA 颜色

难题

半透明颜色最初的使用场景之一就是作为背景。将其叠放在照片类或其他花哨的背层[①]之上，可以减少对比度，确保文本的可读性。这种效果确实很有视觉冲击力，但仍然可能导致文字很难阅读，特别是当不透明度较低或背层图案太过花哨时。举个例子，我们来看看**图 4-14**，图中 main 元素的背景

_____

[①] 我们在这里用了"背层"（backdrop）一词，它表示**页面被某个上层元素遮住的部分**，这部分区域透过该上层元素的半透明背景显现出来。

是半透明的白色。结构大致是这样的：

```html
<main>
    <blockquote>
        "The only way to get rid of a temptation[...]"
        <footer>—
            <cite>
                Oscar Wilde,
                The Picture of Dorian Gray
            </cite>
        </footer>
    </blockquote>
</main>
```

CSS 代码可能是这样的（简短起见，这里只列出了关键样式）：

```css
body {
    background: url("tiger.jpg") 0 / cover fixed;
}

main {
    background: hsla(0,0%,100%,.3);
}
```

相信你可以察觉到，文字确实难以看清，因为它后面的图片太过花哨了，而它的背景色只有 30% 的不透明度。当然，我们可以通过提升背景色的不透明度来增加文本的可读性，不过这样一来整个效果就没有那么生动了（参见**图 4-15**）。

图 4-14
半透明白色背景使文字很难阅读

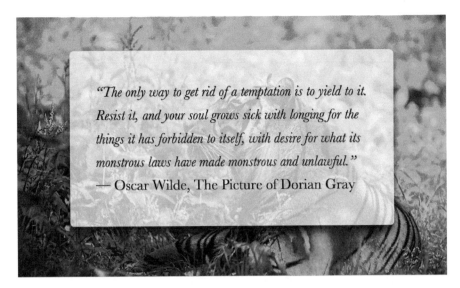

图 4-15

增加背景色的 alpha 值（不透明
度）可以改善文本可读性的问题，
但同时也让整个设计变得无趣了

　　在传统的平面设计中，这个问题的解决方案通常是**把文本层所覆盖的那
部分图片区域作模糊处理**。模糊的背景看起来不那么花哨，因此在它之上的
文本就相对比较易读了。过去，由于模糊运算的性能消耗极其巨大，以致于
这个技巧在网页设计和 UI 设计中鲜有用武之地。不过，随着 GPU 的不断进
化以及硬件加速的不断普及，眼下这个技巧已经逐渐流行起来。在过去这几
年里，我们已经可以在较新的 Microsoft Windows 系统中看到这个技巧的身
影，而苹果的 iOS 和 Mac OS X 操作系统也不例外（参见**图 4-16**）。

图 4-16

过去几年间，由于模糊处理的资
源消耗已经不再像以前那么高不
可攀，由模糊背层所构成的半
透明 UI 已经变得越来越常见了
（左图是 Apple iOS 8.1，右图是
Apple OS X Yosemite）

　　借助 blur() 滤镜，我们在 CSS 中获得了对元素进行模糊处理的能力。
我们在 SVG 中很早就可以使用模糊滤镜了，而这个 CSS 滤镜本质上就是它
的硬件加速对应版本。不过，如果我们直接在这个例子中使用 blur() 滤镜，
整个元素都会被模糊，文本反而变得更加无法阅读了（参见**图 4-17**）。有没
有某种方法可以只对元素的背层（即被该元素**遮住**的那部分背景）应用这个
滤镜呢？

图 4-17

对这个元素应用 blur() 滤镜反
而会把事情搞砸

解决方案

假设大背景的 background-attachment 值是 fixed，这种情况是有可
能的 ①，只不过不太常见。由于我们不能直接对元素本身进行模糊处理，**就
对一个伪元素进行处理，然后将其定位到元素的下层，它的背景将会无缝匹
配 <body> 的背景。**

首先，我们添加一个伪元素，将其绝对定位，并把所有偏移量置为 0，
这样就可以将它完整地覆盖到 <main> 元素之上：

```
main {
    position: relative;
    /* [其余样式] */
}

main::before {
    content: '';
    position: absolute;
    top: 0; right: 0; bottom: 0; left: 0;
    background: rgba(255,0,0,.5); /* 仅用于调试 */
}
```

我们还给它设置了一层半透明的 █ red 背景，这样就可以看清楚我们
做了什么，不然很难调试透明的（即不可见的）元素。在**图 4-18** 中可以看
到，我们的伪元素现在就覆盖在内容元素之上。可以用 **z-index: -1;** 来修
正这个问题（参见**图 4-19**）。

! 在使用负的 z-index 来把一
个子元素移动到它的父元素下层
时，请务必小心：如果父元素的
上级元素有背景，则该子元素将
出现在它们之后。

———————————
① 对非固定的背景来说也是有办法实现的，只不过更加麻烦。

图 4-18
伪元素现在正覆盖在文本之上

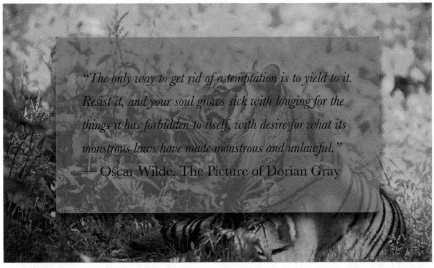

图 4-19
使用 z-index: -1; 来把伪元素移
动到宿主元素的后面

现在该把半透明红色背景换掉了，换成跟背层完全匹配的背景。要实现
这一点，我们要么把 `<body>` 的背景复制过来，要么把伪元素的背景声明合
并过去。我们现在可以进行模糊处理吗？来试试看[①]：

```css
body, main::before {
    background: url("tiger.jpg") 0 / cover fixed;
}

main {
    position: relative;
    background: hsla(0,0%,100%,.3);
}
```

---

① 为什么不对 `main::before` 使用 `background: inherit` 呢？因为伪元素会从 main（而不是
body）那里继承样式，这样它只能得到一个半透明的白色背景。

```
main::before {
    content: '';
    position: absolute;
    top: 0; right: 0; bottom: 0; left: 0;
    filter: blur(20px);
}
```

在**图 4-20** 中可以看到，这跟我们的期望已经相当接近了。模糊效果在中心区域看起来非常完美，但在接近边缘处会逐渐消退。这是因为模糊效果会削减实色像素所能覆盖的范围，削减的幅度正是模糊半径的长度。对伪元素应用一个 █ red 背景有助于我们看清事情的真相（参见**图 4-21**）。

图 4-20

伪元素模糊的方法基本上成功了，但模糊效果在边缘处会逐渐消退，削弱了毛玻璃的视觉效果

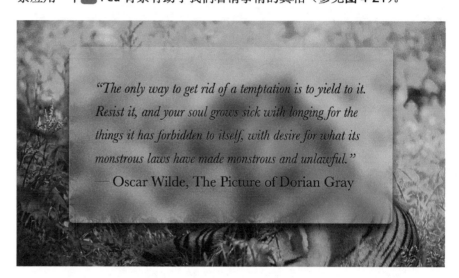

图 4-21

添加一个 █ red 背景有助于解释事情的真相

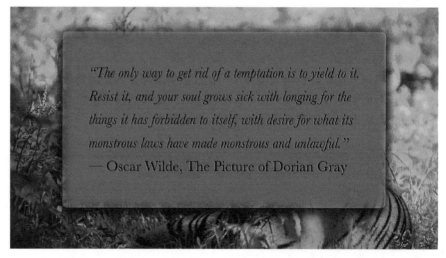

为了补偿这种情况，我们需要让伪元素相对其宿主元素的尺寸再向**外扩大至少 20px**（即它的模糊半径）。可以通过 -20px 的外边距来达到目的，由于不同浏览器的模糊算法可能存在差异，用一个更大的绝对值（比如 -30px）会更保险一些。如**图 4-22** 所示，这个方法可以修复边缘模糊消

退的问题，但现在的情况是有**一圈模糊效果超出**了容器，这让它看起来不像
毛玻璃，而更像是玻璃脏了。

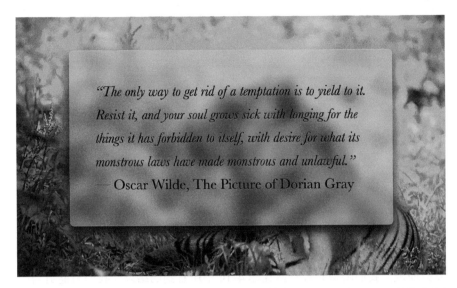

图 4-22
我们修正了边缘处的模糊消退情
况，但现在又出现了模糊效果超
出元素范围的情况

不过幸运的是，这个问题也很容易修复：只要对 main 元素应用
overflow: hidden;，就可以把多余的模糊区域裁切掉了。最终代码如下所
示（最终效果可以在**图 4-23** 中看到）：

```
body, main::before {
    background: url("tiger.jpg") 0 / cover fixed;
}

main {
    position: relative;
    background: hsla(0,0%,100%,.3);
    overflow: hidden;
}

main::before {
    content: '';
    position: absolute;
    top: 0; right: 0; bottom: 0; left: 0;
    filter: blur(20px);
    margin: -30px;
}
```

图 4-23
最终得到的效果

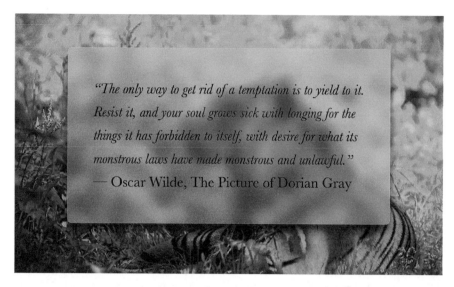

    现在页面文本的可读性比以前好多了，整个设计也优雅多了。现在唯一有争议的问题就是这个效果的回退机制是否算得上平稳退化。如果浏览器不支持滤镜，我们将得到最开始在**图 4-14** 中所看到的结果。我们只能适当增加背景色的不透明度，以便让回退样式下的可读性得到少许提升。

▶ 试一试   play.csssecrets.io/**frosted-glass**

■ 滤镜效果
http://w3.org/TR/filter-effects

相关规范

19 折角效果

背景知识

CSS 变形，CSS 渐变，"切角效果"

难题

把元素的一个角（通常是右上角或右下角）处理为类似**折角**的形状，再配上或多或少的拟物样式，这种效果已经成为一种非常流行的装饰手法。

目前，我们已经拥有了**一些实用的纯 CSS 实现方案**，其中某些技巧早在 2010 年就由伪元素大师 Nicolas Gallagher（http://nicolasgallagher.com/pure-css-folded-corner-effect）发表了。这些方法的基本原理通常是在右上角增加两个三角形：一个三角形用来体现折页的形状，另一个白色的三角形遮住元素的一角，用来模拟翻折所产生的缺口。这两个三角形通常都是由经典的边框技巧来生成的。

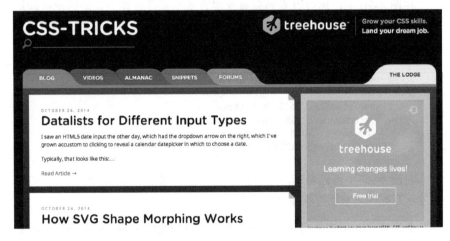

图 4-24

css-tricks.com 网站的某个早期设计就在每个文章区块的右上角采用了折角效果

尽管这些方法在过去确实光彩夺目，但在今天看来却有一些局限性，而且在以下场景中还会暴露出明显的缺陷。

- 当折角元素之下的背景不是纯色，而是一幅图案、一层纹理、一张照片、一幅渐变或其他任何一种背景图像时。
- 当我们想要一个 45°以外的（旋转的）折角时。

有没有一种办法可以用 CSS 创建更加灵活的折角效果，并且完美满足上述场景呢？

45°折角的解决方案

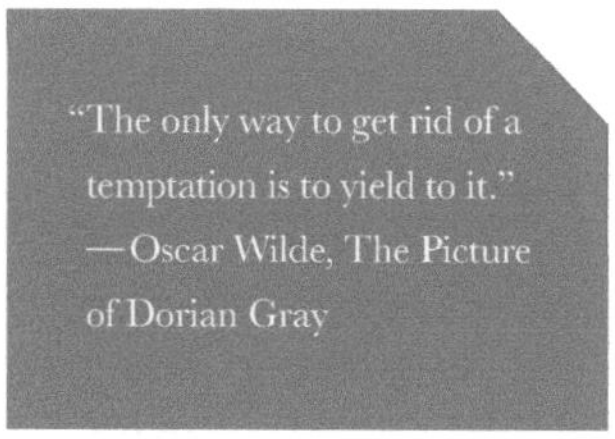

我们会从一个右上角具有斜面切角的元素开始，这个切角是由**"切角效果"**一节中的渐变方案实现的。要用这个技巧在右上角创建一个大小为 **1em** 的斜面切角，代码会是这样的（简单的渲染效果如**图 4-25** 所示）：

```
background: #58a; /* 回退样式 */
background:
    linear-gradient(-135deg, transparent 2em, #58a 0);
```

走到这里，我们就已经完成了一半：接下来所需要做的就是**增加一个暗色的三角形来实现翻折效果**。实现方法是增加另一层渐变来生成这个三角形并将其定位在**右上角**，这样就可以通过 `background-size` 来控制折角的大小。

为了生成这个三角形，我们所需要的就是一个有角度的线性渐变，而这个渐变的两个色标需要在正中央重合：

```
background:
    linear-gradient(to left bottom,
        transparent 50%, rgba(0,0,0,.4) 0)
    no-repeat 100% 0 / 2em 2em;
```

在**图 4-26** 中，你可以看到**只有这层背景**会是什么样子。最后把这两层背景组合起来，应该就可以收工了吧？我们来试试看，不过要切记把折页部分的三角形放在切角渐变**之上**：

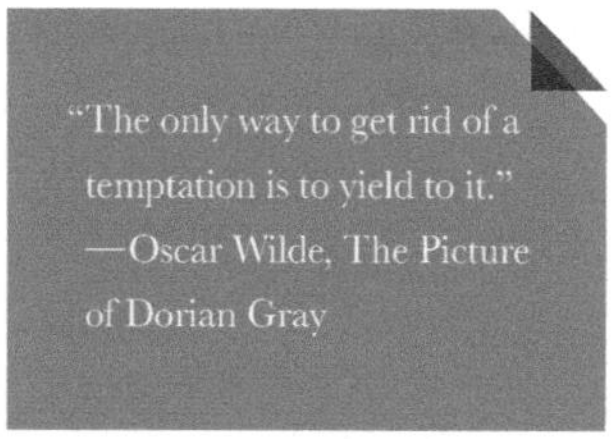

```
background: #58a; /* 回退样式 */
background:
    linear-gradient(to left bottom,
        transparent 50%, rgba(0,0,0,.4) 0)
    no-repeat 100% 0 / 2em 2em,
    linear-gradient(-135deg, transparent 2em, #58a 0);
```

在**图 4-27** 中可以看到，结果并不是我们所期望的那样。为什么它们的尺寸不匹配呢？它们可都是 2em 啊！

原因在于（正如我们在**"切角效果"**一节中所讨论的那样）第二层渐变中的 2em 折角尺寸是写在色标中的，因此它是**沿着渐变轴进行度量的**，是对角线尺寸。另一方面，在 `background-size` 中的 2em 长度是**背景贴片的宽度和高度**，是在水平和垂直方向上进行度量的。

为了将这两者对齐，我们需要选择以下任意一项进行调整，选择哪一项取决于我们最终想保留哪一方的尺寸设置。

"The only way to get rid of a temptation is to yield to it."
—Oscar Wilde, The Picture of Dorian Gray

图 4-25

我们的起点：元素的右上角通过渐变实现了切角效果

图 4-26

第二层渐变用来生成折页三角形，这里单独显示出来了；为了看清文本所在的位置，我们把文字的颜色暂时从白色调成了浅灰色

"The only way to get rid of a temptation is to yield to it."
—Oscar Wilde, The Picture of Dorian Gray

图 4-27

把这两层渐变组合到一起并不能产生我们所期望的结果

- 如果要保留对角线的 2em 长度，就要将 background-size 乘以 $\sqrt{2}$。
- 如果要保留水平和垂直方向上的 2em 长度，就要用切角渐变的角标位置值除以 $\sqrt{2}$。

由于 background-size 需要把这个长度重复两次，而且绝大多数的 CSS 度量都**不是**在对角线上进行的，因此第二种方案更加合适。色标的位置值将变成 $\dfrac{2}{\sqrt{2}} = \sqrt{2} \approx 1.414\,213\,562$，我们可以将其取整为 1.5em：

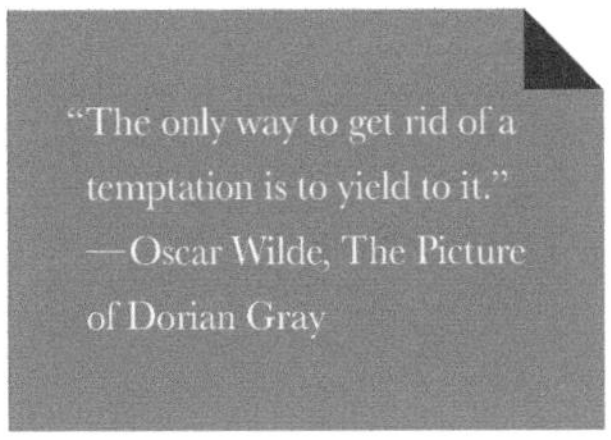

```
background: #58a; /* 回退样式 */
background:
    linear-gradient(to left bottom,
        transparent 50%, rgba(0,0,0,.4) 0)
        no-repeat 100% 0 / 2em 2em,
    linear-gradient(-135deg,
        transparent 1.5em, #58a 0);
```

正如**图 4-28** 所示，我们最终得到了一个美观、灵活、简约的折角效果。

▶ 试一试　play.csssecrets.io/**folded-corner**

其他角度的解决方案

现实生活中的折角往往不是精确的 45°。如果我们希望它看起来更真实一些，可以稍稍改变一下角度，比如 -150deg 可以产生 30° 的切角。不过，如果我们只是改变斜面切角的角度，那么表示翻折部分的三角形并不会跟着改变，这将导致整体效果被破坏，如**图 4-29** 所示。此外，调整这个三角形的尺寸并不容易。它的尺寸并不是由角度来定义的，而是由宽度和高度来定义的。我们怎样才能得到需要的宽度和高度呢？好的，这回该请出三角函数了！

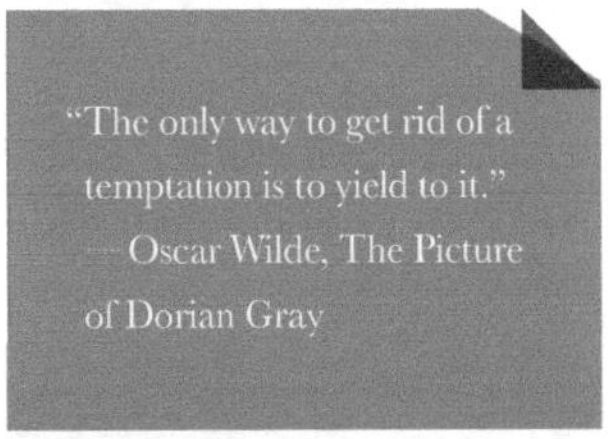

我们当前的代码是这样的：

```
background: #58a; /* 回退样式 */
background:
    linear-gradient(to left bottom,
        transparent 50%, rgba(0,0,0,.4) 0)
        no-repeat 100% 0 / 2em 2em,
    linear-gradient(-150deg,
        transparent 1.5em, #58a 0);
```

在**图 4-30** 中可以发现，当我们知道这两个 30-60-90 **直角三角形**[①]的某一条直角边的长度时，基本上就可以算出斜边的长度。**图4-31** 所示的三角函数示意圆告诉我们，只要知道了直角三角形的角度和某一条边的长度，就可以通过正弦函数、余弦函数以及勾股定理计算出另外两条边的长度。我们在

———————
① 30-60-90 **直角三角形**表示两个锐角分别为 30° 和 60° 的直角三角形。

图 4-28

在改变了蓝色渐变的色标位置之后，我们的折角效果最终达成

❗ 请确保该元素已经留出了不小于折角尺寸的内边距，否则文本将有可能重叠在折页部分之上（因为它只是背景），这将会破坏折角的整体效果。

图 4-29

改变切角的角度将会破坏整体效果

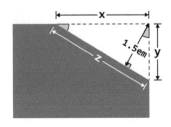

图 4-30

切角渐变的放大图（图中用灰色标出的锐角为 30°）

数学书（或计算器）里已经知道 $\cos 30° = \frac{\sqrt{3}}{2}$ 和 $\sin 30° = \frac{1}{2}$。把这些算式代入我们的例子，就可以得出 $\sin 30° = \frac{1.5}{x}$ 和 $\cos 30° = \frac{1.5}{y}$。因此：

$$\frac{1}{2} = \frac{1.5}{x} \Rightarrow x = 2 \times 1.5 \Rightarrow x = 3$$

$$\frac{\sqrt{3}}{2} = \frac{1.5}{y} \Rightarrow y = \frac{2 \times 1.5}{\sqrt{3}} \Rightarrow y = \sqrt{3} \approx 1.732\ 050\ 808$$

y
r
y
ϑ
x
x
x² + y² = r²
sinϑ = y/r
cosϑ = x/r

图 4-31

借助正弦函数和余弦函数，我们可以通过直角三角形的锐角角度和斜边长度计算出直角边的长度

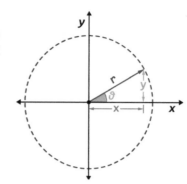

到了这里，我们还可以运用勾股定理计算出 z：

$$z = \sqrt{x^2 + y^2} = \sqrt{\sqrt{3}^2 + 3^2} = \sqrt{3+9} = \sqrt{12} = 2\sqrt{3}$$

现在可以改变三角形的大小，让它更符合整体效果：

```
background: #58a; /* 回退样式 */
background:
    linear-gradient(to left bottom,
        transparent 50%, rgba(0,0,0,.4) 0)
        no-repeat 100% 0 / 3em 1.73em,
    linear-gradient(-150deg,
        transparent 1.5em, #58a 0);
```

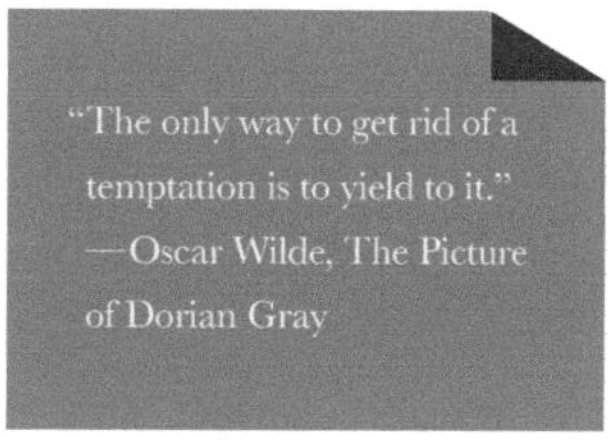

"The only way to get rid of a temptation is to yield to it."
—Oscar Wilde, The Picture of Dorian Gray

图 4-32

尽管达到了想要的结果，但我们可以看出，这和前面的例子相比显得更不真实了

此时，我们的折角效果如**图 4-32** 所示。如你所见，这个三角形现在**确实已经跟切角对上号了**，但这个结果看起来**更不真实了**！尽管我们可能无法很快地找出具体原因，但我们以前曾见过无数的折角，因此一眼就可以发现这跟我们印象中的折角相去甚远。如果你**拿出一张真实的纸**并折出类似的角度，或许就能理解它为什么看起来很假了。我们**完全不可能**把一张纸折成（甚至是哪怕是接近）**图 4-32** 的那种样子。

来看看现实世界中的折角（比如**图 4-33** 中的这个），我们会发现这个折页三角形是需要**微微旋转**的，它的尺寸跟我们从元素角上“切”下来的那个三角形应该是一致的。由于我们无法旋转背景，这里终于轮到伪元素登场了：

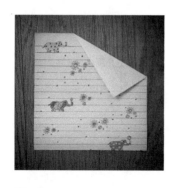

图 4-33

折角效果在现实世界中的版本（我的两个小表妹 Leonie 和 Phoebe Verou 送给我的漂亮信纸）

```
.note {
    position: relative;
    background: #58a; /* 回退样式 */
```

```
    background:
        linear-gradient(-150deg,
            transparent 1.5em, #58a 0);
}
.note::before {
    content: '';
    position: absolute;
    top: 0; right: 0;
    background: linear-gradient(to left bottom,
        transparent 50%, rgba(0,0,0,.4) 0)
        100% 0 no-repeat;
    width: 3em;
    height: 1.73em;
}
```

到了这里，我们只不过是把**图 4-32** 中的效果用伪元素又实现了一遍。下一步将**把折页三角形的 width 和 height 对调**，以此改变它的方向，这样就可以得到跟折页缺口对称的三角形，而不是一个可以补足折页缺口的三角形。然后，我们再以逆时针 30°（(90° – 30°) –30°）来旋转这个折页三角形，这样可以**让它的斜边与折线平行**：

```
.note::before {
    content: '';
    position: absolute;
    top: 0; right: 0;
    background: linear-gradient(to left bottom,
        transparent 50%, rgba(0,0,0,.4) 0)
        100% 0 no-repeat;
    width: 1.73em;
    height: 3em;
    transform: rotate(-30deg);
}
```

在**图 4-34** 中，你可以看到这页纸在经过上述调整之后会是什么样子。如你所见，我们基本上已经接近目标了，但还需要把这个折页三角形再挪动一下，以便让这两个三角形（深色的三角形折页和折角的三角形缺口）的斜边重合。从现在的情况来看，它在水平和垂直方向上都需进行移动，因此要算出这两个偏移量似乎困难重重。我们可以让事情变得更简单一些：把 transform-origin 设置为 bottom right，**让三角形的右下角成为旋转的中心**，这样就可以让它的右下角保持固定。

```
.note::before {
    /* [其余样式] */
    transform: rotate(-30deg);
    transform-origin: bottom right;
}
```

如**图 4-35** 所示，现在只需在垂直方向上向上移动这个折页三角形就可以了。为了算出实际要移动的距离，我们又要动用几何学了。如你在**图 4-36** 中所见，所需的垂直偏移量是 $x - y = 3 - \sqrt{3} \approx 1.267\,949\,192$，我们这里取整为 **1.3em**：

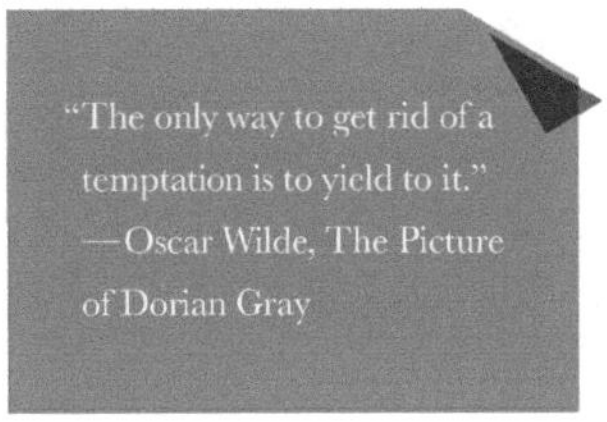

图 4-34

我们快要接近目标了，但还需要移动这个折页三角形

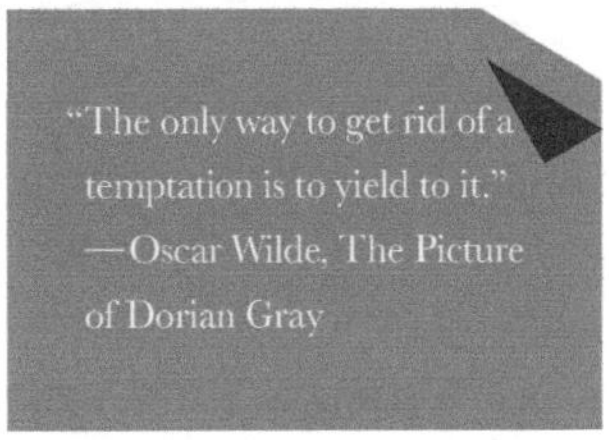

图 4-35

添加 transform-origin: bottom right; 会让事情变得简单一些：只需要在垂直方向上移动这个折页三角形

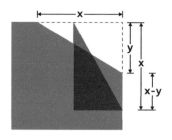

图 4-36

算出这个折页三角形所需的移动
距离，其实并没有乍看起来那么
困难

> 要确保把 translateY() 变
形放在旋转变形之前，否则这个
三角形会在 30° 方向上进行移动。
**因为每个变形步骤都会改变元素
的整个坐标系统**，而不仅是改变
元素自身！

图 4-37

这两个三角形终于对齐了，和谐
动人

图 4-38

在添加了更多的样式之后，折角
效果非常逼真

```css
.note::before {
    /* [其余样式] */
    transform: translateY(-1.3em) rotate(-30deg);
    transform-origin: bottom right;
}
```

图 4-37 展示了简单的渲染结果，这正是我们一直苦苦追寻的效果。唉，
真不容易啊！接下来，由于这个折页三角形现在是由伪元素来实现的，我们
还可以让它**更加真实一些**，比如增加圆角、（真正的）渐变以及投影！最终
的代码如下所示：

```css
.note {
    position: relative;
    background: #58a; /* 回退样式 */
    background:
        linear-gradient(-150deg,
            transparent 1.5em, #58a 0);
    border-radius: .5em;
}
.note::before {
    content: '';
    position: absolute;
    top: 0; right: 0;
    background: linear-gradient(to left bottom,
        transparent 50%, rgba(0,0,0,.2) 0, rgba(0,0,0,.4))
        100% 0 no-repeat;
    width: 1.73em;
    height: 3em;
    transform: translateY(-1.3em) rotate(-30deg);
    transform-origin: bottom right;
    border-bottom-left-radius: inherit;
    box-shadow: -.2em .2em .3em -.1em rgba(0,0,0,.15);
}
```

你可以在**图 4-38** 中欣赏到我们的辛勤耕耘所收获的硕果。

▶ **试一试** play.csssecrets.io/**folded-corner-realistic**

最终的效果看起来很不错，但代码是不是够 DRY 呢？让我们来看一看，
如果对样式做些改动或对效果做些微调，会是什么情况。

- 如果要改变元素的**宽高或其他尺寸**（比如内边距等），只需要修改
  一处。
- 如果要改变元素的**背景色**，则只需要修改**两处**（如果不写回退样式
  则只有一处）。
- 如果要修改折页的**大小**，需要修改**四处**，并做一些**复杂的计算**。
- 如果要修改折页的**角度**，则需要修改**五处**，并做一些**更加复杂的
  计算**。

最后两条实在是很不理想。差不多可以请出预处理器的 mixin 了：

```scss
@mixin folded-corner($background, $size,
                     $angle: 30deg) {
position: relative;
background: $background; /* 回退样式 */
background:
    linear-gradient($angle - 180deg,
        transparent $size, $background 0);
border-radius: .5em;

$x: $size / sin($angle);
$y: $size / cos($angle);

&::before {
    content: '';
    position: absolute;
    top: 0; right: 0;
    background: linear-gradient(to left bottom,
        transparent 50%, rgba(0,0,0,.2) 0,
        rgba(0,0,0,.4)) 100% 0 no-repeat;
    width: $y; height: $x;
    transform: translateY($y - $x)
               rotate(2*$angle - 90deg);
    transform-origin: bottom right;
    border-bottom-left-radius: inherit;
    box-shadow: -.2em .2em .3em -.1em rgba(0,0,0,.2);
}
}

/* 当调用时... */
.note {
    @include folded-corner(#58a, 2em, 40deg);
}
```

▸ 试一试 play.csssecrets.io/**folded-corner-mixin**

■ CSS 背景与边框
http://w3.org/TR/css-backgrounds

■ CSS 图像
http://w3.org/TR/css-images

■ CSS 变形
http://w3.org/TR/css-transforms

相关规范

！ 编写本书时，SCSS 还没有原生支持三角函数。如果想正常使用三角函数，需要用到 Compass **框架**（http://compass-style.org）或其他库。借助泰勒展开式，还可以自己写一套三角函数的实现。另外，Stylus 和 LESS 原生内置了三角函数。

5

第 5 章

字体排印

20 连字符断行

难题

　　设计师迷恋文本的两端对齐效果。看一眼杂志和书籍中的精美排版，就会发现这种效果无处不在。不过在网页中，两端对齐却极少使用，而且越是有经验的设计师就越少使用。从 CSS 1 开始就已经有 `text-align: justify;` 了，为什么还会形成这个局面呢？

　　只要看一眼**图 5-1**，其中的原因就会立刻浮出水面。在对文本进行两端对齐处理时，需要调整单词的间距，此时会出现"单词孤岛"现象。这个结果不仅看起来很糟糕，而且**损伤了可读性**。在打印媒介中，**两端对齐**总是与**连字符断行**相辅相成的。因为连字符允许单词在音节分界处断开并折行，所以在处理对齐时所需要调整的间距就少得多了，文本看起来也自然很多。

　　以前，有一些在网页上实现连字符断行的方法，但这类方法**完全是"伤敌八百，自损一千"**。常见的方法包括服务器端预处理、JavaScript 后期处理、用在线生成器单独处理，甚至还有开发者耐着性子在单词中纯手工插入软连字符（`&shy;`），以便浏览器可以在**正确的地方**断开单词。一般来说，这种额外成本很不划算，因此设计师往往会改用其他的文本对齐方式。

"The only way to get rid of a temptation is to yield to it."

图 5-1

CSS 两端对齐的默认效果

解决方案

　　CSS 文本（第三版）引入了一个新的属性 hyphens。它接受三个值：

小花絮 **文本折行的工作原理是怎样的？**

与计算机科学中的很多事情类似，文本折行听起来简单易行，但实际上并非如此。这方面的算法有很多，最流行的方案主要是贪婪算法和 Knuth–Plass 算法。**贪婪算法**的工作原理是每次分析一行，把尽可能多的单词（当连字符可用时则以音节为单位）填充进该行；当遇到第一个装不下的单词或音节时，就移至下一行继续处理。

Knuth–Plass 算法（得名于开发它的工程师）的工作方式就要高级很多。它会把整段文本纳入考虑的范畴，从而产生出美学上更令人愉悦的结果，但其计算性能要明显差一些。

绝大多数桌面文字处理程序采用 Knuth–Plass 算法。不过出于性能考虑，浏览器目前采用的是贪婪算法，因此它们的两端对齐效果往往不尽如人意。

none、manual 和 auto。manual 是它的初始值，其行为正好对应了现有的工作方式：我们可以在任何时候手工插入软连字符，来实现断词折行的效果。很显然 hyphens: none; 会禁用这种行为；而最为神奇的是，只需这短短一行 CSS 就可以产生我们梦寐以求的效果：

```
hyphens: auto;
```

仅此一行足矣。你可以在**图 5-2** 中看到它的效果。当然，**为了确保它奏效，你需要在 HTML 标签的 lang 属性中指定合适的语言**。其实不管怎样，这本来就是你早该做好的分内之事。

如果需要更细粒度地控制连字符的行为（比如在简短的引文中），**你仍然可以通过一些软连字符（­）来辅助浏览器进行断词**。这个 hyphens 属性会优先处理它们，然后再去计算**其他可以断词的地方**。

CSS 连字符可以非常平稳地退化。如果 hyphens 属性不被支持，得到的文本对齐效果就是**图 5-1** 的程度。这个效果确实算不上好看，也算不上特别易读，但它的可访问性还是完美可靠的。

"The only way to get rid of a temptation is to yield to it."

图 5-2

使用了 hyphens: auto 的结果

▶ 试一试　play.csssecrets.io/**hyphenation**

■ CSS 文本
　http://w3.org/TR/css-text

■ CSS 文本（第四版）
　http://dev.w3.org/csswg/css-text-4

相关规范

关于未来　**对连字符的控制**

如果你是一位更偏重设计方向的网页开发者，你可能很难接受这一点：连字符的行为只有一个开关，没有其他任何设置来控制它的断词方式。

不过接下来的这个消息可能会让你欢欣鼓舞。在未来，我们可以更细粒度地控制连字符的行为，因为 CSS 文本（第四版）(http://dev.w3.org/csswg/css-text-4) 计划引入一些相关的新属性，比如：

■ **hyphenate-limit-lines**

■ **hyphenate-limit-chars**

■ **hyphenate-limit-zone**

■ **hyphenate-limit-last**

■ **hyphenate-character**

21 插入换行

难题

通过 CSS 来插入换行的需求通常与定义列表（参见**图 5-3**）有关，但有时也涉及其他场景。在通常情况下，采用定义列表是因为我们立志在互联网上以身作则，坚持使用合适的标签、合理的语义——哪怕在**视觉**上所要呈现的只是**一行行的名值对**，我们也会认真对待。举例来说，考虑下面这段结构代码：

```html
<dl>
    <dt>Name:</dt>
    <dd>Lea Verou</dd>

    <dt>Email:</dt>
    <dd>lea@verou.me</dd>

    <dt>Location:</dt>
    <dd>Earth</dd>
</dl>
```

> Name: **Lea Verou**
> Email: **lea@verou.me**
> Location: **Earth** 
>
> 图 5-3
>
> 一个定义列表，每行都是一个名值对

我们所期望的视觉效果有时就是**图 5-3** 那样的简单样式。第一步通常是给它添加一些基本的 CSS：

```css
dd {
    margin: 0;
    font-weight: bold;
}
```

不过，由于这些 `<dt>` 和 `<dd>` 都是**块级元素**，我们最终得到的往往是**图 5-4** 这样的结果，所有的名和值均独占一行。我们接下来可能会给这些 `<dt>` 或 `<dd>` 元素（或两者）指定其他的 `display` 属性值——人们走投无路时往往会胡乱尝试。不过这样一来，我们得到的结果通常如**图 5-5**所示。

在我们把头发揪光、咒骂 CSS 或者干脆放弃结构与样式分离转而修改结构之前，有没有办法可以同时保全我们的神智和（技术上的）操守？

> Name:
> **Lea Verou**
> Email:
> **lea@verou.me**
> Location:
> **Earth**
>
> 图 5-4
>
> 这个定义列表的默认样式

解决方案

基本上，我们需要做的只是在每个 `<dd>` 后面添加一个换行。如果不在乎使用表现型的结构标记，可以请出老套的 `<br>` 元素，比如这样：

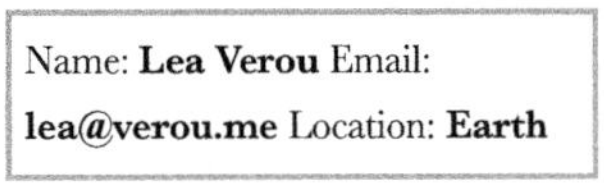

> Name: **Lea Verou** Email:
> **lea@verou.me** Location: **Earth**
>
> 图 5-5
>
> `display:inline` 在这里会帮倒忙

```
<!-- 如果你这样写,天崩地裂万劫不复 -->
<dt>Name:</dt>
<dd>Lea Verou<br /></dd>
...
```

然后，对所有的 `<dt>` 和 `<dd>` 元素应用 display:inline; 样式，基本上就大功告成了。当然，这种方法不仅在可维护性方面是一种糟糕的实践，而且污染了结构层的代码。只要能使用生成性内容来添加换行，并以此取代 `<br>` 元素，那么问题就可以解决了！但这好像做不到，对吧？又或者，这其实可行的？

实际上，有一个 Unicode 字符是专门代表换行符的：0x000A[1]。在 CSS 中，这个字符可以写作 "\000A"，或简化为 "\A"。我们可以用它来作为 ::after 伪元素的内容，并将其添加到每个 `<dd>` 元素的尾部，代码如下所示：

```
dd::after {
    content: "\A";
}
```

这段代码看起来是可以奏效的，但如果我们亲手试一试，就会发现结果令人失望：跟**图 5-5** 相比没有任何变化。不过，这并不表示我们的思路不对，只是表示**我们还忽略了什么**。这段 CSS 代码所做的其实只相当于在 HTML 结构中的所有关闭标签 `</dd>` 之前添加换行符。还记得在 HTML 代码中输入换行符会发生什么吗？默认情况下，这些换行符会与相邻的其他空白符进行**合并**。空白符合并通常是一件非常好的事情，否则我们就得把整个 HTML 文档的源代码整理进一行里面！不过，有时候我们希望**保留源代码中的这些空白符和换行**，代码块就是最典型的例子。还记得我们在这种场景下通常会怎么做吗？我们会用到 white-space: pre;。这里也可以这么做，但只对伪元素生成的换行符设置这个样式。

我们只有一个换行符，并不用担心有其他空白符被保留下来（因为这里根本就没有），因此任何 pre 值都可以起作用（pre、pre-line 或 pre-wrap）。我推荐 pre，因为它的浏览器支持程度最好。把这些思路整理成代码：

```
dt, dd { display: inline; }

dd {
    margin: 0;
    font-weight: bold;
}

dd::after {
    content: "\A";
```

---

[1] 从技术上来说，0x000A 相当于"换行"字符，也就是我们在 JavaScript 中常写的 "\n"。另外还有一个"回车"字符（即 JavaScript 中的 "\r"，CSS 中的 "\D"），不过我们在现代浏览器中已经不需要用到这个字符了。

```
    white-space: pre;
}
```

如果你亲手测试一下，就会发现这个办法真的有效，它的渲染结果与**图 5-3** 一模一样！不过，这种方法足够健壮吗？假设我们要给定义列表中的这位用户添加第二个邮箱：

```
...
<dt>Email:</dt>
<dd>lea@verou.me</dd>
<dd>leaverou@mit.edu</dd>
...
```

Name: **Lea Verou**

Email: **lea@verou.me**

leaverou@mit.edu

Location: **Earth**

图 5-6

当遇到多个 `<dd>` 时，我们的解决方案就不灵了

结果如**图 5-6** 所示，有些莫名其妙。由于我们**在每个 `<dd>` 的后面**都加了一个换行符，每个值都会被分到单独一行中，甚至在不需要换行的时候也是如此。如果多个并列的值以逗号分隔并且排在同一行中（假设容器的宽度足够），就会好得多了。

在理想情况下，我们只想针对 `<dt>` 之前的**最后一个 `<dd>`** 来插入换行，而不是对所有的 `<dd>` 都这样做。不过，这对于当前 CSS 选择符的功能来说还是不可能的，因为选择符无法做到先在 DOM 树中选中主体元素，再倒回去查询它之前的元素。我们需要换种方式来思考。一个想法就是换行符不用加在 `<dd>` 的**后面**，而是加在 `<dt>` 的**前面**：

```
dt::before {
    content: '\A';
    white-space: pre;
}
```

这会导致第一行变为空行，因为选择符对第一个 `<dt>` 也是生效的。为了规避这个问题，可以尝试使用以下这些选择符来替代单纯的 `dt`：

- `dt:not(:first-child)`
- `dt ~ dt`
- `dd + dt`

我们将采用最后一种方案，因为即使是在多个 `<dt>` 共用同一个值的场景下，它也是可以正常工作的；而另外两者在这种情况下还是会出问题。有些时候，我们可能还是需要把多个 `<dd>` 显式分隔开，除非我们觉得多个值以空格作为分隔是可以接受的（这种方式在某些时候表现良好，但有时

则不一定）。在理想情况下，我们希望能够告诉浏览器"只在后面还跟着一个 <dd> 的 <dd> 尾部插入逗号"，但我们又一次遇上了那个限制，眼下的 CSS 选择符还表达不出这种需求。因此，我们再次调整思路，在每个前面有 <dd> 的 <dd> 头部插入逗号。最终 CSS 代码会变成（可以在**图 5-7** 中看到代码的效果）：

```css
dd + dt::before {
    content: '\A';
    white-space: pre;
}

dd + dd::before {
    content: ', ';
    font-weight: normal;
}
```

图 5-7

最终效果

Name: **Lea Verou**
Email: **lea@verou.me**, **leaverou@mit.edu**
Location: **Earth**

千万要记住，如果你的结构代码在多个连续的 <dd> 之间包含了（未加注释的）空白符，那么**逗号前面会有一个空格**。有很多方法可以修复这个问题，但都不够完美。其中一种方法是利用**负外边距**：

```css
dd + dd::before {
    content: ', ';
    margin-left: -.25em;
    font-weight: normal;
}
```

这个方法可行，但不够可靠。如果你的内容是以**不一样的字体和尺寸**来显示的，这个空隙的宽度就**不一定刚好**是 **0.25em**。在这种情况下，结果看起来就不那么理想了。不过对绝大多数字体来说，这种误差基本上是可以忽略的。

▶**试一试** play.csssecrets.io/**line-breaks**

22 文本行的斑马条纹

背景知识

CSS 渐变, background-size, "条纹背景", "灵活的背景定位"

难题

几年前, 在刚刚获得 `:nth-child()/:nth-of-type()` 伪类之后, 我们最常用其来解决的一个需求就是**表格的"斑马条纹"**(参见**图 5-8**)。这在以前需要服务器端预先处理、客户端的脚本处理或者是纯手工写死来实现, 而现在只需下面这几行简单的代码就足够了:

```
tr:nth-child(even) {
    background: rgba(0,0,0,.2);
}
```

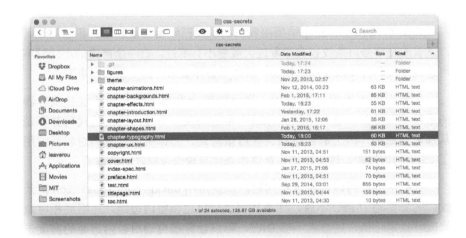

图 5-8

以斑马条纹的样式来呈现表格早已十分常见, 不论是在 UI 设计中(比如本图所示的 Mac OS X Yosemite 文件列表), 还是在平面设计中。原因在于斑马条纹可以帮助我们更容易地把视线保持在一长条水平空间内

尽管如此, 当我们想把表格行的这种效果应用到**文本行**时, 仍然有些力不从心[①]。这种效果对于**提高代码段的可读性**来说尤为实用。很多开发者最终不得不使用 JavaScript 来把每行代码包裹进一个个 `<div>` 元素中, 然后

[①] 很多焦头烂额的开发者甚至向 CSS 工作组申请增加 `:nth-line()` 这样的伪元素, 不过由于性能上的考量被拒绝了。

运用上述 :nth-child() 技巧来实现斑马条纹——幸好大多数语法着色脚本都可以顺带消化掉这个令人头皮发麻的过程。这种方式并不理想，它不仅在理论上有违纯粹原则（JavaScript 不应该掺和到样式层面来），而且**过多的 DOM 元素还会拖累整个页面的性能**；此外，它其实不太健壮。（当你增大字号导致其中的某一"行"发生折行时会怎么样？）我们还有更好的办法吗？

解决方案

```
while (true) {
  var d = new Date();
  if (d.getDate()==1 &&
      d.getMonth()==3) {
    alert("TROLOLOL");
  }
}
```

图 5-9

一小段代码，没有斑马条纹样式，只有一片朴素的实色背景

抛开以前那种给每一行套元素再加背景的做法，我们换一种思路来重新考虑这个问题。为什么不对**整个元素设置统一的背景图像，一次性加上所有的斑马条纹**呢？乍听起来这好像是个糟糕的点子，但别忘了，**我们可以在 CSS 中用渐变直接生成背景图像**，而且可以用 em 单位来设定背景尺寸，这样背景就可以**自动适应 font-size 的变化**了。

让我们用这个方法给**图 5-9** 中的这段代码加上斑马条纹。首先，我们需要运用"条纹背景"一节中所描述的方法，创建出水平条纹背景。它的 background-size 需要设置为 line-height 的两倍，因为**每个背景贴片需要覆盖两行代码**。我们最初尝试写出的代码可能是这样的：

```
padding: .5em;
line-height: 1.5;
background: beige;
background-image: linear-gradient(
                  rgba(0,0,0,.2) 50%, transparent 0);
background-size: auto 3em;
```

```
while (true) {
  var d = new Date();
  if (d.getDate()==1 &&
      d.getMonth()==3) {
    alert("TROLOLOL");
  }
}
```

图 5-10

我们在尝试给代码段加上斑马条纹时走出的第一步

如**图 5-10** 所示，这个结果**跟我们的预期已经相当接近了**。我们甚至可以试着改变字号，条纹也会跟着放大或缩小！不过，有一个严肃的小问题不可忽视：代码行和条纹是**错位**的，破坏了整体效果。这是怎么回事？

如果近距离地观察**图 5-10**，你可能就会发现，第一条条纹是从容器的最顶部开始的，这是背景图像最平常的表现。不过，**我们的代码并不是从那里开始的**，因为那样排版会显得很局促。如你所见，我们对容器应用了 .5em 的内边距，这个距离正是这些条纹与理想位置之间的偏差。

有一个办法可以解决这个问题，那就是用 background-position 把条纹向底部移动 .5em。不过，如果我们以后决定调整内边距，还需要相应地修改背景定位值，这显然不够 DRY。可以**让背景自动跟着内边距的宽度走**吗？

让我们回顾一下"灵活的背景定位"中提到的 background-origin。这个属性正是我们所需要的：它可以告诉浏览器**在解析 background-position 时以 content box 的外沿作为基准**，而不是默认的 padding box 外沿。现在把

这一点也加入代码中[①]：

```
padding: .5em;
line-height: 1.5;
background: beige;
background-size: auto 3em;
background-origin: content-box;
background-image: linear-gradient(rgba(0,0,0,.2) 50%,
                                  transparent 0);
```

在**图 5-11** 中可以看到，这段样式正好可以达成我们想要的斑马条纹效果！因为我们是用半透明色来生成条纹的，所以在改变背景色时，斑马条纹仍然可以正常显示。这个方法总体来说是十分灵活的，**唯一可能破坏效果的情况**[②]可能就是在改变 line-height 时忘了相应地调整 background-size。

▶试一试　play.csssecrets.io/**zebra-lines**

■ CSS 背景与边框
http://w3.org/TR/css-backgrounds

■ CSS 图像
http://w3.org/TR/css-images

相关规范

```
while (true) {
  var d = new Date();
  if (d.getDate()==1 &&
      d.getMonth()==3) {
    alert("TROLOLOL");
  }
}
```

图 5-11

最终效果

23　调整 tab 的宽度

难题

包含大量代码的网页（比如文档或教程）在样式上面对着无法回避的挑战。我们通常使用 <pre> 和 <code> 元素来显示代码，它们具有浏览器所赋予的默认样式。这些默认样式往往是：

---

① 为什么不把所有与背景相关的值都以简写的方式写进 background 属性中？因为那样的话，我们还得为旧版浏览器再写一行回退样式，这意味着我们需要把 beige 写两遍，这显然有违 DRY 原则。

② 本节的一个前提就是我们处理的是代码段。在其他情况下，如果有行内元素把行框撑得比常规行高更大（比如有张图片或行内元素设置了更大的字号），则这个效果也会被破坏。

```
pre, code {
    font-family: monospace;
}

pre {
    display: block;
    margin: 1em 0;
    white-space: pre;
}
```

这远不足以解决代码展示所独有的种种挑战。这其中最大的一个问题在于，即使 **tab 非常适合用来缩进代码**[①]，但人们在网页中却常常有意避开 tab。这是因为浏览器会把其宽度显示为 8 个字符！看看**图 5-12** 就可以发现这么宽的缩进是多么难看、多么浪费：这段代码甚至已经装不进这个容器了！

```
while (true) {
        var d = new Date();
        if (d.getDate()==1
            d.getMonth()==3
                alert("TROL
        }
}
```

图 5-12

代码是以 tab 的默认宽度（8 个字符）来显示的

解决方案

谢天谢地，在 **CSS 文本**（第三版）中，一个新的 CSS 属性 tab-size 可以控制这个情况。这个属性接受一个**数字**（表示字符数）或者一个**长度值**（这个不那么实用）。我们通常希望把它设置为 4（表示 4 个字符的宽度）或 2，后者是最近更为流行的缩进尺寸。

```
pre {
    tab-size: 2;
}
```

可以在**图 5-13** 中看到结果，它看起来要易读得多。你甚至可以把 tab-size 设置为 0 来完全禁用 tab，但这通常不是什么好主意，因为它的效果会变成如**图 5-14** 所示。即使浏览器不支持这个属性，一切也依然安好——我们得到的 tab 宽度只不过是夸张的默认样式而已，而这副样子我们早已忍受多年了。

```
while (true) {
  var d = new Date();
  if (d.getDate()==1 &&
      d.getMonth()==3) {
    alert("TROLOLOL");
  }
}
```

图 5-13

代码还是**图 5-12** 中的那段代码，但 tab 的宽度被显示为 2 个字符的宽度

> **试一试** play.csssecrets.io/**tab-size**

■ CSS 文本
http://w3.org/TR/css-text

相关规范

```
while (true) {
var d = new Date();
if (d.getDate()==1 &&
    d.getMonth()==3) {
alert("TROLOLOL");
}
}
```

图 5-14

代码中的 tab 宽度被设置为 0，这导致所有基于 tab 的缩进效果都消失了——千万别这么做

[①] 你是不是一看到缩进代码就心生怯意？这个话题确实超出了本书的范畴，但你可以在**这篇文章**（http://lea.verou.me/2012/01/why-tabs-are-clearly-superior）里找到我的思考过程。

24 连字

难题

就像人与人一样，字形（glyph）与字形也不都是和睦相处的。举个例子，大多数衬线字体中的 f 和 i 就是如此。i 的圆点往往会与 f 的升部（ascender）发生冲突，导致两者都显示不清（参见**图 5-15** 中的第一个例子）。

为了缓解这个问题，字体设计师通常会在字体中包含一些**额外的字形**，称作连字（ligature）。这些字形**被设计为双字形或三字形的单一组合体**，专门提供给排版软件使用，代为显示特定的字符组合。举例来说，**图 5-15** 就列出了一些常见的连字，我们可以看出这些连字的显示效果比原有普通字形的组合效果好很多[1]。

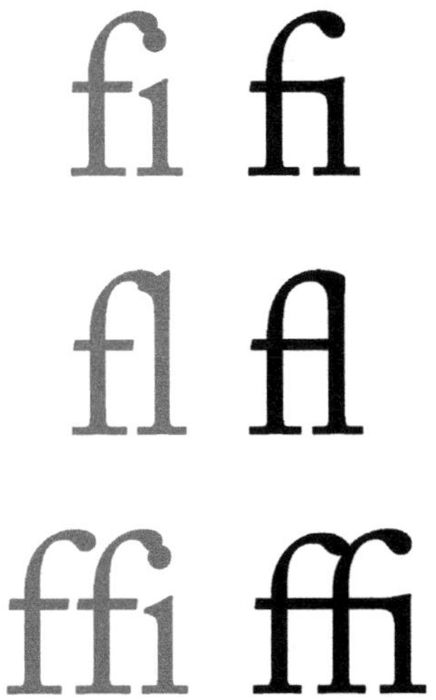

还有一种所谓的酌情连字（discretionary ligature），它纯粹是一种设计上的备选风格，并非是因为某些字符在相邻时会相互干扰（参见**图 5-16**）。

不过，浏览器在默认情况下永远也不会使用酌情连字（这种行为是正确的），而且往往不会使用通用连字（这就是个 bug 了）。其实在不久之前，我们还只能通过 Unicode 中的连字字符来强制产生连字效果，比如输入 ﬁ 可以得到 fi 的连字字符。这种方法显然是得不偿失的。

- 显然，它让结构层的代码变得很不好读，而且更不好写。（但愿你能认出 deﬁne 这个单词是什么！）
- 如果当前字体不包含这个连字字符，结果就跟"绑票字条"一个样（参见**图 5-17**）。
- 并不是每个连字效果都有一个对等的、标准的 Unicode 字符。比如，还没有任何 Unicode 字符跟 ct 的连字效果有关系，所有包括这个连字字型的字体都只能把它存放在 Unicode 的 PUA（Private Use Area，私有用途区）区块中。
- 这会破坏文本的可访问性，包括对文本的复制 / 粘贴、搜索，以及语音处理等。有很多智能的应用程序可以很好地处理这种情况，但这不代表整体情况。在某些浏览器中，这些字符甚至无法被正常搜索到。

不过在眼下这个时代，应该已经有更好的办法出现了，对吧？

---

[1] 实际上我们常用的简写 and 符号（&）最开始就是字母 E 和 t 的连字（et 在拉丁文中就是 and 的意思）。

图 5-15

大多数衬线字体中常见的连字场景

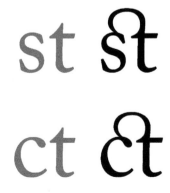

图 5-16

很多经过专业设计的衬线字体也会自主设置一些非常规的连字

解决方案

piffle

图 5-17

把这些特定的连续字符写死成连字字符很可能导致可怕的后果，当应用的字体不包含这个连字字型时就会出问题

在 CSS 字体（第三版）（http://w3.org/TR/css3-fonts）中，原有的 font-variant 被升级成了一个简写属性，由很多新的展开式属性组合而成。其中之一叫作 font-variant-ligatures，专门用来控制连字效果的开启和关闭。如果要启用**所有可能的连字**，需要同时指定**这三个标识符**：

```
font-variant-ligatures: common-ligatures
                        discretionary-ligatures
                        historical-ligatures;
```

这个属性是可继承的。比如，发现酌情连字可能会干扰到正常文字的阅读效果时，你可能希望把它单独关掉。在这种情况下，你可能只想开启通用连字：

```
font-variant-ligatures: common-ligatures;
```

你甚至可以显式地把其他两种连字关闭：

```
font-variant-ligatures: common-ligatures
                        no-discretionary-ligatures
                        no-historical-ligatures;
```

font-variant-ligatures 还接受 none 这个值，它会把所有的连字效果都关掉。**千万不要使用 none，除非你绝对清楚自己是在做什么**。如果要把 font-variant-ligatures 属性复位为初始值，应该使用 normal 而不是 none。

▶ **试一试** play.csssecrets.io/**ligatures**

■ CSS 字体
http://w3.org/TR/css-fonts

相关规范

25

华丽的 & 符号

难题

在文学作品的字体排印中，你会发现简写的 & 符号倍受推崇。没有其他字符可以像精心设计的 & 那样迅速传递出优雅的气质。所有网站都殚精竭虑，试图找出一种能够体现 & 字符之美的最佳字体。不过，可以显示出优美 & 字符的字体往往并不适用于页面中的其他文本。毕竟对于标题来说，真正美丽而优雅的效果正是来源于**清爽的无衬线字体与华丽的衬线 & 符号之间的对比**。

图 5-18

绝大多数电脑都包含了某种具有优美 & 符号的字体；从左到右的字体分别为 Baskerville、Goudy Old Style、Garamond 和 Palatino（均以斜体风格显示）

网页设计师在很早以前就意识到了这一点，但所能找到的实现方法却十分粗糙和繁琐。这些方法往往要求我们通过脚本或纯手工地用 `<span>` 标签把每个 & 符号包起来，就像这样：

```
HTML <span class="amp">&amp;</span> CSS
```

HTML

然后，给 `.amp` 这个类指定我们想要的字体样式：

```
.amp {
    font-family: Baskerville, "Goudy Old Style",
                 Garamond, Palatino, serif;
    font-style: italic;
}
```

这种方法确实可以奏效，你可以在**图 5-19** 中看到美化前后的对比图。但是，这个实现方法相当麻烦，而且有时完全行不通：在某些情况下（比如在 CMS 环境下），我们根本无法轻易地修改 HTML 结构。难道不能让 CSS 去单独美化某个特定字符吗？

HTML & CSS
HTML *&* CSS

图 5-19

这个"HTML & CSS"标题中的 & 符号在美化前后的效果对比

解决方案

我们真的可以用另一种字体来单独美化某个特定字符（或是某个区间内的多个字符），但其过程可能没有你想像中那么简单明了。

我们通常会在 font-family 声明中同时指定多个字体（即字体队列）。这样，即使我们指定的最优先字体不可用，浏览器还可以回退到其他符合整体设计风格的字体。但是，很多开发者都忽略了一点：**这个机制对单个字符来说也是有效的**。如果某款字体可用，但仅包括某几个字符，那它就只会用来显示这几个字符；而在显示其他字符时，浏览器就会回退到其他字体。这个规则对**本地字体**和通过 @font-face 规则引入的**嵌入字体**都是有效的。

在这个规则之下，如果有一款字体只包含**一个字符**（你肯定猜到是哪个了吧），那这款字体将只用于显示这个字符，其他字符会由字体队列中排在第二位、第三位或更后面的字体来显示。因此，只美化 & 符号的方法就浮出水面了：创建一种只包含 & 字形的 Web 字体，通过 @font-face 将其引入网页，然后把它排在字体队列中的第一位：

```
@font-face {
    font-family: Ampersand;
    src: url("fonts/ampersand.woff");
}

h1 {
    font-family: Ampersand, Helvetica, sans-serif;
}
```

这个方法比较**灵活**，但如果我们只想用**系统内建字体**中的某一款来美化 & 符号，这个方法就不够理想了：不仅生成字体文件很麻烦，还会增加一个**额外的 HTTP 请求**；如果你看中的这款字体不允许拆解使用，那你可能还要面对版权上的问题。**有没有一种办法可以用本地字体来实现这种效果呢**？

你可能已经了解 @font-face 规则中的 src 描述符还可以接受 local() 函数，用于指定**本地字体**的名称。因此，不需要用到任何外部的 Web 字体，就可以直接在字体队列中指定一款本地字体：

```
@font-face {
    font-family: Ampersand;
    src: local('Baskerville'),
         local('Goudy Old Style'),
         local('Garamond'),
         local('Palatino');
}
```

HTML & CSS

图 5-20

通过 @font-face 引入本地字体，导致这些字体被默认应用到整段文本上

但是，如果你想马上试试 Ampersand 字体，会发现**整段文本都会被应用**为我们指定的某款衬线字体（参见**图 5-20**），因为这些字体本身涵盖了这段文本的所有字符。不过这并不表示我们走错了路，只是表示我们漏了一步没有走：**还需要一个描述符**来声明我们想用这几款本地字体来显示哪些字符。

这个描述符确实是存在的，叫作 unicode-range。

这个 unicode-range 描述符只在 @font-face 规则内部生效（因此这里用了描述符这个术语；它并**不是**一个 CSS 属性），它可以把字体作用的字符范围限制在一个子集内。它对本地字体和远程字体都是有效的。某些智能的浏览器甚至可以做到当网页中的所有字符都用不到远程字体时就不去下载！

这个 unicode-range 在实践中非常实用，但在语法上却非常**晦涩**。它的语法是基于"Unicode 码位"的，而不是基于字符的字面形态。因此，在使用之前，你需要查出你想指定的这些字符的十六进制码位。有不少网上工具可以做到，你也可以在控制台试试下面这句 JavaScript 代码：

```js
"&".charCodeAt(0).toString(16); // 返回26
```

这样你就得到了字符的十六进制码位，然后需要在码位前面加上 U+ 作为前缀。这样一来，我们终于指定了一个字符！以 & 符号为例，我们需要这样来声明：

```
unicode-range: U+26;
```

如果你想指定一个字符**区间**，还是要加上 U+ 前缀，比如 U+400-4FF。实际上对于这个区间来说，你还可以使用通配符，以这样的方式来写：**U+4??。同时指定多个字符或多个区间也是允许的**，把它们用逗号隔开即可，比如 U+26, U+4??, U+2665-2670。不过在我们的例子中，只要指定单个字符就足够了。我们的代码现在变为：

```
@font-face {
    font-family: Ampersand;
    src: local('Baskerville'),
        local('Goudy Old Style'),
        local('Palatino'),
        local('Book Antiqua');
    unicode-range: U+26;
}

h1 {
    font-family: Ampersand, Helvetica, sans-serif;
}
```

如果你亲手试一试（结果参见**图 5-21**），就会发现我们终于为 & 符号应用了不一样的字体！不过，这个结果还不完全是我们所期望的。**图 5-19** 中的 & 符号是用 Baskerville 字体的斜体风格来显示的，因为一般来说，**斜体的衬线字体往往可以显示出更美观的 & 符号**。我们并不是在对 & 符号单独设置样式，那么该如何把它设为斜体呢？

我们的第一个想法可能是在 @font-face 规则中使用 font-style 描述符。不过这并不会产生我们想要的效果。它只不过是告诉浏览器只在斜体文本中使用这些字体。因此，它会让我们的 Ampersand 字体被完全忽略掉，

对于 BMP（Basic Multilingual Plane，基本多文种平面）之外的 Unicode 字符来说，String#charCodeAt() 会返回错误的结果。不过我们日常需要查询的 99.9% 的字符应该都在这个范围之内。如果你得到的结果在 D800~DFFF 区间之内，则意味着这个字符太过"超凡脱俗"，最好换用一个靠谱的网上工具来查出它的真实码位。不过 ES6 的 String#codePointAt() 方法已经修复了这个问题。

HTML & CSS

图 5-21
借助字体队列和 unicode-range 描述符，我们给 & 符号应用了不同的字体

除非整个标题都是斜体的（在这种情况下，& 符号确实会显示为我们想要的样子）。

很遗憾，我们唯一的出路有些 hack 的味道：不去指定字体的家族名（family name），而是直接指定字体中我们想要的**单个风格 / 字重**所对应的"PostScript 名称"[①]。因此，为了指定这些字体的斜体版本，最终的代码会变成这样：

```
@font-face {
    font-family: Ampersand;
    src: local('Baskerville-Italic'),
        local('GoudyOldStyleT-Italic'),
        local('Palatino-Italic'),
        local('BookAntiqua-Italic');
    unicode-range: U+26;
}

h1 {
    font-family: Ampersand, Helvetica, sans-serif;
}
```

最终，这段代码完美地将 & 符号显示为我们想要的样式，与**图 5-19** 中的效果如出一辙。不过，如果我们想进一步对它的样式进行自定义的话（比如增加大字号，改变透明度，等等），就只能倒回到修改 HTML 的那条老路了。当然，如果只想把它设置为不同的字体或字体中特定的某个风格 / 字重，那这个技巧堪称完美。你还可以举一反三，用不同的**字体**来美化**数字、符号、标点**等。各种创意完全停不下来！

▶试一试　**play.csssecrets.io/ampersands**

致　敬

向 Drew McLellan（http://allinthehead.com）脱帽致敬，感谢他提出这个效果的最初版本（http://24ways.org/2011/creating-custom-font-stacks-with-unicode-range）。

■ CSS 字体　　　　　　　　　　　　　　　　　　　　　**相关规范**
http://w3.org/TR/css-fonts

---

① 如果要在 Mac OS X 中查出某款字体的"PostScript 名称"，可以在**字体簿**程序中选中该字体，然后按 ⌘I。

26

自定义下划线

背景知识

CSS 渐变，`background-size`，`text-shadow`，"条纹背景"

难题

　　设计师都是强迫症患者。这群人总是不遗余力地打磨每一处样式，小心翼翼地调整每一个细节，从而无限逼近内心的完美幻象，力求整个设计更加符合直觉、易于使用。**他们很少拿了默认值就用。**

　　文本的下划线就是一件让设计师们乐此不疲反复折腾的事情。尽管默认样式很实用，但往往太过扎眼，更不要提**在不同浏览器下的渲染效果大相径庭**。尽管文本下划线从 Web 诞生之初就已经存在，但我们其实并没有太多办法对它进行自定义。哪怕是在 CSS 降临之后，也只给了我们一个简单的开关：

```
text-decoration: underline;
```

　　跟往常一样，如果手里缺少想要的工具，我们就会想尽办法七拼八凑。我们没有办法直接定义文本下划线的样式，就会很自然地打起边框的主意。用边框来模拟下划线，大概是我们最早想出来的 CSS 小把戏之一了：

```
a[href] {
    border-bottom: 1px solid gray;
    text-decoration: none;
}
```

　　尽管用 `border-bottom` 模拟出来的文本下划线给予了我们对颜色、线宽、线型的控制能力，但它并不完美。我们在**图 5-22** 中可以看出，这些"下划线"跟文本之间的空隙很大，位置甚至比字形的降部（descender）还要低！我们可以试着修复这个问题，将这个链接的 `display` 属性设置为 `inline-block`，再指定一个稍小的 `line-height`，就像这样：

```
display: inline-block;
border-bottom: 1px solid gray;
line-height: .9;
```

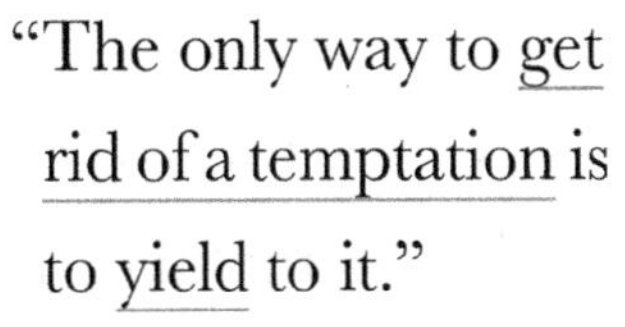

"The only way to get rid of a temptation is to yield to it."

图 5-22

用 `border-bottom` 模拟出来的假下划线

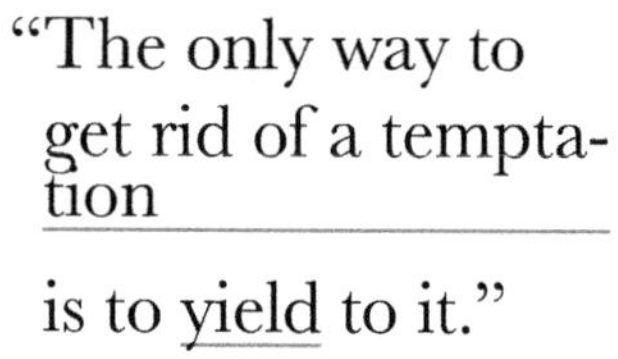

"The only way to
get rid of a tempta-
tion
is to yield to it."

图 5-23

表面上修复了假下划线存在的问
题，但遇到文本换行的情况时，
灾难降临

这个方法确实可以让下划线向文本贴近，但同时会**阻止正常的文本换行行为**，如图 5-23 所示。眼下，我们还可以尝试运用一层内嵌的 `box-shadow` 来模拟下划线的效果：

```
box-shadow: 0 -1px gray inset;
```

不过，这个方法存在与 `border-bottom` 一样的问题，只不过它显示出来的下划线离文本稍近一些[①]。还有没有其他办法可以产生即美观又灵活，而且可以定制各种样式的下划线呢？

解决方案

最佳的解决方案往往出自最意想不到的地方。在这个例子中，最佳方案来自于 `background-image` 及其相关属性。你可能会觉得这完全不可思议，但请容我慢慢道来。背景可以完美地跟随换行的文本，而且借助 **CSS 背景与边框（第三版）** 中与背景相关的新属性，我们已经拥有了细粒度控制背景的能力。我们甚至不需要用到额外的 HTTP 请求来加载背景图片，因为可以通过 CSS 渐变来凭空生成所需的图像：

"The only way to get
rid of a temptation is
to yield to it."

图 5-24

通过 CSS 渐变精心打造的自定义
下划线

```
background: linear-gradient(gray, gray) no-repeat;
background-size: 100% 1px;
background-position: 0 1.15em;
```

你可以在**图 5-24** 中看到它的效果多么**优雅**和**柔和**。不过，我们仍然有一点改进的空间。

请注意下划线会**穿过**某些字母（比如 p 和 y）的**降部**。如果下划线在遇到字母时会自动断开避让，那效果看起来岂不是更好？假如背景是一片实色，就可以设置两层与背景色相同的 `text-shadow` 来模拟这种效果（参见**图 5-25**）：

"The only way to get
rid of a temptation is
to yield to it."

图 5-25

增加 text-shadow 来防止下划线
穿过文本的降部

```
background: linear-gradient(gray, gray) no-repeat;
background-size: 100% 1px;
background-position: 0 1.15em;
text-shadow: .05em 0 white, -.05em 0 white;
```

使用渐变来实现下划线的高明之处在于，这些线条**极为灵活**。举例来说，如果要生成一条虚线下划线（参见**图 5-26**），可以这样做：

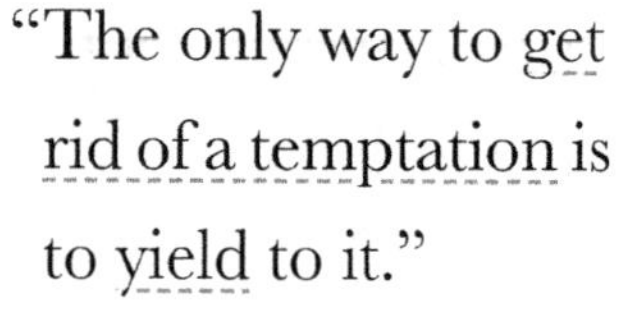

"The only way to get
rid of a temptation is
to yield to it."

图 5-26

通过 CSS 渐变还可以充分自定义
下划线的线型

```
background: linear-gradient(90deg,
            gray 66%, transparent 0) repeat-x;
background-size: .2em 2px;
background-position: 0 1em;
```

---

① 到底近多少？只不过是近了线宽那么大的距离，因为这个方法唯一的区别在于线条是绘制在 **padding box 内部**的。

然后，就可以通过色标的百分比位置值来微调虚线的虚实比例，还可以通过 `background-size` 来改变虚线的疏密。

▶ **试一试** `play.csssecrets.io/`**`underlines`**

最后留个练习给你。试试生成**波浪型的下划线**，就像文本编辑器在**高亮拼写错误**时所用的那种效果。（**提示，你会用到两层渐变。**）在下面的“试一试”示例中可以找到解决方案，但在亲手尝试之前请不要偷看答案哦，还是自己动手更好玩！

▶ **试一试** `play.csssecrets.io/`**`wavy-underlines`**

向 Marcin Wichary（http://www.aresluna.org）*脱帽致敬，感谢他提出*
这个效果的最初版本（http://medium.com/designing-medium/crafting-link-underlines-on-medium-7c03a9274f9）。

致 敬

> **相关规范**
>
> ■ CSS 背景与边框
>   http://w3.org/TR/css-backgrounds
>
> ■ CSS 图像
>   http://w3.org/TR/css-images
>
> ■ CSS 文本装饰
>   http://w3.org/TR/css-text-decor

关于未来 **未来的文本下划线**

在未来自定义下划线的时候，我们再也不需要求助于这些带有 hack 味道的方法了。在 CSS 文本装饰（第三版）（http://w3.org/TR/css-text-decor-3）中，针对这个需求引入了一些新属性。

■ `text-decoration-color` 用于自定义下划线或其他装饰效果的颜色。

■ `text-decoration-style` 用于定义装饰效果的风格（比如实线、虚线、波浪线等）。

■ `text-decoration-skip` 用于指定是否避让空格、字母降部或其他对象。

■ `text-underline-position` 用于微调下划线的具体摆放位置。

不过，目前这些属性基本上还没有得到浏览器的支持。

现实中的文字效果

背景知识

基本的 text-shadow

难题

在网页中，对文字进行艺术加工已经变得非常普遍了，比如凸版印刷效果，当鼠标悬停时的模糊效果，浮雕（伪 3D）效果，等等。要达成这些效果，我们往往会用到一系列精心排列的文本投影，并且需要明白我们的眼睛是如何工作的，因为这些手段往往建立在**视错觉**的基础上。一旦你掌握了其中的窍门，就可以很容易地把这些效果画出来，不过用开发工具把它们写出来可就没那么容易了。

本篇攻略将专门讲解如何创建上述效果，你再也不需要一边挠头一边问："这个效果到底是怎么做出来的？"

图 5-27

在运用这些效果的时候，会很容易损伤页面的可访问性，因此千万不要忘记测试对比度，以确保文本内容的可读性（在这方面非常实用的工具是 **leaverou. github.io/contrast-ratio**，因为它接受所有合法的 CSS 颜色格式）

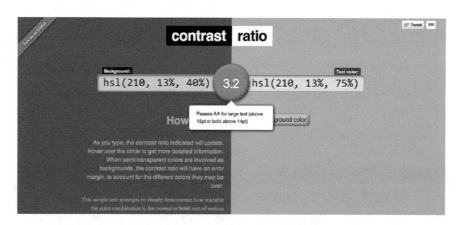

凸版印刷效果

在拟物化风格的网页中，凸版印刷效果是最流行的文字美化手法之一。尽管现在拟物化的设计风格已经不像以前那样流行了，但它仍然拥有忠实的追随者。

这种效果尤其适用于中等亮度背景配上深色文字的场景；但它也可用于深色底、浅色字的场景，只要文字不是黑色并且背景不是纯黑或纯白就行。

实际上，在最早期的图形界面中，为按钮生成按下或浮起效果就用到了类似的原理：出现在底部的浅色投影（或者出现在顶部的暗色投影）会让人产生**物体是凹进平面内的错觉**。同理，出现在底部的暗色投影（或者出现在顶部的浅色投影）会让人产生**物体从平面上凸起的错觉**。这种方法之所以奏效，是因为我们在现实世界中早已习惯了**光源总是悬在头顶**。在这样的环境里，凸起物的下方会产生阴影，而凹陷的底部边缘则会被打亮。

　　让我们以**图 5-28** 中用到的两种颜色作为起点。图中文字的颜色是■ hsl(210, 13%, 30%)，而背景色是■ hsl(210, 13%, 60%)。

```
background: hsl(210, 13%, 60%);
color: hsl(210, 13%, 30%);
```

　　当我们在浅色背景上使用深色文字时（比如眼前的这个例子），**在底部加上浅色投影通常效果最佳**。到底要多浅，取决于你用的是什么颜色，以及你期望最终效果有多明显，因此需要反复尝试其透明度以达到满意效果。在这个例子中，我们最终敲定为 80% 不透明度的白色；当然你也可以尝试其他数值：

```
background: hsl(210, 13%, 60%);
color: hsl(210, 13%, 30%);
text-shadow: 0 1px 1px hsla(0,0%,100%,.8);
```

　　在**图 5-28** 中可以看到最终效果。在这个例子中，我们用的是像素单位，而不是 em 单位。不过如果需要处理的文字字号跨度非常大，那么 em 单位可能更合适。

```
text-shadow: 0 .03em .03em hsla(0,0%,100%,.8);
```

　　如果把文字和背景的颜色深度对调，样式看起来又会如何呢？在深色底、浅色文字的情况下（参见**图 5-29**），直接套用上述投影样式看起来会非常奇怪，会让文字显得模糊。这是不是意味着我们无法在这种场景下实现凸版印刷效果呢？不是，这只是表明我们应该调整方法。在这种情况下，给文字顶部加深色投影是最佳方案，效果如**图 5-30** 所示。CSS 代码看起来是这样的：

```
background: hsl(210, 13%, 40%);
color: hsl(210, 13%, 75%);
text-shadow: 0 -1px 1px black;
```

▶ 试一试　play.csssecrets.io/**letterpress**

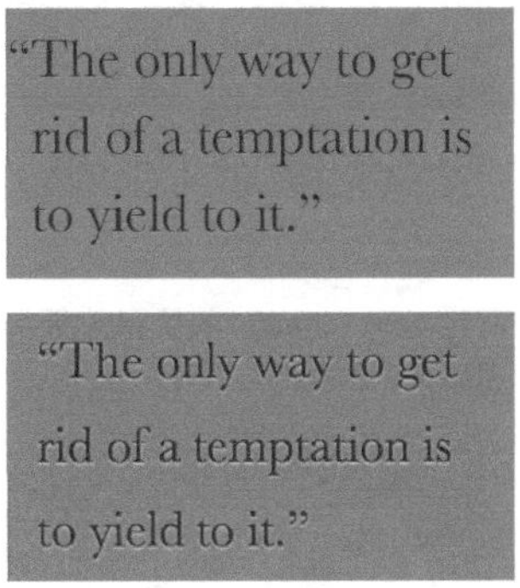

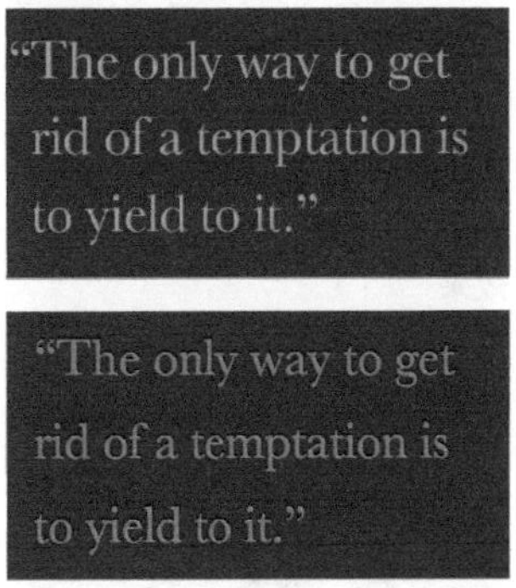

图 5-28

对浅色底、深色字使用凸版印刷效果（上图：加效果之前，下图：加效果之后）

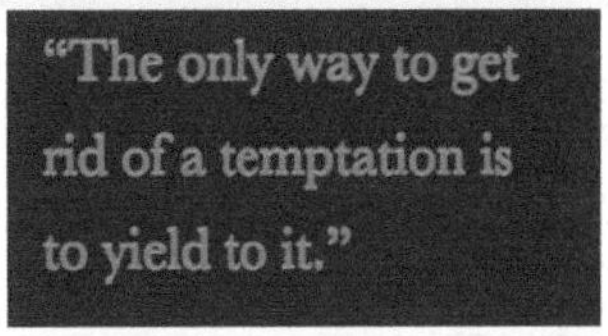

图 5-29

当文字比背景的颜色浅时，直接套用上述样式是得不到凸版印刷效果的

图 5-30

对深色底浅色字使用凸版印刷效果（上图：加效果之前，下图：加效果之后）

空心字效果

图 5-31

通过 text-shadow 的扩张效果实现的真正的空心字

图 5-32

通过重叠多层 text-shadow 实现的假的 1px 描边

在未来，实现文字描边或空心字的效果会非常容易，因为我们只需要使用 text-shadow 属性的扩张参数就能让投影变大，看起来就像给文字勾边了一样。这个道理类似于我们用 box-shadow 的扩张效果来模拟块级元素的外框。不过遗憾的是，目前浏览器对这个参数的支持还极为有限，因此我们不得不另寻它法来模拟文字描边，这些方法产生的结果也各有优劣。

流传最广的方法就是使用多个 text-shadow，分别为这些投影加上不同方向的少量偏移，就像这样（参见**图 5-32**）：

```
background: deeppink;
color: white;
text-shadow: 1px 1px black, -1px -1px black,
             1px -1px black, -1px 1px black;
```

除此以外，还可以重叠多层轻微模糊的投影来模拟描边。这种方法不需要设置偏移量：

```
text-shadow: 0 0 1px black, 0 0 1px black,
             0 0 1px black, 0 0 1px black,
             0 0 1px black, 0 0 1px black;
```

不过，这种方法并不总是可以得到完美的效果，而且性能消耗较高。没错，这是因为用了模糊算法。

不幸的是，我们需要的描边越粗，这两种方案产生的结果就越差。举例来说，我们可以试试 3px 的描边会糟糕到什么程度（参见**图 5-33**）：

```
background: deeppink;
color: white;
text-shadow: 3px 3px black, -3px -3px black,
             3px -3px black, -3px 3px black;
```

图 5-33

由多层少量偏移的 text-shadow 生成的（极不自然的）3px 描边效果

不过别忘了，我们始终拥有 SVG 这个终极方案，不过它需要在结构代码中插入很多乱糟糟的东西。比如说，如果我们需要在一级标题中使用空心字效果，那 HTML 代码可能是这样的：

```
<h1><svg width="2em" height="1.2em">
    <use xlink:href="#css" />
    <text id="css" y="1em">CSS</text>
</svg></h1>
```

SVG

然后在 CSS 中，我们需要添加以下代码：

```
h1 {
    font: 500%/1 Rockwell, serif;
    background: deeppink;
    color: white;
```

图 5-34

使用 SVG 来实现正常的粗描边效果

```
}

h1 text {
    fill: currentColor;
}

h1 svg { overflow: visible }

h1 use {
    stroke: black;
    stroke-width: 6;
    stroke-linejoin: round;
}
```

显然这种方案也不够理想，但它的视觉效果确实是最好的（参见**图 5-34**）；甚至在那些不支持 SVG 的旧版浏览器中，这些文本仍然是可读、可设置样式的，而且还可以被搜索引擎抓取。

▶**试一试** play.csssecrets.io/**stroked-text**

文字外发光效果

在某些类型的网站中，文字外发光效果常用于凸显标题，或给链接添加鼠标悬停效果。它是最容易生成的文字美化效果之一。这种方法有一个最简单的版本：你只需要准备几层重叠的 text-shadow 即可，不需要考虑偏移量，颜色也只需跟文字保持一致（参见**图 5-35**）：

```
background: #203;
color: #ffc;
text-shadow: 0 0 .1em, 0 0 .3em;
```

如果是为鼠标悬停状态添加这种效果，加上一个过渡效果就更好了：

```
a {
    background: #203;
    color: white;
    transition: 1s;
}
a:hover {
    text-shadow: 0 0 .1em, 0 0 .3em;
}
```

这个效果还可以做得更炫。如果你在 :hover 状态下把文字本身隐藏掉，那它看起来真的就像在慢慢变模糊（参见**图 5-36**）：

```
a {
    background: #203;
    color: white;
    transition: 1s;
}
a:hover {
```

图 5-35

使用两层简单的 text-shadow 实现的文字外发光效果

图 5-36

通过隐藏文字、只显示文字投影实现的伪模糊效果

```
    color: transparent;
    text-shadow: 0 0 .1em white, 0 0 .3em white;
}
```

不过你要牢记一点，依赖 text-shadow 来实现文字显示的做法无法实现平稳退化：如果浏览器不支持 text-shadow，那就什么字也看不见了。因此，需要确保只在那些支持 text-shadow 属性的环境中使用上述效果。你也可以换种思路，使用 CSS 滤镜来实现文字的模糊效果：

```
a {
    background: #203;
    color: white;
    transition: 1s;
}
a:hover {
    filter: blur(.1em);
}
```

支持这种方法的浏览器可能要少一些，但至少在不支持的情况下不会有任何功能损失。

▶ 试一试 play.csssecrets.io/**glow**

文字凸起效果

图 5-37

通过多层 text-shadow 实现的文字凸起效果

另一种在拟物化风格的网站中流行（且被滥用）的效果是文字凸起（伪3D）效果（参见**图 5-37**）。这其中的主要思路就是使用一长串累加的投影，不设模糊并以 1px 的跨度逐渐错开，使颜色逐渐变暗，然后在底部加一层强烈模糊的暗投影，从而模拟完整的立体效果。

图 5-38 中的文字只使用了简单的 CSS 代码来设置样式，我们以它作为起点：

```
background: #58a;
color: white;
```

图 5-38

我们的起点

现在给它添加一系列逐渐加深的 text-shadow：

```
background: #58a;
color: white;
text-shadow: 0 1px hsl(0,0%,85%),
             0 2px hsl(0,0%,80%),
             0 3px hsl(0,0%,75%),
             0 4px hsl(0,0%,70%),
             0 5px hsl(0,0%,65%);
```

在**图 5-39** 中可以看到，效果已经出来了，但看起来还不够真实。信不信由你，我们距离**图 5-37** 所示的最终效果只差最后一步了，那就是在底部

加一层投影:

```
background: #58a;
color: white;
text-shadow: 0 1px hsl(0,0%,85%),
             0 2px hsl(0,0%,80%),
             0 3px hsl(0,0%,75%),
             0 4px hsl(0,0%,70%),
             0 5px hsl(0,0%,65%),
             0 5px 10px black;
```

图 5-39
已经十分接近了，但看起来还不
够真实

▶ 试一试 play.csssecrets.io/**extruded**

这种繁琐冗长的代码正是 CSS 预处理器的 mixin 功能所要解决的问题。
我们在 SCSS 中可以这样来做:

`SCSS`

```
@mixin text-3d($color: white, $depth: 5) {
    $shadows: ();
    $shadow-color: $color;

    @for $i from 1 through $depth {
        $shadow-color: darken($shadow-color, 10%);
        $shadows: append($shadows,
                    0 ($i * 1px) $shadow-color, comma);
    }

    color: $color;
    text-shadow: append($shadows,
                  0 ($depth * 1px) 10px black, comma);
}

h1 { @include text-3d(#eee, 4); }
```

这种效果还有很多变种。比如把所有的投影都设成黑色，并且去掉最
底层的投影，就可以模拟出一种在复古标志牌中常见的文字效果（参见**图
5-40**）:

```
color: white;
background: hsl(0,50%,45%);
text-shadow: 1px 1px black, 2px 2px black,
             3px 3px black, 4px 4px black,
             5px 5px black, 6px 6px black,
             7px 7px black, 8px 8px black;
```

图 5-40
复古风格的排印效果

把这些代码转换成 mixin 甚至比前面的例子更加容易，不过在这个例子
中用函数来组织代码可能更合适:

`SCSS`

```
@function text-retro($color: black, $depth: 8) {
    $shadows: (1px 1px $color,);

    @for $i from 2 through $depth {
        $shadows: append($shadows,
                    ($i*1px) ($i*1px) $color, comma);
```

```
        }

    @return $shadows;
    }

    h1 {
        color: white;
        background: hsl(0,50%,45%);
        text-shadow: text-retro();
    }
```

■ CSS 文本装饰
http://w3.org/TR/css-text-decor

相关规范

28 环形文字

背景知识
基本的 SVG

难题

　　虽然不是非常典型的需求，但有时我们确实需要让一个短句沿着圆形的路径进行排列。当这个需求出现的时候，CSS 却无情地抛弃了我们。还没有任何一个 CSS 属性或特性可以达成这个效果，我们所能想到的 CSS 解决方案可能只是在脑海中闪过就会让我们起一身鸡皮疙瘩。那么，有没有一种不依赖图片的方法既可以实现这种文字处理手法，又可以保全我们的神智和自尊呢？

解决方案

有一些脚本可以实现这个效果。这些脚本需要把每个字母包裹在独立的 `<span>` 元素之中，然后把各个字母分别旋转，从而构成一个环形。这种方式不仅有很浓的 hack 味道，而且还在没有正当理由的情况下给页面增加了臃肿的脚本和冗余的 DOM 元素。

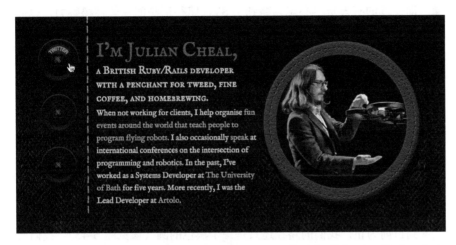

图 5-41

在 juliancheal.co.uk 网站的左侧，那些"钮扣"[1]就运用了环形文字的效果。请注意，环形文字是唯一不会打破这里"钮扣"双关语的设计手法，因为钮扣图形的中心已经被孔和线所占据了

尽管目前**还没有更好的纯 CSS 实现方法**，但我们其实可以借助**一点内联 SVG** 来轻松解决这个难题。SVG 原生支持以任意路径排队的文字，而圆形只不过是一种特定的路径而已。让我们开始动手吧！

在 SVG 中，让文本按照路径排列的基本方法就是用一个 `<textPath>` 元素来包裹住这段文本，再把它们装进一个 `<text>` 元素中。这个 `<textPath>` 元素还需要在它的 ID 属性中引用一个 `<path>` 元素，然后就可以用这个 `<path>` 元素来定义我们想要的路径[2]。在内联 SVG 内部的文本同样可以继承绝大多数字体样式（不包括 `line-height`，因为它会由 SVG 另行指定），因此我们完全不需要担心字体问题，就像处理外部的 SVG 图像时一样。

假设我们想把"circular reasoning works because"这句话设定为环形文字，让它铺满整个圆周，如**图 5-42** 所示。首先需要在 HTML 元素中添加一个内联的 SVG，并用一个路径来定义我们想要的圆形：

```
SVG
<div class="circular">
    <svg viewBox="0 0 100 100">
        <path d="M 0,50 a 50,50 0 1,1 0,1 z"
              id="circle" />
    </svg>
</div>
```

---

① 在英语中，"钮扣"和"按钮"是同一个词（button）。——译者注
② 不幸的是，`<textPath>` 只能和 `<path>` 元素配合使用，这也是为什么我们没有采用可读性更好的 `<circle>` 元素来生成圆形。

图 5-42
我们想要达成的最终目标

请注意我们是用 viewBox 来定义它的单位的，而不是用 width 和
height 属性。这允许我们不需要指定一个固定的尺寸就可以设置坐标系统
和图形的宽高比。这个写法不仅更加紧凑，还可以节省几行 CSS 代码，因
为我们已经不需要对这个 <svg> 元素应用值为 100% 的宽度和高度了：它自
己就可以自动地适应外层容器的尺寸。

如果你没看懂路径的语法，也别怀疑自己的智商，因为**根本没人能看
懂**。即使真的有人费尽心思领略到了 SVG 路径语法的一丝神秘魅力，也会
在几分钟内忘得一干二净[1]。如果你还是很好奇，那我就来讲解一下这串神
秘代码所包含的三个指令。

- M 0,50：移动到点 (0,50)。

- a 50,50 0 1,1 0,1：以当前所在的这个点为起点，以当前点右侧 0
  单位、下方 1 单位的那个点为终点，画一段圆弧。这段圆弧的水平
  半径和垂直半径都必须是 50。**如果存在两种可能的圆弧度数，选择
  度数较大的那一种**；同时，**如果存在两种可能的圆弧方向，选择画
  在这两个点右侧的那一种，而不是左侧的**。

- z：用一条直线线段闭合这条路径。

到目前为止，我们的路径还只是一个黑色的圆（参见**图 5-43**）。我们通
过 <text> 和 <textPath> 元素来添加文本，并通过 xlink:href 属性来把它
链接到这个圆上：

图 5-43

我们的路径现在是一个圆，并默
认填上了黑色

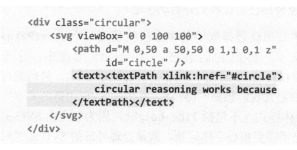

```
<div class="circular">
    <svg viewBox="0 0 100 100">
        <path d="M 0,50 a 50,50 0 1,1 0,1 z"
              id="circle" />
        <text><textPath xlink:href="#circle">
            circular reasoning works because
        </textPath></text>
    </svg>
</div>
```

在**图 5-44** 中可以看到，尽管在视觉效果和文本可读性方面还有很多工
作要做，但我们已经达成了某些有史以来 CSS 完全无法企及的效果！

接下来的一步，就是**把黑色的填充效果从路径中去掉**。在任何情况下
我们都不希望这个圆形路径被人看到；我们只希望它发挥一个基准线的作
用，来引导这段文本。有很多方法可以做到这一点，比如把它嵌套进一个
<defs> 元素中（该元素就是专门为这个目的而设计的）。不过，这里我们希
望尽可能减少实现这个效果所需的 SVG 代码量，因此我们将用 CSS 来给它
应用一个 fill: none 样式：

图 5-44

尽管还有很多事情要做，但我们
已经达成了某些 CSS 完全无法做
到的效果

---

① 为什么 SVG 路径的语法如此晦涩？追溯到它的诞生之初，大家都坚信没有人会手工编写
SVG 文件，于是 SVG 工作组为了减小文件体积，就直奔最紧凑的语法去了。

```
.circular path { fill: none; }
```

现在，这个黑色圆形终于看不见了（参见**图 5-45**），我们可以更仔细地研究剩下的问题了。接下来最大的问题是，**几乎所有的文本都跑到 SVG 元素的外面去了**，而且遭到了**裁切**。为了修正这个问题，我们需要让这个容器元素变小，然后再给 SVG 元素应用 overflow: visible 样式，这样它就不会把内容的溢出部分裁切掉了：

```
.circular {
    width: 30em;
    height: 30em;
}

.circular svg {
    display: block;
    overflow: visible;
}
```

你可以在**图 5-46** 中看到结果。请注意我们已经接近目标了，但仍然有一部分文本是被裁切掉的。原因在于 SVG 元素只会基于它自己的尺寸（而不是它溢出的内容）来影响布局流。因此，即使有一些文本溢出到了这个 `<svg>` 元素创建的方框之外，这些溢出部分也不会把 SVG 元素自身往下推。我们需要用外边距来手工处理一下：

```
.circular {
    width: 30em;
    height: 30em;
    margin: 3em auto 0;
}

.circular svg {
    display: block;
    overflow: visible;
}
```

这就成了！我们现在得到的效果看起来跟**图 5-42** 一模一样，而且这段文本在可访问性方面也是完美的。如果页面上只有一处需要用到环形文字（比如网站的 logo），那我们就可以收工了。但如果有好几处都需要用到这种效果，那我们肯定**不想把 SVG 代码在每个地方都重复一次**。为了避免这种重复，我们可以写一小段脚本来自动生成必要的 SVG 元素，而结构只需要写成：

HTML
```html
<div class="circular">
    circular reasoning works because
</div>
```

这段脚本会遍历所有设置了 circular 类的元素，将其文本内容删除并保存在变量中，然后为其填入必要的 SVG 元素：

图 5-45

在把路径设置为不可见之后，其他问题就变得清晰了

图 5-46

上图：对容器元素设置宽度和高度；**下图**：为这一团糟设置 overflow: visible 样式

```js
$$('.circular').forEach(function(el) {
    var NS = "http://www.w3.org/2000/svg";
    var xlinkNS = "http://www.w3.org/1999/xlink";
    var svg = document.createElementNS(NS, "svg");
    var circle = document.createElementNS(NS, "path");
    var text = document.createElementNS(NS, "text");
    var textPath = document.createElementNS(NS, "textPath");
    svg.setAttribute("viewBox", "0 0 100 100");

    circle.setAttribute("d", "M0,50 a50,50 0 1,1 0,1z");
    circle.setAttribute("id", "circle");

    textPath.textContent = el.textContent;
    textPath.setAttributeNS(xlinkNS, "xlink:href", "#circle");

    text.appendChild(textPath);
    svg.appendChild(circle);
    svg.appendChild(text);
    el.textContent = '';
    el.appendChild(svg);
});
```

▶ 试一试　play.csssecrets.io/**circular-text**

■ 可缩放矢量图形 SVG
http://w3.org/TR/SVG

相关规范

第 6 章

用户体验

6

29

选用合适的鼠标光标

难题

鼠标指针的用途不仅在于显示鼠标在屏幕上的位置，还可以告诉用户当前可以执行什么动作。这在桌面应用程序中是十分普遍的用户体验实践，但在网页应用中却往往被忽视。

网页的开发者并不是唯一要对此负责的人。回到 CSS 2.1 时代，我们实际上并不能充分利用系统内建的各种鼠标光标。我们主要通过 cursor 属性来指定光标类型，比如 pointer 光标可以提示某个元素是可点击的，而 help 光标用来暗示这里有提示信息。某些开发者还会利用 wait 或 progress 光标来替代（或配合）一个加载提示，但是仅此而已。终于，在 **CSS 基本 UI 特性（第三版）**（http://w3.org/TR/css3-ui/#cursor）中，我们获得了一大批新的内建光标，只不过大多数开发者还沉浸在老习惯当中。其实用户体验的优化过程往往就是这样的：在得到解决方案之前，你甚至意识不到哪里有问题。让我们与时俱进吧！

图 6-1
CSS 2.1 提供的内建光标是非常有限的（这些光标显示的是 Mac 系统中的样式）

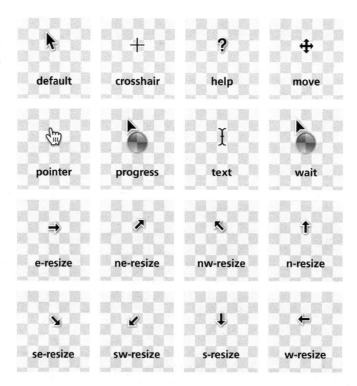

解决方案

图 6-2 完整列出了这些新的内建光标，你还可以在规范中找到它们各自的用途。不过你应该看得出来，对网页应用来说，并不是每个新光标都十分常用。举个例子，这里面甚至包含了一个 cell 光标，它用于提示当前位置有一个或一组单元格可以被选中。显而易见，除了编辑表格或网格，我们很少会遇到这种需求。

本篇攻略的目标并不是提供一篇详尽的参考资料，把所有这些新光标的适用场景一网打尽。但是，这其中的某些光标很突出，因为只需要花费极少量的代码，它们就可以迅速地提升大量网页应用的可用性。

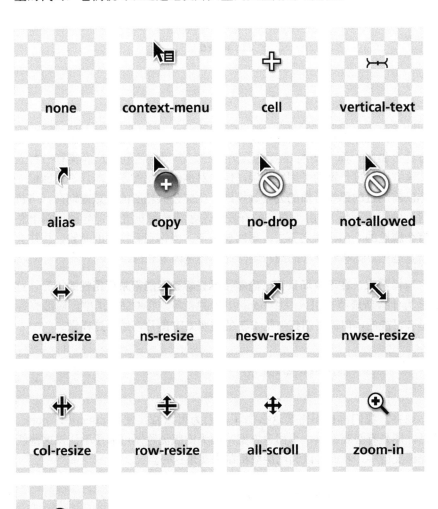

图 6-2

CSS 基本 UI 特性（第三版）（http://w3.org/TR/css3ui/#-cursor）中的新一批内建光标（这些光标显示的是 Mac 系统中的样式）

图 6-3

使用 not-allowed 光标来提示某个控件已被禁用

1. 提示禁用状态

也许有人会有异议，但我坚持认为最应该得到广泛应用的新光标应该是 not-allowed（参见**图 6-3**）。如果要提示某个控件因为某些原因而变得无法交互（即控件已被禁用），用这个光标就再合适不过了。尤其是在眼下，大多数表单都已经被过度美化，要清楚地表达某个表单控件是否被禁用往往十分困难，而这正是这个新光标的用武之地。它的用法其实十分常规，就像这样：

```
:disabled, [disabled], [aria-disabled="true"] {
    cursor: not-allowed;
}
```

▶试一试 play.csssecrets.io/**disabled**

2. 隐藏鼠标光标

把鼠标光标隐藏起来听起来简直就是一场噩梦，不是吗？难道真的会有人想这么做吗？而 Web 标准竟然会为这种蠢事提供便利？！确实有一些人曾在这方面犯过严重的可用性错误，但在对他们大发雷霆之前，不妨回忆一下你以前用过的那些可怕的公共触摸屏（比如公共场所的信息查询台，飞机椅背上的娱乐系统）。由于它们的开发者忘了隐藏鼠标光标，导致屏幕上总会有个尴尬的小东西挥之不去。再回想一下，当你观看视频的时候，往往会不自觉地把鼠标移到屏幕的最右侧，这同样是因为光标碍事。

这样看来，在不少场景下，**隐藏鼠标光标确实能带来可用性的提升**。这就是为什么新规范会引入一个 none 类型的光标。在 CSS 2.1 中，隐藏光标也是有可能的，但需要用到一张 1×1 的透明 GIF 图片，然后这样做：

! 如果你在视频画面上隐藏了鼠标光标，可别一不小心在播放控件区域也把光标给隐藏了，那样的话你就是好心办坏事了。

```
video {
    cursor: url(transparent.gif);
}
```

现在，我们再也不需要这么做了，因为可以直接使用 cursor: none。不过，还是有必要提供一个回退方案，因为旧版浏览器可能还不认识这些新的光标关键字。我们可以利用层叠机制来实现这一点：

```
cursor: url('transparent.gif');
cursor: none;
```

■ CSS 基本 UI 特性
http://w3.org/TR/css3-ui

相关规范

30

扩大可点击区域

难题

如果对用户体验感兴趣，那你很可能听说过 Fitts 法则。它是由美国心理学家 Paul Fitts 于 1954 年首次提出的。Fitts 法则认为，**人类移动到某个目标区域所需的最短时间是由目标距离与目标宽度之比所构成的对数函数。**

如果要用数学公式把它表达出来，通常就是：$T = a + b\log_2(1 + \frac{D}{W})$。$T$ 表示所需时间，D 是从起点到目标中心的距离，W 是目标区域的宽度，而 a 和 b 都是常数。

尽管图形化的 UI 在当时并不存在，但 Fitts 法则仍然完美适用于指定设备，并已成为最广为人知的人机交互（Human-Computer Interaction，HCI）原则。这乍听起来可能有些令人意外，但别忘了 Fitts 法则与人类的运动控制能力更加相关，而非局限于某种特定硬件。

根据这个公式，我们可以很容易地推导出：目标越大，越容易到达。因此，对于那些较小的、难以瞄准的控件来说，如果不能把它的视觉尺寸直接放大，将其**可点击区域（热区）向外扩张往往也可以带来可用性的提升**。随着触屏的不断普及，这一点变得愈发重要。**没有人愿意对一个狭小的按钮尝试点按很多次**，但实际上这样的无奈之举仍然每天都在发生。

还有一些时候，我们想让某个元素在鼠标接近窗口某侧时自动滑入。举个例子，一个自动隐藏的页头会在鼠标接近时自动从顶部滑入并完整展现，这也涉及（只在单一方向上）放大热区的问题。只借助纯 CSS 可以做到这一点吗？

解决方案

假设有一个**图 6-4** 中那样的简单按钮，我们想将其热区在四个方向上均向外扩大 **10px**。我们已经给它应用了一些简单的样式以及 cursor: pointer，它既可以为鼠标交互提供**自释性**（affordance）[①]，又可以帮助我们

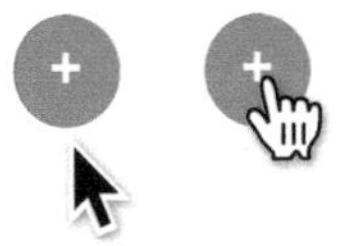

① 在可用性领域中，"自释性"是控件的一种属性，表示它能**以视觉的方式来提示我们如何与之进行交互**。举例来说，一个按钮的立体感暗示着它可以被按下，一个门把手的形状就在引导用户去拉动或旋动。更多信息请参阅 en.wikipedia.org/wiki/Affordance。至于鼠标光标的变化是否属于一种自释性或是视觉反馈，可用性专家内部还存在争议。

小提示

你可以在 simonwallner.at/ext/fitts 以图形化的交互方式来了解 Fitts 法则。

图 6-4

按钮最初的样子，图中的两种状态分别是：鼠标光标接近按钮边缘时（左图），鼠标光标移动到按钮的范围内（右图）

图 6-5

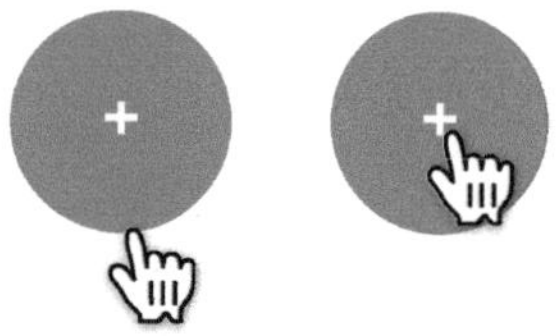

糟糕！用 border 来扩张热区也会让我们的按钮跟着变大

图 6-6

用了 background-clip 之后，按钮的尺寸又回归正常了

图 6-7

使用一层内嵌 box-shadow 来模拟出边框效果

试探它的热区到底有多大范围。

扩张热区最简单的办法是为它设置一圈透明边框，因为鼠标对元素边框的交互也会触发鼠标事件，这一点是描边和投影所不及的。就这个例子而言，把元素的热区在四个方向上各向外扩大 10px 其实很容易做到：

```
border: 10px solid transparent;
```

在**图 6-5** 中可以看到，效果并不好，因为它同时让按钮变大了！原因在于背景在默认情况下会蔓延到边框的下层。简单好用的 background-clip 属性可以把背景限制在原本的区域之内：

```
border: 10px solid transparent;
background-clip: padding-box;
```

在**图 6-6** 中可以看到，这个方法很管用。不过好景不长，当你需要给按钮加上真正的边框效果时，会发现按钮仅有的那道边框已经被我们挪作他用了。怎么办？很简单，可以用内嵌投影来模拟出一道（实色）边框（参见**图 6-7**）：

```
border: 10px solid transparent;
box-shadow: 0 0 0 1px rgba(0,0,0,.3) inset;
background-clip: padding-box;
```

▶ 试一试　play.csssecrets.io/**hit-area-border**

与边框不同的是，box-shadow 可以同时指定多层投影。因此，如果你真的需要多层投影，只要指定多个由逗号分隔的投影即可。但如果把内嵌投影和（常规的）外部投影组合起来，将会得到一个怪异的效果，因为**外部投影是绘制在 border box 外部的**。比如，我们可能想给这个按钮再加一道真实的模糊化投影，来营造一种"浮出表面"的效果（这也是一种暗示可点击的**自释性**）：

```
box-shadow: 0 0 0 1px rgba(0,0,0,.3) inset,
            0 .1em .2em -.05em rgba(0,0,0,.5);
```

图 6-8

如果再给按钮加一道真实的投影效果，这个方法的局限就显露出来了

不过，一旦真的这样去做，就会发现结果跟我们的期望大相径庭（参见**图 6-8**）。这个解决方案在其他方面也不够完美：边框会影响布局，而且在某些场景下我们可能根本无法利用边框。那该怎么改进呢？我们放弃边框，然后改用另外一个特性来实现：**伪元素同样可以代表其宿主元素来响应鼠标交互。**

我们可以在按钮的上层覆盖一层透明的伪元素，并让伪元素在四个方向上都比宿主元素大出 10px：

```
button {
    position: relative;
}
```

```
    /* [其余样式] */
}

button::before {
    content: '';
    position: absolute;
    top: -10px; right: -10px;
    bottom: -10px; left: -10px;
}
```

只要有任何一个伪元素可供利用，这个方法就可以发挥作用，也不会干扰其他任何效果。这个基于伪元素的解决方案极为灵活，我们基本上可以**把热区设置为任何想要的尺寸、位置或形状，甚至可以脱离元素原有的位置！**

▶ **试一试** `play.csssecrets.io/hit-area`

> ■ CSS 背景与边框
> http://w3.org/TR/css-backgrounds
> **相关规范**

自定义复选框

难题

设计师对网页中各种元素的控制欲是永无止境的。当 CSS 经验不足的平面设计师接到一个网页设计任务时，他几乎一定会为各种表单元素设计一套自己的样式，这让接下来写 CSS 的工程师感到崩溃。

当 CSS 最初出现时，它对表单元素的样式控制力是极为有限的，而且现在仍然没有哪个 CSS 规范明确定义了这方面的行为。不过这些年来，各种浏览器已经在逐步放开 CSS 属性对表单控件的作用范围，从而允许我们设置大多数表单控件的样式。

不幸的是，**复选框和单选框**[1]不在此列。直到今天，这两种控件在绝大多数浏览器中仍然是**几乎或完全无法**设置样式的。这最终导致网页开发者接受默认样式，或者求助于一些糟糕透顶、可访问性极差的 hack 方案，比如用 div 和 JavaScript 来模拟这两种控件。

有没有一种方法，既可以克服这些限制、自由定制复选框的外观，同时又可以摆脱臃肿的代码、保全结构层的语义和可访问性呢？

解决方案

几年前，这个任务还无法在脱离脚本的情况下完成。不过，在**选择符（第三版）**（http://w3.org/TR/css3-selectors）中，我们得到了一个新的伪类 :checked。这个伪类只在复选框被勾选时才会匹配，不论这个勾选状态是由用户交互触发，还是由脚本触发。

如果直接对复选框设置样式，那么这个伪类并不实用，因为（前面已经交待过了）没有多少样式能够对复选框起作用。不过，我们倒是可以基于复选框的勾选状态借助组合选择符来给其他元素设置样式。

你可能还没明白，要根据复选框的勾选状态来给哪个元素设置样式？其实有一个元素总是跟复选框形影不离、息息相关，它就是 <label>（标签元素）。当 <label> 元素与复选框关联之后，也可以起到触发开关的作用。

由于 label 不是复选框那样的替换元素[2]，我们可以**为它添加生成性内容（伪元素），并基于复选框的状态来为其设置样式**。然后，就可以**把真正的复选框隐藏起来**（但不能把它从 tab 键切换焦点的队列中完全删除），**再把生成性内容美化一番，用来顶替原来的复选框**！

让我们来亲手试一试。先从下面这段简单的结构代码开始[3]：

```html
<input type="checkbox" id="awesome" />
<label for="awesome">Awesome!</label>
```

接下来需要生成一个伪元素，作为美化版的复选框。我们先给这个伪元素加上一些基本的样式[4]：

---

① 为易于理解，我们在本篇攻略中统一使用"复选框"这个词。实际上，除非特别注明，本节讨论的所有内容都是**同时适用于复选框和单选框**的。

② 据 CSS 2.1 规范所述："替换元素的特征在于，其内容超出了 CSS 格式化模型的范畴，比如图片、嵌入的文档或小应用程序等。"原则上我们无法为替换元素添加生成性内容，尽管某些浏览器可能会允许这样做。

③ 把复选框嵌套进 label 中同样可以为两者建立关联，还可以省掉 ID 属性。但这样一来，我们就无法基于复选框的状态来设置 label 的样式了，因为现在还不存在父元素选择符。

④ 在这些例子中，我们给复选框添加的样式是相当简单的，但实际的可能性是无穷无尽的。你甚至可以完全跳过 CSS 美化这一招，直接将图片设置为复选框的各种状态！

```
input[type="checkbox"] + label::before {
    content: '\a0'; /* 不换行空格 */
    display: inline-block;
    vertical-align: .2em;
    width: .8em;
    height: .8em;
    margin-right: .2em;
    border-radius: .2em;
    background: silver;
    text-indent: .15em;
    line-height: .65;
}
```

你可以在**图 6-9** 中看到复选框和 `label` 现在的样子。原来的复选框仍然是可见的，待会儿我们会将其隐藏。现在需要给复选框的勾选状态加上不同的样式。样式可以很简单，比如换种颜色，再加上勾选标记：

```
input[type="checkbox"]:checked + label::before {
    content: '\2713';
    background: yellowgreen;
}
```

在**图 6-10** 中可以看到，这个伪元素已经俨然是一个经过简单美化的复选框了，而且功能完备。现在，我们需要把原来的复选框以一种不损失可访问性的方式隐藏起来。这意味着不能使用 `display: none`，因为那样会把它从键盘 tab 键切换焦点的队列中完全删除。我们改用另一种方法来达到目的：

```
input[type="checkbox"] {
    position: absolute;
    clip: rect(0,0,0,0);
}
```

这就完成了，我们得到了一个简单定制化的复选框！我们还可以进一步优化，比如在它聚焦或禁用时改变它的样式（效果如**图 6-11** 所示）：

```
input[type="checkbox"]:focus + label::before {
    box-shadow: 0 0 .1em .1em #58a;
}

input[type="checkbox"]:disabled + label::before {
    background: gray;
    box-shadow: none;
    color: #555;
}
```

你甚至可以用过渡或动画来让各个状态之间的切换更加平滑，或者脑子一热创建一个拟物化的开关。这方面的可能性真的是无穷无尽[1]！

---

[1] 尽管可能性是无穷无尽的，但仍然要避免把复选框设置为圆形：绝大多数用户会把圆形的开关理解为单选框。这个道理也适用于方形的单选框。

图 6-9

左边是原生复选框，右边是我们经过初步自定义的复选框

图 6-10

在复选框的勾选状态下，伪元素也需要美化一番

! 在使用宽松的选择符时一定要小心。对于那些后面没有 `label` 的复选框来说（比如它是被嵌套进一个 `label` 的），使用 `input[type="checkbox"]` 选择符**也会把它们隐藏起来**，从而损害可用性。

图 6-11

上图：自定义复选框的聚焦状态；中图：自定义复选框被禁用的状态；下图：自定义复选框被勾选的状态

致　敬

向 Ryan Seddon（http://thecssninja.com）脱帽致敬，感谢他最先提出这个效果。这个技巧现在被大家称作**复选框 hack**（http://thecssninja.com/css/custom-inputs-using-css）。Ryan 曾用这个创意实现了各种需要保持**状态的 UI 组件**（http://labs.thecssninja.com/bootleg），比如模态对话框、下拉菜单、标签页、跑马灯等，不过像这样滥用复选框很容易导致可访问性上的问题。

开关式按钮

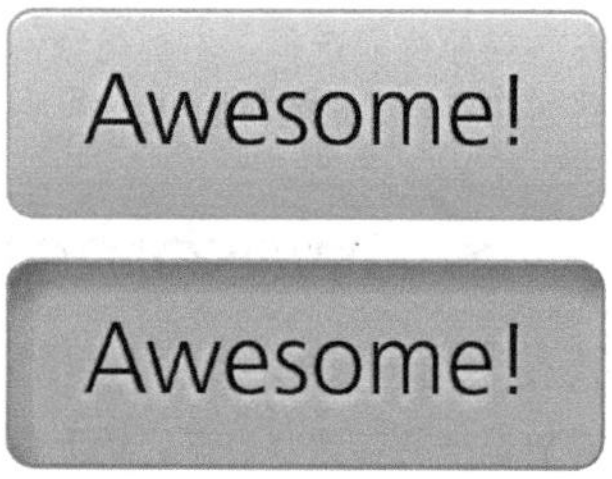

说到开关式按钮，HTML 并没有提供一种原生的方式来生成它，但我们可以利用"复选框 hack"的思路来模拟它。开关式按钮与复选框的行为十分相似，可以用来切换某个选项的开关状态：启用时，它是被按下的状态；停用时，它就是浮起的状态。在语义上，开关式按钮和复选框并没有本质上的差别，因此可以放心地使用这个技巧，不用担心语义上有问题。

如果想用这个技巧来生成开关式按钮，其实只需要把 label 设置为按钮的样式即可，并不需要用到伪元素。具体来说，要生成**图 6-12** 中的开关式按钮，代码可以这样写：

图 6-12
开关式按钮的两种状态

```css
input[type="checkbox"] {
    position: absolute;
    clip: rect(0,0,0,0);
}

input[type="checkbox"] + label {
    display: inline-block;
    padding: .3em .5em;
    background: #ccc;
    background-image: linear-gradient(#ddd, #bbb);
    border: 1px solid rgba(0,0,0,.2);
    border-radius: .3em;
    box-shadow: 0 1px white inset;
    text-align: center;
    text-shadow: 0 1px 1px white;
}

input[type="checkbox"]:checked + label,
input[type="checkbox"]:active + label {
    box-shadow: .05em .1em .2em rgba(0,0,0,.6) inset;
    border-color: rgba(0,0,0,.3);
    background: #bbb;
}
```

不过，在使用开关式按钮时仍需慎重。在绝大多数场景下，**开关式按钮对可用性有负面作用**，因为它们很容易与普通按钮混淆，让人误以为按下它会触发某个动作。

■ 选择符
http://w3.org/TR/selectors

相关规范

32 通过阴影来弱化背景

背景知识

RGBA 颜色

难题

很多时候，我们需要通过一层半透明的遮罩层来把后面的一切整体调暗，以便凸显某个特定的 UI 元素，引导用户关注。比如，弹出层（参见**图 6-13**）以及交互式的"快速指南"就是这种效果的典型案例。这个效果最常见的实现方法就是增加一个额外的 HTML 元素用于遮挡背景，然后为它添加如下样式：

```css
.overlay { /* 用于遮挡背景 */
    position: fixed;
    top: 0;
    right: 0;
    bottom: 0;
    left: 0;
    background: rgba(0,0,0,.8);
}

.lightbox { /* 需要吸引用户注意的元素 */
```

```
    position: absolute;
    z-index: 1;
    /* [其余样式] */
}
```

　　.overlay 遮罩层负责把这个关键元素背后的所有东西调暗。.lightbox
需要指定一个更高的 z-index，以便绘制在遮罩层的上层。这个方法稳定可
靠，但需要增加一个额外的 HTML 元素，这意味着该效果无法由 CSS 单独
实现。这不是一个很严重的问题，但对我们来说又确实是个麻烦事。不过还
好，有其他方法可以摆脱这个麻烦。

图 6-13

Twitter 用这个效果来实现弹出式
对话框

伪元素方案

　　我们可以用伪元素来消除额外的 HTML 元素，比如：

```
body.dimmed::before {
    position: fixed;
    top: 0;
    right: 0;
    bottom: 0;
    left: 0;
    z-index: 1;
    background: rgba(0,0,0,.8);
}
```

　　这个办法确实有一定改善，因为我们可以直接在 CSS 层面使用这个效
果了。不过问题是，这个方法的可移植性还不够好，因为 <body> 元素上可
能有其他需求已经占用了 ::before 伪元素；而且在使用这个效果时，我们
往往还需要一点 JavaScript 来给 <body> 添加 dimmed 这个类。

如果**把遮罩层交给这个元素自己的** `::before` **伪元素来实现**，就可以弥补这些不足了。给伪元素设置 `z-index: -1;` 就可以让它出现在元素的背后。尽管这解决了可移植性的问题，但无法对遮罩层的 Z 轴层次进行细粒度的控制。它可能会出现在这个元素之后（这是我们期望的），但也可能会**出现在这个元素的父元素或祖先元素之后**。

这个方法还有一个问题，**伪元素无法绑定独立的 JavaScript 事件处理函数**。当遮罩层是由一个独立的元素来实现时，我们可以给它绑定事件处理函数，比如当用户点击遮罩层时自动关闭弹出层。当使用弹出层自己的伪元素来实现遮罩层时，就需要判断用户到底是点了弹出层还是遮罩层，这就变得相当棘手了。

box-shadow 方案

上述伪元素方案相对灵活一些，通常可以满足绝大多数人对遮罩层的期望。但对于简单的应用场景和产品原型来说，我们可以利用 box-shadow 来达到调暗背景的效果：box-shadow 的扩张参数可以把元素的投影向各个方向延伸放大。具体做法就是生成一个巨大的投影，不偏移也不模糊，简单而拙劣地模拟出遮罩层的效果：

```
box-shadow: 0 0 0 999px rgba(0,0,0,.8);
```

这个初步的解决方案有一个明显的问题，就是它无法在较大的屏幕分辨率（>2000px）下正常工作。我们要么加大数字来缓解这个问题，要么换用**视口单位**来一劳永逸地解决它，只有这样才能确保"遮罩层"**总是**可以覆盖（甚至超出）视口。因为我们无法分开指定水平和垂直方向上的扩张半径，所以此处最合适的视口单位是 vmax。也许你对 vmax 单位还不熟悉，这里简单介绍一下：1vmax 相当于 1vw 和 1vh 两者中的较大值。100vw 等于整个视口的宽度，100vh 就是视口的高度。因此，满足我们需求的最小值就是50vmax。由于投影是同时向四个方向扩展的，这个遮罩层的最终尺寸将是100vmax 加上元素本身的尺寸。

```
box-shadow: 0 0 0 50vmax rgba(0,0,0,.8);
```

这个技巧非常简洁易用，但它存在两个非常严重的问题，从而制约了其使用场景。你能指出这两个问题分别在哪里吗？

第一，由于遮罩层的尺寸是与视口相关，而不是与页面相关的，**当我们滚动页面时，遮罩层的边缘就露出来了**，除非给它加上 `position: fixed;` 这个样式，或者页面并没有长到需要滚动的程度。此外，由于页面很可能真的很长，为了规避这个缺陷而扩大投影的扩张半径就不太明智了。相反，我推荐**有限度地应用这个技巧**，比如配合固定定位来使用，或者当页面没有滚动条时再用。

第二，当使用一个独立的元素（或伪元素）来实现遮罩层时，这个遮罩层不仅可以从视觉上把用户的注意力引导到关键元素上，还可以**防止用户的鼠标与页面的其他部分发生交互**，因为遮罩层会捕获所有指针事件。box-shadow 并没有这种能力，**因此它只能在视觉上起到引导注意力的作用，却无法阻止鼠标交互。**这一点是否可以接受，取决于你的具体需求。

▶ 试一试　play.csssecrets.io/**dimming-box-shadow**

backdrop 方案

不完全支持

如果你想引导用户关注的元素就是一个模态的 `<dialog>` 元素（`<dialog>` 元素可以由它的 showModal() 方法显示出来），那么根据浏览器的默认样式，它会自带一个遮罩层。借助 ::backdrop 伪元素，这个原生的遮罩层也是可以设置样式的，比如可以把它变得更暗一些：

```
dialog::backdrop {
  background: rgba(0, 0, 0, .8);
}
```

这个方法唯一需要注意的地方在于，在编写本书时，**浏览器对它的支持还极为有限。**在你使用之前，需要确认一下兼容性问题。不过请记住，尽管浏览器还不支持它，对话框没有遮罩层也并不会导致任何功能缺失，因为它只是一种用户体验上的增强手段而已。

▶ 试一试　play.csssecrets.io/**native-modal**

> ■ CSS 值与单位
> http://w3.org/TR/css-values/#viewport-relative-lengths
>
> ■ CSS 背景与边框
> http://w3.org/TR/css-backgrounds
>
> ■ 全屏 API
> http://fullscreen.spec.whatwg.org/#::backdrop-pseudo-element

相关规范

33 通过模糊来弱化背景

背景知识

过渡动画，"毛玻璃效果"，"通过阴影来弱化背景"

难题

在"**通过阴影来弱化背景**"中，我们介绍了一种通过半透明遮罩层调暗并弱化页面背景的方法。不过，如果背景页面中包含很多内容的话，只有将其调到很暗的程度，才能为背景之上的文本提供足够的对比度，才能把用户的注意力引导到弹出层上。还有另外一种更加优雅的方法，就是把关键元素之外的一切都模糊掉，用来配合（或取代）阴影效果，如**图 6-14** 所示。这个效果的真实感更强，因为它营造出了"景深效果"：**当我们的视线聚焦在距离较近的物体上时，远处的背景就是虚化的。**

图 6-14

游戏网站 polygon.com 就是一个生动的案例，它对页面的背景部分作了模糊处理，从而把用户的注意力集中到对话框上

不过，这种方法的实现难度也更高。在**滤镜效果**（http://w3.org/TR/filter-effects）出现之前，它完全是不可能完成的任务；即使是在 blur() 滤镜出现之后，这个任务仍然是非常困难的。如果我们想对**除了**某个特定元素之外的一切应用模糊效果，那到底应该把滤镜应用到哪个元素上呢？如果把它应用到 <body> 元素上，页面中的所有元素都会被模糊处理，我们想要凸显出来的那个关键元素也不例外。这跟"**毛玻璃效果**"一节中的问题非常类

似，但我们无法在这里直接套用那里的解决方案，因为处在这个对话框下层的可能是任何元素，而不一定只有一张背景图片。那我们该怎么办？

解决方案

很遗憾，我们还是得动用一个额外的 HTML 元素来实现这个效果：需要把页面上除了关键元素之外的一切都包裹起来，这样就可以只对这个容器元素进行模糊处理了。`<main>` 元素在这里是极为合适的，因为它可以发挥一箭双雕的作用：把页面中的主要内容标记出来（对话框通常都不是主要内容），同时还给了我们添加样式的钩子。结构代码基本上如下所示 ①：

图 6-15

一个朴素的对话框，没有配备用于弱化背景的遮罩层

```html
<main>Bacon Ipsum dolor sit amet...</main>
<dialog>
    O HAI, I'm a dialog. Click on me to dismiss.
</dialog>
<!-- 其他对话框都写在这里 -->
```

在图 6-15 中可以看到，它并没有配备遮罩层。接下来，每当弹出一个对话框，都需要给 `<main>` 元素增加一个类，以便对它应用模糊滤镜：

```css
main.de-emphasized {
    filter: blur(5px);
}
```

图 6-16

当对话框显示出来时，模糊 `<main>` 元素

在图 6-16 中可以看到，这已经是一个巨大的进步了。不过，现在这个模糊效果是突然出现的，看起来不是那么自然，反而给人一种突兀的感觉。由于 CSS 滤镜是可以设置动画的，我们可以让页面背景的模糊过程以过渡动画的形式来呈现。

```css
main {
    transition: .6s filter;
}

main.de-emphasized {
    filter: blur(5px);
}
```

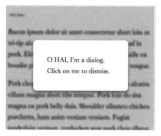

图 6-17

同时应用模糊效果和阴影效果，两者都是由 CSS 滤镜来实现的

如果能把这两种弱化背景的手法（阴影和模糊）结合起来，那就更好了。有一种实现方法就是使用 brightness() 和 / 或 contrast() 滤镜：

```css
main.de-emphasized {
    filter: blur(3px) contrast(.8) brightness(.8);
}
```

图 6-18

用 CSS 滤镜来实现模糊效果，用 `box-shadow` 来实现阴影效果；后者还可以起到回退的作用

我们可以在图 6-17 中看到效果。通过 CSS 滤镜产生阴影效果，意味着一旦滤镜不被支持，我们将没有任何回退方案。因此，不妨换用其他方

① 我们假设所有 `<dialog>` 元素在初始状态下都是隐藏的，而且同一时刻最多只会出现一个。

法（比如，前一篇攻略提到的 box-shadow 方案）来实现阴影效果，从而起到回退样式的作用。这个方法还可以避免在**图 6-17** 边缘处出现的"光晕效应"。在**图 6-18** 中，我们用一层投影来实现调暗背景的效果，光晕的问题就不复存在了。

▶ **试一试** play.csssecrets.io/**deemphasizing-blur**

向 Hakim El Hattab（http://hakim.se）脱帽致敬，感谢他提出了一个**类似的效果**（http://lab.hakim.se/avgrund）。另外，在 Hakim 的实现中，页面背景还会通过 scale() 变形属性来产生缩小效果，从而进一步增强景深效果，让我们感觉对话框真的离我们更近了。

致　敬

■ 滤镜效果
　http://w3.org/TR/filter-effects

■ CSS 过渡
　http://w3.org/TR/css-transitions

相关规范

34　滚动提示

背景知识
CSS 渐变, background-size

难题

　　滚动条是一种常见的界面控件，用来提示一个元素除了可以看到的内容之外，还包含了更多内容。但是，它往往太过笨重，在视觉上喧宾夺主，因

Ada Catlace
Alan Purring
Schrödingcat
Tim Purrners-Lee
WebKitty

图 6-19
这个容器内包含了很多内容，是可以滚动的；但如果不跟它交互，你就不会知道

此现代操作系统已经开始简化它的外观，当用户不与可滚动的元素交互时，滚动条就会被完全隐藏。

尽管我们现在已经很少通过滚动条来滚动页面了（更多的是使用触摸手势），但滚动条对于**元素内容可滚动**的提示作用仍然是十分有用的，哪怕对于那些没有发生交互的元素也是如此；而且这种提示方式十分巧妙。

Google Reader 是一款由 Google 推出的 RSS 阅读器（现已下线），它的用户体验设计师找到了一种非常优雅的方式来作出类似的提示：当侧边栏的容器还有更多内容时，一层淡淡的阴影会出现在容器的顶部和 / 或底部（参见**图 6-20**）。

图 6-20

Google Reader 提出了一种优雅的用户体验模式，它可以提示侧边栏需要滚动才能看到完整的内容。**左图**：滚动到最顶部时；**中图**：滚动到列表的中间位置时；**右图**：滚动到最底部时

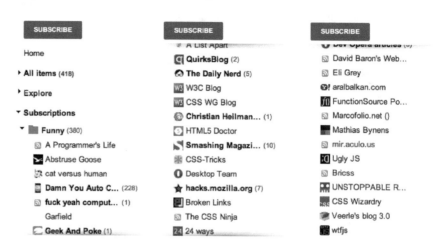

不过 Google Reader 为了实现这个效果用到了大量的脚本。这真的有必要吗？我们能否用纯 CSS 实现相同的效果？

解决方案

让我们首先从一段简单的结构代码开始，一个带有示意性内容（都是一些极客范的猫名）的普通无序列表：

```html
<ul>
    <li>Ada Catlace</li>
    <li>Alan Purring</li>
    <li>Schrödingcat</li>
    <li>Tim Purrners-Lee</li>
    <li>WebKitty</li>
    <li>Json</li>
    <li>Void</li>
    <li>Neko</li>
    <li>NaN</li>
    <li>Cat5</li>
    <li>Vector</li>
</ul>
```

我们可以给 \<ul\> 元素设置一些基本的样式，让它的高度略短于内容，从而让其内容可以滚动：

```
overflow: auto;
width: 10em;
height: 8em;
padding: .3em .5em;
border: 1px solid silver;
```

接下来，有趣的事情即将发生。我们用一个径向渐变在顶部添加一条阴影：

```
background: radial-gradient(at top, rgba(0,0,0,.2),
                            transparent 70%) no-repeat;
background-size: 100% 15px;
```

你可以在**图 6-21** 中看到结果。现在，当我们滚动列表时，这条阴影会一直停留在相同的位置。这正是背景图像的默认行为：它的位置是相对于元素固定的，不论元素的内容是否发生了滚动。这一点也适用于 background-attachment: fixed 的背景图像。它们唯一的区别是，**当页面滚动时，后者是相对于视口固定的**。有没有办法让背景图像跟着元素的内容一起滚动呢？

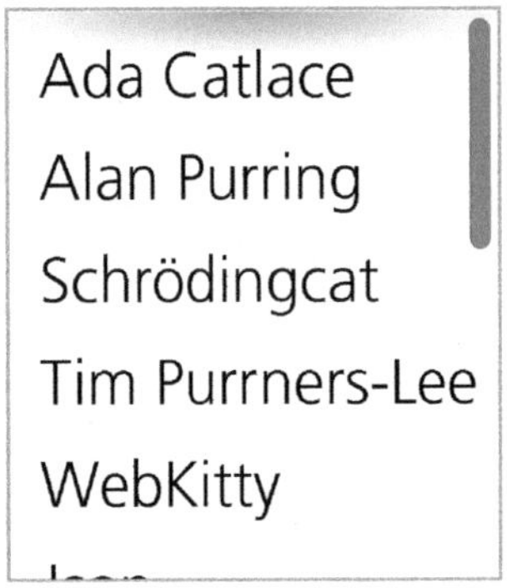

在几年以前，这件看似简单的小事还是不可能完成的任务。由于这个问题非常突出，**背景与边框（第三版）**（http://w3.org/TR/css3background/#-local0）为 background-attachment 属性增加了一个新的关键字，叫作 local。

不过 background-attachment: local 并不能立竿见影地解决我们眼前的这个需求。如果应用到这条阴影上，它会带给我们正好相反的效果：当我们滚动到最顶端时，能看到一条阴影；但当我们向下滚动时，这条阴影就消失了。方向明确了，但我们还得绕一点路。

问题的答案是**我们需要两层背景**：一层用来生成那条阴影，另一层基本上就是**一个用来遮挡阴影的白色矩形**，其作用类似于遮罩层。生成阴影的那层背景将具有默认的 background-attachment 值（scroll），因为我们希望它总是保持在原位。我们把遮罩背景的 background-attachment 属性设置为 local，这样它就会在我们滚动到最顶部时盖住阴影，在向下滚动时跟着滚动，从而露出阴影。

我们会用一道线性渐变来生成这个矩形的遮罩，并让它的颜色与容器的背景色保持一致（这里是白色）：

```
background: linear-gradient(white, white),
            radial-gradient(at top, rgba(0,0,0,.2),
                            transparent 70%);
background-repeat: no-repeat;
background-size: 100% 15px;
background-attachment: local, scroll;
```

图 6-21
顶部的阴影

Ada Catlace
Alan Purring
Schrödingcat
Tim Purrners-Lee
WebKitty

在**图 6-22** 中可以看到在不同的滚动距离下，效果分别是什么样子的。这好像已经达到我们想要的效果了，但还有一个很大的缺点：当我们只是滚动了一点距离时，阴影露出的方式非常生硬和突兀。有没有办法让它变得平滑一些？

图 6-22

在滚动的不同阶段，两层背景的效果。**左图**：滚动到最顶部时；**中图**：往下滚动一点时；**右图**：往下滚动很长距离时

图 6-23

为了阴影实现平滑淡出效果，我们首先尝试使用一道从 white 到 transparent 的渐变作为遮罩

别忘了我们的"遮罩层"是一层（逐渐淡化的）线性渐变，只要把它修改为一段从 white 到透明白色（hsla(0,0%,100%,0) 或 rgba(255,255,255,0)）[①] 的真正的渐变图案，就可以让阴影的显现过程变得平滑：

```
background: linear-gradient(white, hsla(0,0%,100%,0)),
            radial-gradient(at top, rgba(0,0,0,.2),
                            transparent 70%);
```

我们的路没有走错。在**图 6-23** 中可以看到，它可以逐渐地露出阴影，就像我们期望的那样。不过，它仍然有一个严重的缺陷：当我们滚动到最顶部的时候，这个"遮罩层"再也无法完整地遮住阴影了。这个问题也是可以解决的，我们只要把 white 色标向下移动一点（精确地说是 **15px**，与阴影的高度相等），就可以在淡化区域之前插入一段白色的实色区域。此外，我们还需要把遮罩层的尺寸增大，超过阴影的尺寸，否则这个遮罩层就没有由

---

① 为什么用透明白色，而不是直接用 transparent ？后者其实是 rgba(0,0,0,0) 的别名，因为渐变是从白色实色到透明黑色进行过渡的，所以渐变过程中可能会出现灰色色调。如果浏览器按照规范的要求以一种叫作"预乘 RGBA 空间"（premultiplied RGBA space）的算法进行颜色的插值计算，这种情况是不会发生的。各种插值算法的具体细节已经超出了本书的范畴，但网上有很多相关的资料可以参考。

深到浅的渐变区域了。实际的高度值取决于我们想要的平滑度（就是在滚动过程中阴影淡入淡出的速度）。经过一番试验之后，**50px** 似乎是一个合理的数值。最终的代码如下所示，我们可以在**图 6-24** 中看到它的效果：

Ada Catlace
Alan Purring
Schrödingcat
Tim Purrners-Lee
WebKitty

Ada Catlace
Alan Purring
Schrödingcat
Tim Purrners-Lee
WebKitty

Alan Purring
Schrödingcat
Tim Purrners-Lee
WebKitty
Json

图 6-24
最终效果

```
background: linear-gradient(white 30%, transparent),
            radial-gradient(at 50% 0, rgba(0,0,0,.2),
                            transparent 70%);
background-repeat: no-repeat;
background-size: 100% 50px, 100% 15px;
background-attachment: local, scroll;
```

当然，为了完整地实现这个效果，我们还需要**再用两层渐变来实现底部的阴影和它配套的遮罩**，但逻辑是完全一致的。就把这作为留给你的练习吧（你也可以在下面的“试一试”页面中偷看答案）。

▶**试一试** play.csssecrets.io/**scrolling-hints**

向 Roman Komarov（http://kizu.ru/en）脱帽致敬，感谢他提出这个效果的一个早期版本（http://kizu.ru/en/fun/shadowscroll）。他的版本采用了伪元素和定位，而没有使用背景图像。在某些场景下这可能是个不错的备选方案。

致 敬

■ CSS 背景与边框
http://w3.org/TR/css-backgrounds

■ CSS 图像
http://w3.org/TR/css-images

相关规范

35

交互式的图片对比控件

难题

有时，我们需要展示两张图片的外观差异，通常是"之前和之后"形式的对比。例如，照片在经过一系列操作前后的对比效果，美容网站上某种护肤疗法前后的对比效果，某个地区在灾难事件前后的现场对比结果。

最常见的解决方案就是把两张图片并排放置。不过在这种情况下，人眼只能观察到非常明显的差异，从而忽略掉相对细小的区别。如果对比的意图并不强烈，或者图片的差异已经足够明显，这个方法基本上也可以胜任；但在其他场景下，我们就要找到更有表现力的展示手法。

从用户体验的角度来看，这个问题可以有很多解决方案。比如说，我们可以把两张图片放置在同一个位置，然后通过 GIF 动画或 CSS 动画来让它们快速轮播。这个方案比并排图片的方式要好很多，但对用户来说，找出所有的差异需要花些时间——他们需要等待多次轮播循环，因为在每个循环周期内只能盯住图片的一块区域。

另一种更友好的解决方案叫作"图片对比滑动控件"。这个控件会把两张图片叠加起来，允许用户拖动分割条来控制这两张图片的显露区域[1]。当然，在 HTML 中并不存在这样一种控件，我们只能通过已有的元素来模拟出这种效果。这些年来，这个控件已经有了多种实现了，但通常都需要依赖 JavaScript 框架，外加一大块 JavaScript 代码。

---

[1] 这个控件还有一些变种：用户只需要移动鼠标，而不需要拖动。这种方式的好处在于它易于发现和使用，但体验可能并不是很舒服。

Fire crews douse Royal Mansions on London Road in Croydon

图 6-25

在英国新闻媒体《卫报》的官网上，就有一个交互式图片对比的好例子，它允许读者通过图片的对比来了解 2011 年伦敦骚乱事件的灾难性后果。读者需要拖动两张图片中间的白色分割条，但**这个分割条自身并没有任何特征提示它是可以拖动的**，因此这里需要有一行提示文字（"移动滑块……"）。在理想情况下，一个合理而易懂的界面是不需要这种提示文字的。

图片来源：http://theguardian.com/uk/interactive/2011/aug/09/london-riots-before-after-photographs

有没有一种简单的方法可以实现这个控件呢？实际上，方法不止一种！

CSS resize 方案

仔细想一想就会发现，图片对比滑动控件基本上可以理解为两层结构：下层是一张固定的图片；上层的图片则可以在水平方向上调整大小，从而或多或少地显露出下层图片。这正是 JavaScript 框架的价值所在：让上层图片的宽度可以由鼠标拖动调整。不过，要让某个元素的大小变得可调整，并不需要动用脚本。在 **CSS 基本 UI 特性**（**第三版**）（http://w3.org/TR/css3-ui/#resize）中，我们获得了一个为此而生的新属性：低调的 resize！

哪怕你从来没有听说过这个属性，也应该体验过它的行为，因为对 <textarea> 元素来说，这个属性被默认设置为 both，这让它在水平和垂直方向上都是可以调整大小的[1]。不过，这个属性实际上适用于任何元素，只要它的 overflow 属性**不是** visible。对几乎所有元素来说，resize 默认都是设置为 none 的，即禁用调整大小的特性。除了 both 之外，这个属性接受的值还有 horizontal 和 vertical，它们可以限制元素调整大小的方向。

好的，问题来了：能否利用这个属性来实现我们想要的滑动控件呢？要

---

[1] 对 <textarea> 元素应用 resize: vertical 样式往往是个好主意，这不仅保留了它尺寸可调的特性，而且避免了水平方向上的尺寸变化（这往往会破坏布局）。

动手试试才知道！

我们的第一个念头可能是列出两个 `<img>` 元素。但是，直接对一个 `<img>` 元素应用 resize 看起来会很怪异，因为直接调整图片大小会导致其变形失真 [①]。如果用一个 `<div>` 作为它的容器，再对这个容器应用 resize 属性，那就合理多了。于是，结构代码会变为：

```html
<div class="image-slider">
    <div>
        <img src="adamcatlace-before.jpg" alt="Before" />
    </div>
    <img src="adamcatlace-after.jpg" alt="After" />
</div>
```

接下来还需要添加一些 CSS，完成定位和设置尺寸的工作：

```css
.image-slider {
    position:relative;
    display: inline-block;
}

.image-slider > div {
    position: absolute;
    top: 0; bottom: 0; left: 0;
    width: 50%; /* 初始宽度 */
    overflow: hidden; /* 让它可以裁切图片 */
}

.image-slider img { display: block; }
```

图 6-26

在加入了一些基本样式之后，这个控件已经变得挺像那么回事儿了，但我们暂时还不能调整上层图片的宽度

现在的效果如**图 6-26** 所示，但它还是静态的。如果手工修改宽度值，就可以模拟用户在调整大小时所能看到的各个阶段的效果。为了让它的宽度可以动态地根据用户的交互发生改变，我们就要请出 resize 属性了：

```css
.image-slider > div {
    position: absolute;
    top: 0; bottom: 0; left: 0;
    width: 50%;
    overflow: hidden;
    resize: horizontal;
}
```

虽然能看出的变化只有上层图片右下角的那个调节手柄（参见**图 6-27**），但我们已经可以拖动这个手柄来随心所欲地调整上层图片的宽度了！不过，在稍作尝试之后，我们还是会发现一些缺点。

- 可以把 `<div>` 的宽度拉伸到超过图片宽度的程度。
- 调节手柄不容易辨认。

[①] 一旦 object-fit 和 object-position 得到浏览器的广泛支持，就不存在这个问题了。因为有了这两个属性，我们就可以像控制背景图像的缩放那样去控制图片的缩放了。

第一个问题是比较容易解决的。我们要做的就是把它的 max-width 指定为 100%。不过第二个问题就稍稍有些复杂。不幸的是，目前还没有任何标准的方法可以设置这个调节手柄的样式。有些渲染引擎特别为这个需求提供了私有的伪元素（比如 ::-webkit-resizer），但不论是在兼容性方面，还是在样式的灵活性方面，这个方式都有着不小的局限。面对山穷水尽的局面，我们冒出了一个大胆的想法：用一个伪元素覆盖在调节手柄之上。这一方面可以很方便地设置样式；另一方面，即使在不加 pointer-events: none 的情况下，这个伪元素也不会干扰调节手柄的功能。因此，一个跨浏览器的调节手柄美化方案只需要把一个假的调节手柄覆盖在它上面。让我们来试试看吧：

图 6-27

我们的图片滑动控件已经可以发挥它该有的作用了，但仍然存在一些问题

```css
.image-slider > div::before {
    content: '';
    position: absolute;
    bottom: 0; right: 0;
    width: 12px; height: 12px;
    background: white;
    cursor: ew-resize;
}
```

请注意 cursor: ew-resize 这条声明：它提供了额外的**自释性**，可以提示用户这个区域可以像调节手柄那样拖动。不过，**我们不应该只依赖鼠标光标提供唯一的自释性**，因为这种自释性只有当用户与之交互时才是可见的。

现在，我们的调节手柄会显示为一个白色的方块（参见**图 6-28**）。到了这一步，我们就可以尽情地对它设置样式了。比如说，如果我们想把它设置为一个白色三角形，并且让它跟图片的边缘保持 5px 的间隙（参见**图 6-29**），就可以这样写：

图 6-28

用一个伪元素覆盖上去，可以把调节手柄美化为一个白色的方块

```css
padding: 5px;
background:
    linear-gradient(-45deg, white 50%, transparent 0);
background-clip: content-box;
```

最后还有一点改进的空间。我们可以对这两张图片应用 user-select: none，这样即使用户在没有点中调节手柄的情况下拖动鼠标，也不会误选图片。把所有想法综合到一起，最终的代码如下所示：

图 6-29

把这个假的调节手柄（实际上是个伪元素）设置为一个三角形，并与图片的右下角保持 5px 的间隙

```css
.image-slider {
    position:relative;
    display: inline-block;
}

.image-slider > div {
    position: absolute;
    top: 0; bottom: 0; left: 0;
    width: 50%;
    max-width: 100%;
```

```
        overflow: hidden;
        resize: horizontal;
    }

    .image-slider > div::before {
        content: '';
        position: absolute;
        bottom: 0; right: 0;
        width: 12px; height: 12px;
        padding: 5px;
        background:
            linear-gradient(-45deg, white 50%, transparent 0);
        background-clip: content-box;
        cursor: ew-resize;
    }

    .image-slider img {
        display: block;
        user-select: none;
    }
```

▶ 试一试　play.csssecrets.io/**image-slider**

范围输入控件方案

上述基于 CSS resize 的方案表现很好，而且只需要极少的代码。不过，它还是有一些不足之处。

- 它**对键盘来说是不可访问的**。
- 调整上层图片的唯一方法就是拖动。对于较大的图片，或有运动障碍的用户来说，这就比较讨厌了。如果允许用户**点击某一个点**就可以把图片宽度调整到那个点所在的位置，它的体验就会大幅提高。
- 用户只能在上层图片的右下角进行调整大小的操作。即使我们已经对它的样式进行了强化，但它仍然可能被用户忽略。

如果我们愿意用一点脚本，就可以将一个原生的**滑块控件**（HTML 范围输入控件）覆盖在图片上，用它来控制上层图片的伸缩，这样就可以解决上述三个问题。由于一定要用到 JavaScript，不妨用脚本来添加所有的附加元素，这样就可以把结构代码写到最精简的程度：

HTML
```
<div class="image-slider">
    <img src="adamcatlace-before.jpg" alt="Before" />
    <img src="adamcatlace-after.jpg" alt="After" />
</div>
```

然后，我们的 JavaScript 代码会把它转换成以下结构，并在滑块上添加一个事件，这样它就可以控制 div 的宽度了：

```html
<div class="image-slider">
    <div>
        <img src="adamcatlace-before.jpg" alt="Before" />
    </div>
    <img src="adamcatlace-after.jpg" alt="After" />
    <input type="range" />
</div>
```

JavaScript 代码是相当简洁明了的：

```js
$$('.image-slider').forEach(function(slider) {
    // 创建附加的div元素，并用它包住第一个图片元素
    var div = document.createElement('div');
    var img = slider.querySelector('img');
    slider.insertBefore(div, img);
    div.appendChild(img);

    // 创建滑块
    var range = document.createElement('input');
    range.type = 'range';
    range.oninput = function() {
        div.style.width = this.value + '%';
    };
    slider.appendChild(range);
});
```

前面一种解决方案所用到的 CSS 基本上可以直接套用在这里。只需要删掉那些我们不再需要的部分即可：

- resize 属性；
- .image-slider > div::before 规则，因为已经不存在调节手柄了；
- max-width，因为现在由滑块和脚本来控制宽度。

经过这一番修改之后，我们的 CSS 代码变为：

```css
.image-slider {
    position:relative;
    display: inline-block;
}

.image-slider > div {
    position: absolute;
    top: 0; bottom: 0; left: 0;
    width: 50%;
    overflow: hidden;
}

.image-slider img {
    display: block;
    user-select: none;
}
```

试验一下这段代码，你会发现**它已经可以正常工作了**，但看起来还有点

图 6-30

这个控件现在可以工作了，但我们还需要给这个范围输入控件加点样式

小提示

　　如果用 input:in-range 来代替简单的 input 选择符，就可以只**在浏览器支持范围输入控件**时才对它设置样式。进而可以利用层叠机制把它在旧版浏览器下隐藏掉或设置为其他样式。

怪：这个范围输入控件只是随便放在图片下面而已（参见**图 6-30**）。我们需要用一点 CSS 来把它**定位到图片之上**，并让它与图片一样宽：

```css
.image-slider input {
    position: absolute;
    left: 0;
    bottom: 10px;
    width: 100%;
    margin: 0;
}
```

在**图 6-31** 中可以看到，它现在看起来已经相当不错了。一些私有的伪元素可以为这个滑块控件进一步设置样式，比如 `::-moz-range-track`、`::-ms-track`、`::-webkit-slider-thumb`、`::-moz-range-thumb` 和 `::-ms-thumb` 等。与大多数私有特性一样，它们的渲染结果往往不一致、不健壮、不可预测，因此我并不推荐使用它们，除非你**真的**别无他法。我是认真的。

不过，如果我们只是想让这个范围输入控件**在视觉上与整个控件更加统一**，可以用混合模式和 / 或滤镜来实现。`multiply`、`screen` 和 `luminosity` 这几种混合模式似乎都可以得到不错的效果。此外，`filter: contrast(4)` 会让这个滑块变得黑白分明，而低于 1 的对比度值会让它显示出更多的灰色调。这其中的可能性是无穷无尽的，并不存在通用的最佳选择。你甚至可以**把混合模式和滤镜组合起来**，就像这样：

图 6-31
我们已经通过 CSS 把这个范围输入控件覆盖到图片之上了

```css
filter: contrast(.5);
mix-blend-mode: luminosity;
```

我们还可以增加用户的可操作区域，从而提升使用体验（源于 Fitts 法则）。具体做法是先减少它的宽度，再用 CSS 变形将其放大：

```css
width: 50%;
transform: scale(2);
transform-origin: left bottom;
```

图 6-32
同时使用混合模式和滤镜来让范围输入控件在视觉上融入整个控件，并用 CSS 变形来让它变得更大一些

在**图 6-32** 中，你可以看到完成这两步优化之后的效果。这个解决方案的另一个好处在于（尽管只是暂时性的），范围输入控件当前的浏览器支持度比 `resize` 属性要好一些。

向 Dudley Storey（http://demosthenes.info）脱帽致敬，感谢他提出这个解决方案的第一个版本（http://demosthenes.info/blog/819/A-Before-And-After-Image-Comparison-Slide-Control-in-HTML5）。

致 敬

- CSS 基本 UI 特性
  http://w3.org/TR/css3-ui

- CSS 图像
  http://w3.org/TR/css-images

- CSS 背景与边框
  http://w3.org/TR/css-backgrounds

- 滤镜效果
  http://w3.org/TR/filter-effects

- 图像混合效果
  http://w3.org/TR/compositing

- CSS 变形
  http://w3.org/TR/css-transforms

7

第 7 章

结构与布局

36

自适应内部元素

难题

众所周知，如果不给元素指定一个具体的 height，它就会自动适应其内容的高度。假如我们希望 width 也具有类似的行为，该怎么做呢？举个例子，假设我们用 HTML5 来标记图片元素，结构代码可能是这样的：

```html
<p>Some text [...]</p>
<figure>
    <img src="adamcatlace.jpg" />
    <figcaption>
        The great Sir Adam Catlace was named after
        Countess Ada Lovelace, the first programmer.
    </figcaption>
</figure>
<p>More text [...].</p>
```

假设还需要给它添加一些基本的样式，比如一道边框。在默认情况下，它看起来如**图 7-1** 所示。但我们实际上希望这个 figure 元素能**跟它所包含的图片一样宽**（图片的尺寸往往不是固定的），而且是**水平居中**的。目前这个渲染结果距离我们的期望还有不小的差距：文本行比图片要宽多了。如何让 figure 的宽度由它内部的图片来决定,而不是由它的父元素来决定呢 [1]？闯荡江湖这么多年，相信你已经积攒了一套顺手的 CSS 代码大全。在这个代码库里，你可能会找到几段可以满足这种宽度行为的代码，它们通常是以副作用的方式来实现的。

图 7-1

在用 CSS 加上了边框和内边距之后，这段结构代码在默认情况下的渲染效果

- 让 `<figure>` 元素浮动会让它得到正确的宽度，但同时也彻底改变了它的布局模式，这往往会导致我们不想要的结果（参见**图 7-2**）。

- 对 figure 应用 display: inline-block 会让它根据内容来决定自身的尺寸，但跟我们想要的方式还是不一样（参见**图 7-3**）。此外，即使它的宽度计算方式与我们的期望一致，我们也很难继续完成水平居中的任务。我们需要对它的父元素应用 text-align: center，然后对这个父元素的所有子元素（p, ul, ol, dl, ...）都设置一遍 text-align: left。

图 7-2

尝试用浮动来解决宽度问题，却引发了新的问题

- 当开发者走投无路时，就只能对 figure 应用一个固定的 width 或 max-width 了，然后对 figure > img 应用 max-width: 100%。可是这个方法无法充分利用有效空间；对于过小的图片来说，布局效果也很突兀。此外，响应式也无从谈起。

---

[1] 用 CSS 规范的术语来说，我们希望它的宽度**由内部因素**来决定，而不是**由外部因素**来决定。

图 7-3

与我们的期望相反，display: inline-block 并不会产生我们想要的宽度

有没有一种合适的 CSS 技巧可以解决这个问题？我们是不是应该放弃这条路，改用脚本来动态地为每个 figure 设置宽度？

解决方案

CSS 内部与外部尺寸模型（第三版）（http://w3.org/TR/css3-sizing）是一个相对较新的规范，它为 width 和 height 属性定义了一些新的关键字，其中最有用的应该就是 min-content 了。这个关键字将解析为这个容器内部最大的不可断行元素的宽度（即最宽的单词、图片或具有固定宽度的盒元素）[①]。这正是我们梦寐以求的！现在，使用以下两行简单的 CSS 代码就可以把 figure 设置为恰当的宽度，并让它水平居中：

```
figure {
    width: min-content;
    margin: auto;
}
```

你可以在**图 7-4** 中看到效果。为了给那些旧版浏览器提供一个平稳的回退样式，我们需要在使用这个技巧的同时，提供一个固定的 max-width 值，比如：

图 7-4

最终效果

```
figure {
    max-width: 300px;
    max-width: min-content;
    margin: auto;
}

figure > img { max-width: inherit; }
```

对于现代浏览器来说，后一条 max-width 声明会覆盖前一条。如果 figure 的尺寸是由内部因素决定时，第二条规则中的 max-width: inherit 就不会生效了。

▶ 试一试　play.csssecrets.io/**intrinsic-sizing**

致　敬

向 Dudley Storey（http://demosthenes.info）脱帽致敬，感谢他提出这个应用场景（http://demosthenes.info/blog/662/Design-From-the-Inside-Out-With-CSS-MinContent）。

> ■ CSS 内部与外部尺寸模型
> http://w3.org/TR/css3-sizing
>
> **相关规范**

───────────

[①] 其他的值还有 max-content，它的行为类似于我们在前面看到的 display: inline-block；而 fit-content 的行为与浮动元素是相同的（和 min-content 的效果通常一致，但也有例外）。

37 精确控制表格列宽

难题

尽管多年以前我们就不再使用表格来完成页面布局了，但表格在现代网站中仍然有其不可替代的位置，我们需要用它来实现统计数据、电子邮件、拥有大量元数据的列表等表格型数据。对其他元素的 display 属性使用表格相关的关键字，也可以让它们具备表格类元素的行为。尽管有时候它们看起来很方便，但对于不固定的内容来说，它们的布局其实是很难预测的。这是因为列宽根据其内容进行调整，即使我们显式地指定了 width，也只能起到类似提示的作用，如**图 7-5** 所示。

鉴于这个原因，我们往往不得不使用其他元素来呈现表格型数据，或者干脆接受布局效果的不可预测性。有没有什么办法可以让表格的行为更加可控呢？

解决方案

解决方案来自于 CSS 2.1 中一个鲜为人知的属性，叫作 table-layout。它的默认值是 auto，其行为模式被称作自动表格布局算法，也就是我们最为熟悉的表格布局行为（就像**图 7-5** 那样）。不过，它还接受另外一个值 fixed，这个值的行为**要明显可控一些**。它把更多的控制权交给了网页开发者（没错，就是你），只把较少的控制权留给渲染引擎。我们设置的（宽度）样式会直接起作用，而不仅仅被视为一种提示；同时，溢出行为（包括 text-overflow）与其他元素行为也是一样的，因此表格的内容将只能影响表格行的高度了。

这种**固定表格布局算法**不仅更容易预测、便于使用，同时也**明显更快**。因为表格的内容并不会影响单元格的宽度，所以在页面的下载过程中，表格不需要频繁重绘。相信我们都对页面加载过程中表格不断重新调整列宽的恐怖情景记忆犹新。对于固定表格布局来说，这种情况再也不会发生了。

在使用时，我们只需要对 <table> 元素或其他具有 display: table 样式的元素应用这个属性即可。请注意，为了确保这个技巧奏效，需要为这些表格元素指定一个宽度（哪怕是 100%）。同样，为了让 text-overflow: ellipsis 发挥作用，我们还需要为那一列指定宽度。这就行了！你可以在**图 7-6** 中看到效果：

```
table {
    table-layout: fixed;
    width: 100%;
}
```

图 7-5

对两列表格来说，默认的表格布局算法在处理不同内容时的不同表现（表格的容器用虚线标示）

如果我们不……	指定单元格的宽度，则这些单元格就会根据它们内容的长短来分配宽度。也就是说，内容较长的单元格所能分配到的宽度也较多

如果我们不……	指定单元格的宽度，则这些单元格就会根据它们内容的长短来分配宽度。也就是说，内容较长的单元格所能分配到的宽度也较多
表格的每一行都会参与到列宽的计算中，而不仅是第一行	注意，这个表格的列宽分配结果跟上面那个表格不同

即使我们为单元格指定了宽度，也未必会得到对应的结果。比如这个单元格的宽度被指定为 1000px	而这个单元格的宽度被指定为 2000px。由于外层容器所能提供的空间远远不足3000px，这两个单元格的宽度会按比例缩小，分别得到总宽度的 33.3% 和 66.6%

如果我们禁止文本折行行为，那么表格宽度可能会远远超出其容器的宽度	而且 text-overflow: ellipsis 对此也无能为力，这一点很遗憾

大图片或代码块也可能会导致同样的问题	

如果我们不……	指定单元格的宽度，则这些单元格就会根据它们内容的长短来分配宽度。也就是说，内容较长的单元格所能分配到的宽度也较多
如果我们不……	指定单元格的宽度，则这些单元格就会根据它们内容的长短来分配宽度。也就是说，内容较长的单元格所能分配到的宽度也较多
表格的每一行都会参与到列宽的计算中，而不仅是第一行	注意，这个表格的列宽分配结果跟上面那个表格不同

即使我们为单元格指定了宽度，也未必会得到对应的结果。比如这个单元格的宽度被指定为 1000px

如果我们禁止文本折行行为，那么表格宽度可能会远远超出其容器的宽度	而且 text-overflow: ellipsis 对此也无能为力……
大图片或代码块也可能会导致同样的问题	

图 7-6

对图 7-5 中的表格应用了 table-layout: fixed 之后的效果。按从上到下的顺序总结为：如果不指定任何宽度，则各列的宽度将是平均分配的；后续的表格行并不会影响列宽；给单元格指定很大的宽度也会直接生效，并不会自动缩小；overflow 和 text-overflow 属性都是可以正常生效的；如果 overflow 的值是 visible，则单元格的内容有可能会溢出

▶试一试 play.csssecrets.io/**table-column-widths**

　　向 Chris Coyier（http://css-tricks.com）脱帽致敬，感谢他提出这个技巧（http://css-tricks.com/fixing-tables-long-strings）。

致 敬

38

根据兄弟元素的数量来设置样式

难题

在某些场景下，我们需要根据兄弟元素的**总数**来为它们设置样式。最常见的场景就是，当一个列表不断延长时，通过隐藏控件或压缩控件等方式来节省屏幕空间，以此提升用户体验。下面列出了一些典型案例。

- 电子邮件列表或包含文本内容的类似列表。如果列表中只有少量列表项，我们可以为每一项展示出多行预览文字；当列表项不断增加时，需要逐渐减少每一项的预览行数；当列表的总长度超出整个视口的高度时，可能会把预览文字完全隐藏，并把按钮变小，以此避免用户对页面的滚动。

- 待办事项应用程序。当列表中的事项较少时，我们可以用一个较大的字号来显示所有事项；随着事项的数量不断增加，我们会不断减小字号来显示每个事项。

- 调色板应用程序，每个色块上都显示出配套的控件。当色块的数量不断增加时，它们所占据的空间也会相应增加，此时我们可能希望色块的控件变得紧凑一些（参见图 7-7）。

- 包含多个 `<textarea>` 元素的应用程序。每当我们添加一个新的 `<textarea>` 元素，所有元素都会同步缩小（类似于 bytesizematters. com 的效果）。

不过，对 CSS 选择符来说，基于兄弟元素的总数来匹配元素并不简单。设想一个列表，假设**仅当列表项的总数为 4 时**才对这些列表项设置样式。我们可以用 li:nth-child(4)[①]来选中列表的第四个列表项，但这并不是我们想要的；我们需要**在列表项的总数为 4 时**选中**每一个**列表项。

---

① 本节用到的都是 :nth-child() 选择符，但我们讨论的所有内容也适用于 :nth-of-type() 选择符，而且**它在语义上往往更加贴切**，因为在所有的兄弟元素中可能包含了不同的元素类型，而我们往往只关心同类型的元素。本节的示例用到的是列表项，但我们讨论的技巧同样适用于其他类型的元素。

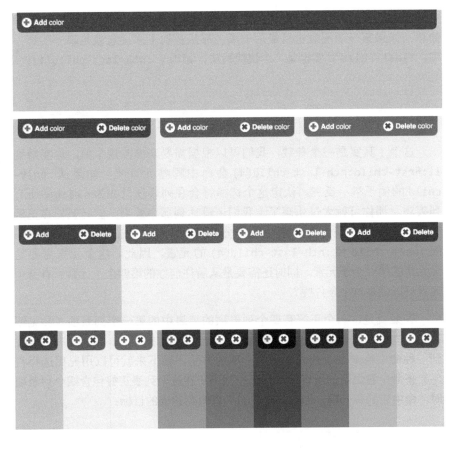

图 7-7

随着色块数量的不断增加，可用
空间也相应减少，我们需要不断
地缩减控件的尺寸。请注意，当
调色板中只有一个色块时，我
们做了特殊处理：隐去了删除
按钮。图中的颜色取自 Adobe
Color（http://color.adobe.com）
网站的下列调色板：Agave
（http://color.adobe.com/agave-
color-theme-387108）；Sushi Maki
（https://color.adobe.com/Sushi-
Maki-color-theme-350205）

接下来的想法可能就是把 :nth-child() 和兄弟选择符（~）结合起来，比如 li:nth-child(4)，li:nth-child(4) ~ li。不过，这个选择符只能命中第四个列表项以及在它*之后*的所有列表项（参见**图 7-8**），这跟列表项的总数没有什么关系。由于并没有一种组合式选择符可以用"回头看"的方式选中之前的兄弟元素，那么这个任务对 CSS 来说就注定要失败了吗？千万不要轻易放弃！

图 7-8

选择符 li:nth-child(4)，li:nth-child(4) ~ li 会选中哪些元素

解决方案

对于只有**一个**列表项的特殊场景来说，解决方案显然就是 :only-child，这个伪类选择符就是为这种情况而设计的。它不仅可以成为一个很好的起点，而且这个属性在某些场景下确实可以派上用场，因此可以在规范中占有一席之地。举例来说，在**图 7-7** 中你可以发现，当列表中只有一个列表项时，我们把删除按钮隐藏起来了；这个需求是可以由 :only-child 选择符来完成的：

```
li:only-child {
    /* 只有一个列表项时的样式 */
}
```

实际上，:only-child 等效于 :first-child:last-child，道理很简单：如果**第一项**同时也是**最后一项**，那从逻辑上来说它就是**唯一的那一项**。:last-child 其实也是一个快捷写法，相当于 :nth-last-child(1)：

```
li:first-child:nth-last-child(1) {
    /* 相当于li:only-child */
}
```

这个 1 其实是一个参数，我们可以根据需要来修改这个值。你能猜到 li:first-child:nth-last-child(4) 会命中哪些元素吗？如果从 :only-child 的例子举一反三，认定这个选择符会在列表项总数为 4 时命中所有列表项，那你可就太过乐观了。我们还没达到那个效果，但已经处在正确的方向上了。让我们把这两个伪类分开来想一想：我们在找一个**同时**匹配 :first-child 和 :nth-last-child(4) 的元素。因此，这个元素需要是父元素的第一个子元素，同时还需要是从后往前数的第四个子元素。有哪个元素可以满足这个条件呢？

答案就是，**一个正好有四个列表项的列表中的第一个列表项**（参见**图 7-9**）。这并不完全是我们想要的结果，但已经非常接近了。我们现在已经找到一种命中特定数量列表项中第一项的方法，接下来就可以用兄弟选择符（~）来命中它之后的所有兄弟元素：相当于**在这个列表正好包含四个列表项时，命中它的每一项**，而这正是我们一直想要达成的目标：

```
li:first-child:nth-last-child(4),
li:first-child:nth-last-child(4) ~ li {
    /* 当列表正好包含四项时,命中所有列表项 */
}
```

这个方法需要的代码还是相当冗长繁琐的。我们可以利用预处理器（比如 SCSS）来避免这个问题，不过现有预处理器的语法在处理这个需求时仍然有些笨拙：

图 7-9

在分别包含了 3、4、8 个列表项的列表中，li:first-child:nth-last-child(4) 会选中哪些元素

```
/* 定义mixin */
@mixin n-items($n) {
    &:first-child:nth-last-child(#{$n}),
    &:first-child:nth-last-child(#{$n}) ~ & {
        @content;
    }
}

/* 调用时是这样的: */
li {
    @include n-items(4) {
        /* 属性与值写在这里 */
    }
}
```

SCSS

向 André Luís（http://andr3.net）脱帽致敬，感谢他提出的一个想法启发了本节的技巧（http://andr3.net/blog/post/142）。

根据兄弟元素的数量范围来匹配元素

在实际的应用场景中，我们期望匹配元素的条件往往并不是列表项的具体数量，而是一个数量范围。`:nth-child()` 选择符在这方面非常好用，我们可以用它来命中一个范围，比如"选中第 4 项*之后*的所有项"这样的需求就完全不在话下。它的参数不仅可以是简单的数字，也可以是像 an+b 这样的表达式（比如 `:nth-child(2n+1)`）。这里的 n 表示一个变量，理论上的范围是 0 到 +∞（在实际情况下，由于页面中元素的数量本来就是有限的，超过某个特定数量的值实际上也没有元素可选了）。如果使用 n+b 这种形式的表达式（此时相当于 a 的取值为 1），那么不论 n 如何取值，这个表达式都无法产生一个小于 b 的值。因此，n+b 这种形式的表达式可以选中**从第 b 个开始的所有子元素**。举例来说，`:nth-child(n+4)` 将会选中除了第一、二、三个子元素之外的所有子元素（参见**图 7-10**）。

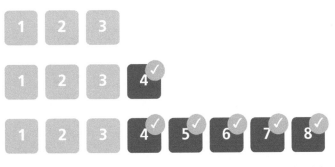

图 7-10

在分别包含了 3、4、8 个列表项的列表中，`li:nth-child(n+4)` 会选中哪些元素

利用这个技巧，我们可以在列表项的总数是 4 或更多时选中所有列表项（参见**图 7-11**）。在这种情况下，我们可以把表达式 n+4 传给 `:nth-last-child()`：

```
li:first-child:nth-last-child(n+4),
li:first-child:nth-last-child(n+4) ~ li {
    /* 当列表至少包含四项时,命中所有列表项 */
}
```

同理，-n+b 这种形式的表达式可以选中**开头的 b 个元素**。因此，仅当列表中**有 4 个或更少**的列表项时（参见**图 7-12**），要选中所有列表项可以这样写：

```
li:first-child:nth-last-child(-n+4),
li:first-child:nth-last-child(-n+4) ~ li {
    /* 当列表最多包含四项时,命中所有列表项 */
}
```

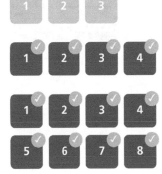

图 7-11

在分别包含了 3、4、8 个列表项的列表中，`li:first-child:nth-last-child(n+4)`、`li:first-child:nth-last-child(n+4) ~ li` 会选中哪些元素

图 7-12

在分别包含了 3、4、8 个列表项的列表中，li:first-child:nth-last-child(-n+4)，li:first-child:nth-last-child(-n+4) ~ li 会选中哪些元素

当然，我们还可以把这两种技巧组合起来使用，不过代码也会变得更加复杂。假设我们希望在列表包含 **2 ～ 6 个列表项**时命中所有的列表项，可以这样写：

```
li:first-child:nth-last-child(n+2):nth-last-child(-n+6),
li:first-child:nth-last-child(n+2):nth-last-child(-n+6) ~ li {
    /* 当列表包含2~6项时,命中所有列表项 */
}
```

试一试　play.csssecrets.io/**styling-sibling-count**

- 选择符
  http://w3.org/TR/selectors

相关规范

39 满幅的背景，定宽的内容

难题

在过去的几年间，有一种网页设计手法逐渐流行起来，我将它称作背景宽度满幅，内容宽度固定。这个设计的一些典型特征如下。

- 页面中包含多个大区块，每个区块都占据了整个视口的宽度，区块的背景也各不相同。

- 内容是定宽的，即使在不同分辨率下的宽度不一样，那也只是因为媒体查询改变了这个固定的宽度值而已。在某些情况下，不同区块的内容也可能具有不同的宽度。

有时候，整个网页都是由这种风格的多个区块组成的（比如**图 7-13**，或者像**图 7-14** 那样稍微含蓄一些）。不过在更多的情况下，页面中只有某个特定区域是以这个风格来设计的，最典型的就是页脚（参见**图 7-15**）。

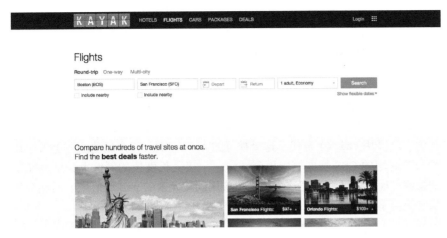

图 7-14

在行程预订网站 **kayak.com** 上，这种设计风格是以一种极为含蓄的方式应用到整个页面的

要实现这种设计风格，最常见的方法就是**为每个区块准备两层元素**：外层用来实现满幅的背景，内层用来实现定宽的内容。后者是通过 `margin: auto` 实现水平居中的。举例来说，采用这种设计的页脚通常需要把结构代码写成：

```html
<footer>
    <div class="wrapper">
        <!-- 页脚的内容写在这里 -->
    </div>
</footer>
```

同时用 CSS 来设置这两层元素的样式：

```css
footer {
    background: #333;
}
.wrapper {
    max-width: 900px;
    margin: 1em auto;
}
```

图 7-13

一个华丽的**爱尔兰网站柯诺苏葡萄园酒庄**（http://conosur.ie）就大量运用了这种设计手法

看起来很眼熟对不对？目前绝大多数的网页设计师 / 工程师都是这样写的。难道为了这个效果就一定要添加一层额外的元素？我们能否在现代 CSS 的帮助下彻底抛弃这个累赘？

解决方案

我们先来想一想，`margin: auto` 在这个场景下到底发挥了什么作用。这条声明所产生的左右外边距实际上都等于视口宽度的一半减去内容宽度的一半。由于百分比在这里是基于视口宽度来解析的（假设所有祖先元素都没有显式指定宽度），我们可以把这个外边距的值表达为 `50% - 450px`。实际上，**CSS 值与单位**（第三版）（http://w3.org/TR/css-values-3/#calc）定义了一

图 7-15

借宿网站 airbnb.com 在页脚中采用了这个设计

个 calc() 函数，它允许我们在 CSS 中直接以这种简单的算式来指定属性的值。如果用 calc() 取代原先的 auto，这个内层容器的样式就会变成：

```css
.wrapper {
    max-width: 900px;
    margin: 1em calc(50% - 450px);
}
```

之所以要在页脚内加一层容器元素，唯一的原因就是为了给它的 margin 指定神奇的 auto 关键字，从而实现内容的水平居中布局。不过，现在我们已经用 calc() 替代了这个神奇的 auto，而且这个新值实际上可以作为一个通用的 CSS 长度值应用到任何一个接受长度值的属性上。这意味着如果我们愿意，还可以把这个长度值应用到父元素的 padding 上，而整个效果是保持不变的：

```css
footer {
    max-width: 900px;
    padding: 1em calc(50% - 450px);
    background: #333;
}
.wrapper {}
```

如你所见，经过这一番改造之后，我们已经把内层容器上的所有 CSS 代码都剥离干净了。也就是说，它其实已经不需要参与布局了，我们可以安全地把它从结构代码中去掉。终于，我们在纯净无冗余的 HTML 结构上实现了想要的设计风格。这个方案还有进一步优化的空间吗？没错。你要相信，追求卓越的道路是永无止境的！

如果把 max-width 这一行声明注释掉，你会发现其实没有影响。视觉效果是完全一样的，而且不论视口尺寸如何变化都是如此。这是为什么呢？因为当内边距是 50% - 450px 时，只可能给内容留出 900px（2×450px）的可用空间。只有把容器的 width 属性指定为 900px 之外（或大或小）的其他值，我们才有可能看出区别。由于我们想要得到的内容宽度本来就是 900px，这一行声明其实就是冗余的，我们可以把它去掉，让代码更加 DRY。

另一个可以优化的地方在于，我们可以增加一条回退样式来增强向后兼容性。这样即使浏览器不支持 calc()，我们也至少可以得到一个**相对合理**的内边距：

```css
footer {
    padding: 1em;
    padding: 1em calc(50% - 450px);
    background: #333;
}
```

终于大功告成了。我们抛弃了冗余的标签，花费了三行 CSS 代码，最终达成了这个完美的结果：样式灵活、代码简练，还具有良好的兼容性！

图 7-16

Mac 上流行的生产力工具 Alfred（http://alfredapp.com）也在官网上广泛采用了这种设计风格

▶ 试一试　play.csssecrets.io/**fluid-fixed**

■ CSS 值与单位
http://w3.org/TR/css-values

相关规范

!　如果屏幕的宽度比内容的宽度还要窄，这个解决方案所产生的效果就是没有内边距！不过别急，我们可以用媒体查询来修复这个问题。

垂直居中

难题

> "44 年前我们就把人类送上月球了，但现在我们仍然无法在 CSS 中实现垂直居中。"
>
> ——James Anderson（https://twitter.com/jsa/status/358603820516917249）

在 CSS 中对元素进行**水平居中**是非常简单的：如果它是一个行内元素，就对它的父元素应用 text-align: center；如果它是一个块级元素，就对它自身应用 margin: auto。然而如果要对一个元素进行**垂直居中**，可能光是想想就令人头皮发麻了。

多年以来，垂直居中已经成为了 CSS 领域的圣杯[①]，它同样也是前端开发圈内广为流传的笑话。原因在于它同时具备以下几条特征。

- 它是极其常见的需求。
- 从理论上来看，它似乎极其简单。
- 在实践中，它往往难如登天，当涉及尺寸不固定的元素时尤其如此。

---

① 比喻那些只存在于传说中的物件。——译者注

长久以来，为了解决这一绝世难题，前端开发者们殚精竭虑，琢磨出了各种解决方法，大多数并不实用。在本篇攻略中，我们将探索现代 CSS 的强大威力，以全新的思路去攻克各种场景下的垂直居中难题。请注意，有几种技巧十分流行，但在这里并不会深入探讨，原因如下。

- **表格布局法**（利用表格的显示模式）需要用到一些冗余的 HTML 元素，因此这里不多介绍。
- **行内块法**也不作讨论，因为在我看来这种方法 hack 的味道很浓。

如果你有兴趣，可以去看看 Chris Coyier 写的 **"不为人知的居中方法"**（http://css-tricks.com/centering-in-the-unknown）。这篇出色的文章详细讲述了这两种技巧。

除非特别注明，我们将一直使用如下所示的结构代码，并直接插入 `<body>` 元素中（但实际上我们将要探索的这些技巧是与容器无关的）：

```html
<main>
    <h1>Am I centered yet?</h1>
    <p>Center me, please!</p>
</main>
```

然后再用一些基本的 CSS 来设置背景、内边距等样式，就可以得到**图 7-17** 这样的效果。我们将以此作为起点。

图 7-17
我们的起点

基于绝对定位的解决方案

我们先来看一个早期的垂直居中方法，它要求元素具有固定的宽度和高度：

```css
main {
    position: absolute;
    top: 50%;
    left: 50%;
    margin-top: -3em; /* 6/2 = 3 */
    margin-left: -9em; /* 18/2 = 9 */
    width: 18em;
    height: 6em;
}
```

这段代码在本质上做了这样几件事情：先把这个元素的左上角放置在视口（或最近的、具有定位属性的祖先元素）的正中心，然后再利用负外边距把它向左、向上移动（移动距离相当于它自身宽高的一半），从而**把元素的正中心放置在视口的正中心**。借助强大的 `calc()` 函数，这段代码还可以省掉两行声明：

```css
main {
    position: absolute;
    top: calc(50% - 3em);
```

```
    left: calc(50% - 9em);
    width: 18em;
    height: 6em;
}
```

显然，这个方法最大的局限在于它要求元素的宽高是固定的。在通常情况下，对那些需要居中的元素来说，其尺寸往往是由其内容来决定的。如果能找到一个属性的百分比值以元素自身的宽高作为解析基准，那我们的难题就迎刃而解了！遗憾的是，对于绝大多数 CSS 属性（包括 margin）来说，百分比都是以其父元素的尺寸为基准进行解析的。

CSS 领域有一个很常见的现象，真正的解决方案往往来自于我们最意想不到的地方。在这个例子中，答案来自于 CSS 变形属性。当我们在 translate() 变形函数中使用百分比值时，是以这个元素自身的宽度和高度为基准进行换算和移动的，而这正是我们所需要的。接下来，只要换用基于百分比的 CSS 变形来对元素进行偏移，就不需要在偏移量中把元素的尺寸写死了。这样我们就可以彻底解除对固定尺寸的依赖：

```
main {
    position: absolute;
    top: 50%;
    left: 50%;
    transform: translate(-50%, -50%);
}
```

图 7-18
利用这个 CSS 变形技巧，我们可以让宽高不固定的元素垂直居中

你可以在**图 7-18** 中看到结果：这个容器已经完美居中了，完全满足我们的期望。

当然，没有任何技巧是十全十美的，上面这个方法也有一些需要注意的地方。

- 我们有时不能选用绝对定位，因为它对整个布局的影响太过强烈。
- 如果需要居中的元素已经在高度上超过了视口，那它的顶部会被视口裁切掉（参见**图 7-19**）。有一些办法可以绕过这个问题，但 hack 味道过浓。
- 在某些浏览器中，这个方法可能会导致元素的显示有一些模糊，因为元素可能被放置在半个像素上。这个问题可以用 transform-style: preserve-3d 来修复，不过这个修复手段也可以认为是一个 hack，而且很难保证它在未来不会出问题。

图 7-19
当需要居中的元素在高度上超过了视口时，它的顶部会被裁掉

▶试一试 play.csssecrets.io/**vertical-centering-abs**

实践证明，想要找到最先提出这个实用技巧的人确实不容易，不过所能挖掘到的最早起源似乎是 Stack Overflow（http://stackoverflow.com）的用户 "Charlie"（http://stackoverflow.com/users/479836/charlie），他在 2013 年 4 月 16 日回答了 "如何使用 CSS3 实现垂直对齐"（http://stackoverflow.com/a/16026893/90826）这个问题。

致 敬

基于视口单位的解决方案

假设我们不想使用绝对定位，仍然可以采用 translate() 技巧来把这个元素以其自身宽高的一半为距离进行移动；但是在缺少 left 和 top 的情况下，如何把这个元素的左上角放置在容器的正中心呢？

我们的第一反应很可能是用 margin 属性的百分比值来实现，就像这样：

```
main {
    width: 18em;
    padding: 1em 1.5em;
    margin: 50% auto 0;
    transform: translateY(-50%);
}
```

图 7-20

我们期望 margin 的百分比值可以基于视口的尺寸来解析，但实际上这是行不通的

不过，如图 7-20 所示，这段代码会产生十分离谱的结果。原因在于 **margin 的百分比值是以父元素的宽度作为解析基准的**。没错，即使对于 margin-top 和 margin-bottom 来说也是这样！

不过幸运的是，如果只是想把元素相对于视口进行居中，仍然是有希望的。**CSS 值与单位（第三版）**（http://w3.org/TR/css-values-3/#viewport-relative-lengths）定义了一套新的单位，称为视口相关的长度单位[①]。

- vw 是与**视口宽度**相关的。与常人的直觉不符的是，1vw 实际上表示视口宽度的 1%，而不是 100%。
- 与 vw 类似，1vh 表示**视口高度**的 1%。
- 当视口宽度小于高度时，**1vmin** 等于 1vw，否则等于 1vh。
- 当视口宽度大于高度时，**1vmax** 等于 1vw，否则等于 1vh。

在我们的这个例子中，适用于外边距的是 vh 单位：

图 7-21

把顶部外边距设置为 50vh 可以解决我们的问题，现在这个元素已经正确居中了

```
main {
    width: 18em;
    padding: 1em 1.5em;
    margin: 50vh auto 0;
    transform: translateY(-50%);
}
```

在**图 7-21** 中可以看到，其效果堪称完美。当然，这个技巧的实用性是相当有限的，因为它只适用于在视口中居中的场景。

▶ 试一试　play.csssecrets.io/**vertical-centering-vh**

---

① 使用视口相关的长度单位，我们还可以生成一个正好铺满视口的区块，无需脚本的辅助。更多细节请参阅"用一行 CSS 实现全屏区块"（https://medium.com/@ckor/make-full-screen-sections-with-1-line-of-css-b82227c75cbd）。

基于 Flexbox 的解决方案

这是毋庸置疑的最佳解决方案，因为 Flexbox（**伸缩盒**）（http://w3.org/TR/css-flexbox）是专门针对这类需求所设计的。我们之所以要讨论其他方案，仅仅是因为那些方案在浏览器的支持程度上稍微好一些而已。其实目前现代浏览器对 Flexbox 的支持度已经相当不错了。

我们只需写两行声明即可：先给这个待居中元素的父元素设置 `display: flex`（在这个例子中是 `<body>` 元素），再给这个元素自身设置我们再熟悉不过的 `margin: auto`（在这个例子中是 `<main>` 元素）：

```
body {
    display: flex;
    min-height: 100vh;
    margin: 0;
}

main {
    margin: auto;
}
```

请注意，当我们使用 Flexbox 时，`margin: auto` 不仅在水平方向上将元素居中，垂直方向上也是如此。还有一点，我们甚至不需要指定任何宽度（当然，如果需要的话，也是可以指定的）：这个居中元素分配到的宽度等于 max-content。（还记得 "**自适应内部元素**" 中提到的那些内部尺寸关键字吗？）

如果浏览器不支持 Flexbox，页面渲染结果看起来就跟我们的起点**图 7-17** 是一样的了（如果设置了宽度的话）。虽然没有垂直居中效果，但也是完全可以接受的。

Flexbox 的另一个好处在于，它还可以将匿名容器（即没有被标签包裹的文本节点）垂直居中。举个例子，假设我们的结构代码是：

```
<main>Center me, please!</main>
```
`HTML`

我们先给这个 `main` 元素指定一个固定的尺寸，然后借助 Flexbox 规范所引入的 `align-items` 和 `justify-content` 属性，我们可以让它内部的文

关于未来　　**把所有东西都对齐吧！**

根据盒对齐模型（第三版）（http://w3.org/TR/css-align-3）的计划，在未来，对于简单的垂直居中需求，我们完全不需要动用特殊的布局模式了。因为只需要下面这行代码就可以搞定：

```
align-self: center;
```

不管这个元素上还应用了其他什么属性，这样写就够了。这听起来可能如美梦一般令人难以置信，但或许你手边的浏览器很快就会让它成为现实！

图 7-22
用 Flexbox 还可以把匿名的文本
框居中

本也实现居中[1]（参见**图 7-22**）：

```
main {
    display: flex;
    align-items: center;
    justify-content: center;
    width: 18em;
    height: 10em;
}
```

▶ 试一试 play.csssecrets.io/**vertical-centering**

■ CSS 变形
   http://w3.org/TR/css-transforms

■ CSS 值与单位
   http://w3.org/TR/css-values

■ CSS 伸缩盒布局模型
   http://w3.org/TR/css-flexbox

■ CSS 盒对齐模型
   http://w3.org/TR/css-align

相关规范

---

[1] 我们可以对 `<body>` 使用相同的属性来使 `<main>` 元素居中，但 `margin: auto` 方法要更加优
雅一些，并且同时起到了回退的作用。

41 紧贴底部的页脚

背景知识

视口相关的长度单位（参见"垂直居中"），calc()

难题

在网页设计中，存在一个相当古老但又相当常见的问题，它是前端工程师绕不开的坎。这个问题可以简单地概括如下：有一个具有块级样式的页脚（比如它设置了背景或阴影），当页面内容足够长时它一切正常，而当页面较短时（比如错误信息页面）就会出现问题[1]。此时的问题在于，页脚不能像我们期望中那样"紧贴"在视口的最底部，而是紧跟在内容的下方。

这个问题不仅普遍存在，而且**乍看起来确实相当简单**。因此，在所有"隐蔽大坑"式的难题中[2]，它简直就是教科书般的典型案例。不仅如此，**CSS 2.1 基本上拿它没有办法**：几乎所有的经典解决方案都需要给页脚设置固定的高度，而这显然是不健壮的，也是不实际的。此外，所有这些解决方案都太过复杂、太像 hack 了，而且往往**要求网页按照特定的结构来写**。在那个年代，受制于 CSS 2.1 有限的能力范围，这已是我们所能达到的最好结果了。不过，在现代 CSS 的协助下，我们可以做得更好吗？如果答案是肯定的，又该如何去做？

固定高度的解决方案

我们手头的这个页面极其简单，`<body>` 元素内的结构代码如下所示：

---

[1] 具体来说，当页面内容的长度小于视口高度减去页脚高度时，这个问题就会出现。

[2] 如果你从来没有在这个大坑里体验过疯魔的快感，那不妨来感受一下前人针对这个问题所积累下来的宝贵财富。在 CSS 第三版规范推出之前，这些解决方案曾经挽救过一个又一个的网页开发者：

cssstickyfooter.com

ryanfait.com/sticky-footer

css-tricks.com/snippets/css/sticky-footer

pixelsvsbytes.com/blog/2011/09/sticky-css-footers-the-flexible-way

mystrd.at/modern-clean-css-sticky-footer

最后两个解决方案是这众多链接中最为精简的，但仍然有其局限之处。

```html
<header>
    <h1>Site name</h1>
</header>
<main>
    <p>Bacon Ipsum dolor sit amet...
    <!-- 从baconipsum.com那里复制一些示意文字过来 --></p>
</main>
<footer>
    <p>© 2015 No rights reserved.</p>
    <p>Made with ♥ by an anonymous pastafarian.</p>
</footer>
```

图 7-23

这是一个简单的页面,当内容足够长时它的效果

图 7-24

页脚沉不到底的问题相当严重

> 在 calc() 中使用加减法时要特别当心:记得在 + 和 − 运算符的左右**各加**一个空格。这条怪异的规则是为了向前兼容。在未来的某个时候,calc() 内部可能会允许使用关键字,那么 CSS 解析器就需要有依据来区分关键字中的连字符和减号运算符。

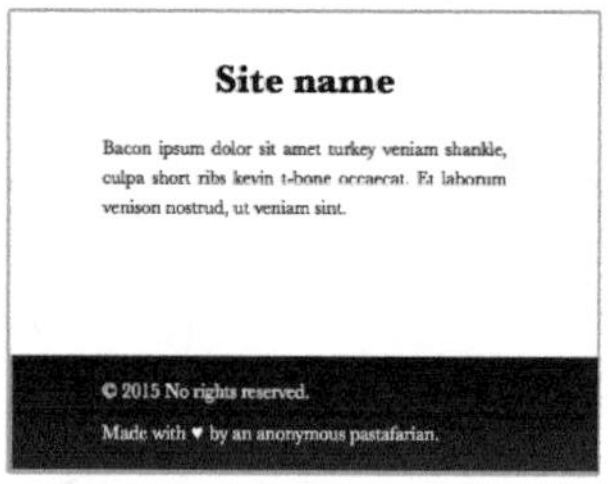

图 7-25

运用 CSS 的计算功能将页脚固定到底部

然后我们给页面加上一些基本样式,再给页脚加上一层背景。你可以在**图 7-23** 中看到它的样子。现在,让我们把页面内容缩短一些,结果如**图 7-24** 所示。此时页脚沉不到底的问题就完全暴露出来了!好吧,我们重现了这个问题,但是该如何解决呢?

假设这个页脚的文本永远不可能折行,那我们就可以推算出它实际所占的高度:

2 行 × 行高 +3× 段落的垂直外边距 + 页脚的垂直内边距 =

$$2×1.5em+3×1em+1em=7em$$

同样,我们可以得出页头的高度是 2.5em。接下来,借助视口相关的长度单位以及 `calc()` 函数,只需一行 CSS 代码就可以表达出这种尺寸关系,从而把页脚"固定"到底部:

```css
main {
    min-height: calc(100vh - 2.5em - 7em);
    /* 避免内边距或边框搞乱高度的计算: */
    box-sizing: border-box;
}
```

或者换个方式,我们可以把 `<header>` 和 `<main>` 元素包在一个容器里,然后在算式中就只需要考虑页脚的高度了:

```css
#wrapper {
    min-height: calc(100vh - 7em);
}
```

这个方法是有效的(参见**图 7-25**),而且它似乎比那些需要固定高度的方案还要稍好一些,主要好在它的代码极其精简。不过,如果页面布局不是这么简单的话,那这个方法就**完全不实用**了。它不仅要求我们确保页脚内的文本**永远不会折行**,而且**每当我们改变页脚的尺寸时**,都需要跟着调整 `min-height` 值(也就是说,这不够 DRY);此外,除非我们愿意给页头和内容主体套一层额外的 HTML 元素,否则还要跟着页头的尺寸修改。想必在这个美好的新时代,我们还有更好的办法,对吗?

▷ 试一试 play.csssecrets.io/**sticky-footer-fixed**

更灵活的解决方案

Flexbox 对于此类问题同样是完美的选择。只需寥寥几行 CSS 代码就可以完美达成十分灵活的布局效果，而且完全不需要复杂的计算或是添加多余的 HTML 元素等。首先，我们需要对 `<body>` 元素设置 display: flex，因为它是这三个主要区块的父元素，当父元素获得这个属性之后，就可以对其子元素触发"伸缩盒布局模型"。我们还需要把 flex-flow 设置为 column，否则子元素会被水平排放在一行上（参见**图 7-26**）：

```
body {
    display: flex;
    flex-flow: column;
}
```

此时，页面看起来与没有启用 Flexbox 的情况似乎是一样的，因为所有元素都占据了整个视口的宽度，而它们的高度也都是由其自身的内容来决定的。也就是说，我们还没有真正发挥 Flexbox 的威力。

为了完全释放它的魔力，我们首先要把 `<body>` 的 min-height 属性指定为 100vh，这样它就**至少会占据整个视口的高度**。不过，现在整个页面的布局仍然跟**图 7-24** 无异，原因在于，虽然我们已经为整个 body 元素指定了最小高度，但各个子元素的高度仍然是以各自的内容为准的（按照 CSS 规范的说法，它们的高度仍然由内部因素来决定）。

此时我们所期望的是，页头和页脚的高度由其**内部因素**来决定，而内容区块的高度应该可以自动伸展并占满所有的可用空间。我们只要给 `<main>` 这个容器的 flex 属性指定一个大于 0 的值（比如 1 即可），就可以实现这个效果了：

```
body {
    display: flex;
    flex-flow: column;
    min-height: 100vh;
}

main { flex: 1; }
```

这样就可以了！我们只需要四行简单的代码，就完美实现了紧贴底部的页脚（与**图 7-25** 中的效果一致）。Flexbox 是不是相当霸气？

> ▶**试一试**　play.csssecrets.io/**sticky-footer**

向 Philip Walton（http://philipwalton.com）脱帽致敬，感谢他提出这个技巧（http://philipwalton.github.io/solved-by-flexbox/demos/sticky-footer）。

图 7-26

只应用 flex 而没有应用其他属性时，会让所有子元素水平排列

小提示

这个 flex 属性实际上是 flex-grow、flex-shrink 和 flex-basis 的简写语法。任何元素只要设置了一个大于 0 的 flex 值，就将获得可伸缩的特性；flex 的值负责控制多个可伸缩元素之间的尺寸分配比例。举例来说，在我们眼前的这个例子中，如果 `<main>` 是 flex: 2 而 `<footer>` 是 flex: 1，那么内容区块的高度将是页脚高度的两倍。如果把它们的值从 2 和 1 改为 4 和 2，结果也是一样的，因为真正起作用的是它们的数值比例。

致　敬

■ CSS 伸缩盒布局
http://w3.org/TR/css-flexbox

■ CSS 值与单位
http://w3.org/TR/css-values

相关规范

第 8 章

过渡与动画

8

42

缓动效果

背景知识

基本的 CSS 过渡，基本的 CSS 动画

难题

给过渡和动画加上缓动效果（比如具有回弹效果的过渡过程）是一种流行的表现手法，可以让界面显得更加生动和真实：在现实世界中，物体从 A 点到 B 点的移动往往不是完全匀速的。

以纯技术的角度来看，回弹效果是指当一个过渡达到最终值时，往回倒一点，然后再次回到最终值，如此往复一次或多次，并逐渐收敛，最终稳定在最终值。举个例子，假设要用一个元素来模拟一个下落的小球（参见**图 8-1**），我们会把 transform 属性[1]从 none 过渡到 translateY(350px) 来模拟这个下落过程。

实际上，回弹效果并不只对位移动画有帮助。对几乎所有类型的过渡动画来说，它都可以显著增强动画的体验，其中包括：

- 尺寸变化（比如：元素在 :hover 时变大，弹出框从 transform: scale(0) 的状态开始放大显示，柱状图中的每根柱子动态地冒出来，等等）

- 角度变化（比如：元素的旋转动作，饼图中的各个扇区以动画的方式从 0°开始展开为实际大小，等等）

有相当多的 JavaScript 类库可以创建动画，且内置回弹效果。但在眼下，我们其实已经不需要借助脚本来实现过渡和动画了。不过，在 CSS 中实现回弹效果的最佳方式是什么呢？

---

[1] 为什么在这里采用变形属性来表现物体的下落，而不是类似 top 或 margin-top 这样的属性？在编写本书时，变形属性的动画过程更加流畅；而其他 CSS 属性由于需要对齐到像素，往往略显生硬。

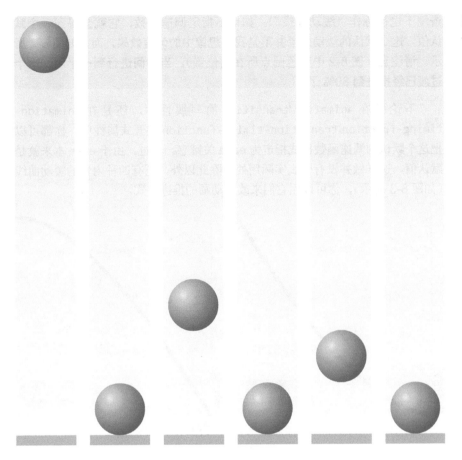

图 8-1
一个逼真的弹跳动作

弹跳动画

我们的第一感觉可能就是使用 CSS 动画，并设置如下关键帧：

```
@keyframes bounce {
    60%, 80%, to { transform: translateY(350px); }
    70% { transform: translateY(250px); }
    90% { transform: translateY(300px); }
}

.ball {
    /* 尺寸样式、颜色样式等 */
    animation: bounce 3s;
}
```

这段代码所描述的关键帧正好对应了**图 8-1** 中的每一个阶段。但是，如果你跑一遍这个动画，会发现它显得很不真实。主要原因在于，每当这个小球改变运动方向时，它的移动过程都是持续加速的，这看起来很不自然。产生这个结果的原因在于，它的调速函数在所有关键帧的衔接中都是一样的。

你可能会问："它的调速……什么？"所有过渡和动画都是跟一条曲线有关的，**这条曲线指定了动画过程在整段时间中是如何推进的**（它在某些

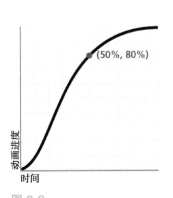

(50%, 80%)

图 8-2
所有过渡和动画的默认调速函数
（ease）

语境下也被称作"缓动曲线"）。如果不指定调速函数，它就会得到一个默认值。这个默认的缓动效果并不是我们想像中的**匀速效果**，而是如**图 8-2** 所示。请注意（**图 8-2** 中粉色圆点所在的位置），**当时间进行到一半时，这个过渡已经推进到 80% 了**！

　　不论是在 animation/transition 简写属性中，还是在 animation-timing-function/transition-timing-function 展开式属性中，你都可以把这个默认的调速函数**显式**指定为 ease 关键字。不过，由于 ease 本来就是默认值，这样做并没有什么实际用处。除此以外，还有四种内置的缓动曲线（如**图 8-3** 所示），你可以用它们来改变动画的推进方式。

图 8-3
其他内置的调速函数，及其对应
的关键字

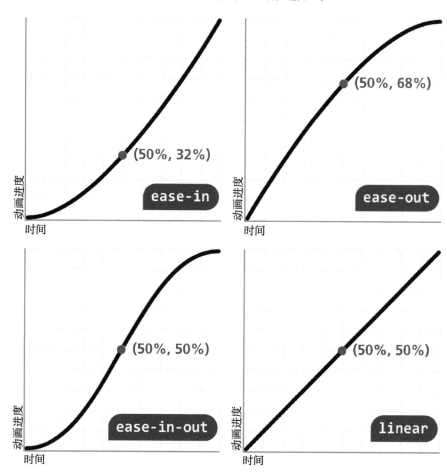

　　如你所见，ease-out 是 ease-in 的反向版本。这一对组合正好是实现回弹效果所需要的：**每当小球的运动方向相反时，我们希望调速函数也是相反的**。因此，我们可以在 animation 属性中指定一个通用的调速函数，然后在关键帧中按需覆盖它。我们希望下落方向上的调速函数是加速的（ease-in），而弹起方向上是减速的（ease-out）：

```
@keyframes bounce {
    60%, 80%, to {
```

```
        transform: translateY(400px);
        animation-timing-function: ease-out;
    }
    70% { transform: translateY(300px); }
    90% { transform: translateY(360px); }
}

.ball {
    /* 其余样式写在这里 */
    animation: bounce 3s ease-in;
}
```

如果你试着运行这段代码，就会发现，虽然这个改动很小，但明显让回弹效果变得真实起来。不过，这五种内置的缓动曲线明显不够用。如果我们可以按照自己的需要来选择任意的调速函数，那应该可以实现更加真实的效果。举个例子，如果这个回弹动画是用来模拟自由落体的，那么一个**更高的加速度**（类似 ease 所提供的效果）应该可以产生出一种更加真实的效果。不过，如果没有对应的关键字可用，要如何得到 ease 的反向版本呢？

所有这五种曲线都是通过（三次）贝塞尔曲线来指定的。我们可以在任意一种矢量绘图软件（比如 Adobe Illustrator）中处理贝塞尔曲线。这种曲线由一定数量的路径片断所组成，各个片断的每一端都可以由一个手柄来控制曲率（这些手柄通常也被称作控制锚点）。一条复杂的曲线可能包含很多片断，这些片断的端点彼此相连构成了整条曲线（参见**图 8-4**）。但 CSS 的调速函数都是**只有一个片断**的贝塞尔曲线，因此每个调速函数只有**两个控制锚点**。举个例子，你可以在**图 8-5** 中看到默认调速函数（**ease**）以及它的控制锚点。

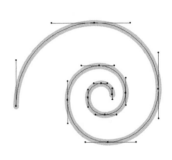

图 8-4

用三次贝塞尔曲线画出的螺旋线，标示出了各个节点和控制锚点

作为对上述五种预定义曲线的补充，CSS 提供了一个 **cubic-bezier()** 函数，**允许我们指定自定义的调速函数**。它接受四个参数，分别代表两个控制锚点的坐标值，我们通过这两个控制锚点来指定想要的贝塞尔曲线。语法形式是这样的：**cubic-bezier(x1, y1, x2, y2)**，其中 (x_1, y_1) 表示第一个控制锚点的坐标，而 (x_2, y_2) 是第二个。曲线片断的两个端点分别固定在 **(0,0)** 和 **(1,1)**，前者是整个过渡的起点（时间进度为零，动画进度为零），后者是终点（时间进度为 100%，动画进度为 100%）。

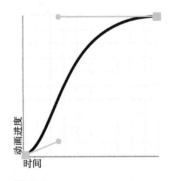

图 8-5

调速函数 ease 的节点和控制锚点

请注意，固定曲线的两个端点并不是唯一的限制。另外，两个控制锚点的 x 值都被限制在 [0, 1] 区间内（即我们无法把手柄在水平方向上移出这个图形范围）。这个限制并不是随便加上的。由于我们（目前）无法穿越时间，因此无法指定这样一个过渡：在被触发之前就开始了，或者在时间用完之后仍然没有结束。这里真正的限制是节点的数量：曲线只能有两个节点，这明显限制了它的能力，但也让 cubic-bezier() 函数易于使用。尽管这些限制确实存在，但 cubic-bezier() 所能创造出的可能性已经相当可观了。

从逻辑上来说，只要我们**把控制锚点的水平坐标和垂直坐标互换**，就**可以得到任何调速函数的反向版本**。这一点对关键字也是适用的；上述所有五个关键字都有其对应的 **cubic-bezier()** 形式的值。举例来说，ease 等同于 cubic-bezier(.25,.1,.25,1)，因此它的反向版本就是 cubic-bezier(.1,.25,1,.25)，如**图 8-6** 所示。通过这种方法，我们的回弹动画就可以使用 ease 了，并且看起来更加真实：

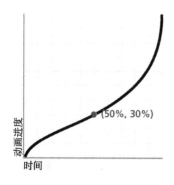

图 8-6

ease 调速函数的反向版本

```
@keyframes bounce {
    60%, 80%, to {
        transform: translateY(400px);
        animation-timing-function: ease;
    }
    70% { transform: translateY(300px); }
    90% { transform: translateY(360px); }
}
.ball {
    /* 外观样式 */
    animation: bounce 3s cubic-bezier(.1,.25,1,.25);
}
```

借助一款类似 cubic-bezier.com 的图形化工具（参见**图 8-7**），我们可以反复尝试和优化，从而进一步改进这个回弹动画。

▶ 试一试　play.csssecrets.io/**bounce**

致　敬

图 8-7

三次贝塞尔曲线有一个饱受诟病的缺点：在没有可视化界面的情况下，它极难编辑和理解；用于描述 CSS 动画的调速函数时更是如此。不过幸运的是，有一些在线工具是专门为此而生的，比如由笔者倾情打造的 cubic-bezier.com

在 Dan Eden（http://daneden.me）编写的 animate.css 动画库中，所用到的调速函数分别是 cubic-bezier(.215,.61,.355,1) 和 cubic-bezier (.755,.05,.855,.06)（后者并不是前者的反向版本，它的曲线更加陡峭，效果也更加逼真）。

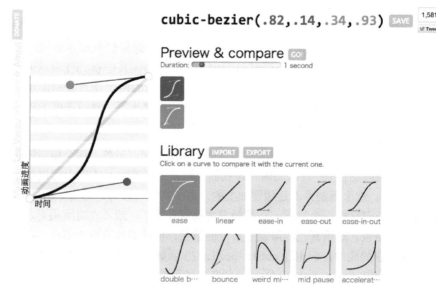

弹性过渡

假设有一个文本输入框，每当它被聚焦时，都需要展示一个提示框。这个提示框用来向用户提供帮助信息，比如字段值的正确格式等。结构代码可能是这样的：

```
<label>
    Your username: <input id="username" />
    <span class="callout">Only letters, numbers,
    underscores (_) and hyphens (-) allowed!</span>
</label>
```

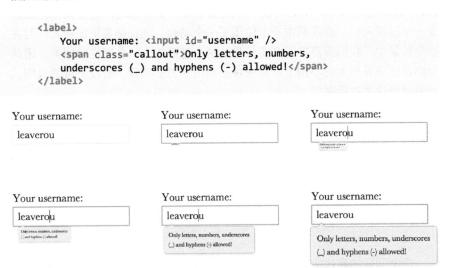

触发这个提示框（.callout）所需的 CSS 代码如下所示（我们在这里略去了具体的外观和布局样式）：

```
input:not(:focus) + .callout {
    transform: scale(0);
}

.callout {
    transition: .5s transform;
    transform-origin: 1.4em -.4em;
}
```

目前，当用户聚焦到这个文本输入框时，会有一个半秒钟的过渡，如**图 8-8** 所示。这个过渡没有什么问题，但如果它在结尾时能再夸张一点的话，会显得更加自然和生动（比如说，先扩大到 110% 的尺寸，然后再缩回100%）。我们可以把这个过渡改成一个动画，然后用上我们在前一段所学到的东西：

```
@keyframes elastic-grow {
    from { transform: scale(0); }
    70% {
        transform: scale(1.1);
        animation-timing-function:
            cubic-bezier(.1,.25,1,.25); /* 反向的ease */
    }
}

input:not(:focus) + .callout { transform: scale(0); }
```

小提示

如果你打算用 height 而不是变形属性来实现提示框的展示动画，可能会发现从 height: 0（或其他值）到 height: auto 的过渡并不会生效。这是因为 auto 是一个关键字，无法解析为一个可动画的值。在这种场景下，可以改为**对 max-height 属性进行过渡**，并给这个属性指定一个足够大的值来作为展示状态。

图 8-8

这个过渡动画最开始看起来是这样的

```
input:focus + .callout { animation: elastic-grow .5s; }

.callout { transform-origin: 1.4em -.4em; }
```

动手尝试之后，我们就会看到这个改动确实发挥了作用。你可以在**图 8-9** 中看到它的效果，不妨与前一个过渡对比一下。不过，这里其实只是需要一个过渡而已，而我们本质上使用了一个动画。动画确实更加强大，但在这个场景中，我们所需要的其实只是给这个过渡加入一些弹性的感觉，因此动画在这里显得大材小用了，有一种杀鸡用牛刀的感觉。有没有可能只用过渡就做出这个效果呢？

图 8-9

如果给这个过渡加入一些弹性的感觉，UI 会显得更加真实和生动

这个问题的解决方案仍然来自于自定义调速函数 cubic-bezier()。到目前为止，我们只是讨论了曲线的控制锚点处在 0~1 区间内的情况。前面曾经提到过，我们无法在水平方向上超越这个范围，至少在时光机发明之前是不可能的；但**我们可以在垂直方向上突破 0~1 区间，从而让过渡达到低于 0 或高于 100% 的程度**。你能猜到这意味着什么吗？它表示如果我们要从 scale(0) 的变形程度过渡到 scale(1)，就还将经历一个比最终值更大的状态，比如 scale(1.1)（或者更甚，这取决于调速函数有多陡）。

在这个例子中，我们只想加入一点弹性效果，因此希望调速函数可以先达到 110% 的程度（相当于 scale(1.1)），然后再过渡回 100%。让我们从初始的调速函数 ease（cubic-bezier(.25,.1,.25,1)）开始，然后把第二个控制锚点向上移，直至调到类似 cubic-bezier(.25,.1,.3,1.5) 的程度。在**图 8-10** 中可以看到，现在这个过渡会在总时长 50% 的时间点达到 100% 的变形程度。不过，过渡过程并不会停在那里；它会在超越最终值之后继续推进，在 70% 的时间点达到 110% 的变形程度峰值，然后在最后可用的 30% 时间里过渡回它的最终值。可见，整个过渡的推进过程非常接近前面的动画方案，但它只需要一行代码就可以实现整个效果。我们把代码列在下面，作为对比：

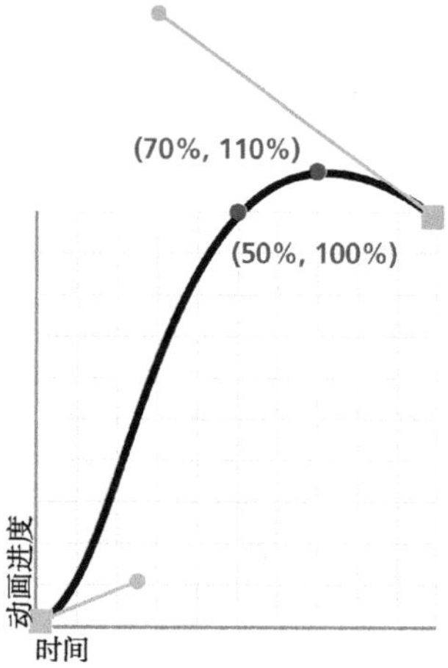

```
input:not(:focus) + .callout { transform: scale(0); }

.callout {
    transform-origin: 1.4em -.4em;
    transition: .5s cubic-bezier(.25,.1,.3,1.5);
}
```

(70%, 110%)

(50%, 100%)

动画进度

时间

图 8-10

这个自定义的调速函数在垂直坐标上已经超出 0~1 区间了

尽管这个提示框在展示过程中的过渡效果看起来是符合预期的，但是当输入框失去焦点、提示框收缩并消失时，这个过渡过程就不是我们所期望的结果了（参见**图 8-11**）。这到底是怎么回事？！这个结果似乎在我们意料之外，但其实也在情理之中：当我们把焦点从输入框中切出去的时候，所触发的过渡会以 **scale(1)** 作为起始值，并以 **scale(0)** 作为最终值。由于此时是相同的调速函数在起作用，这个过渡仍然会在 350ms 后到达 110% 的变形程度。只不过在这里，110% 变形程度的解析结果并不是 **scale(1.1)**，而是 **scale(-0.1)**！

图 8-11

这到底是怎么回事

不过也别灰心，因为修复这个问题不过是多加一行代码而已。假设我们只想给提示框的关闭过程指定普通的 **ease** 调速函数，那么可以在定义关闭状态的 CSS 规则中把当前的调速函数覆盖掉：

```
input:not(:focus) + .callout {
    transform: scale(0);
    transition-timing-function: ease;
}

.callout {
    transform-origin: 1.4em -.4em;
    transition: .5s cubic-bezier(.25,.1,.3,1.5);
}
```

这时候再试一试，就会发现提示框关闭的过程已经恢复到我们设置自定义 cubic-bezier() 函数之前的样子了，而它的展开过程仍然保留了我们想要的弹性效果。

细心的读者可能还会发现另一个问题：**提示框的关闭动作明显要迟钝一些**。这又是为什么呢？我们来仔细想想看。在提示框的展开过程中，当时间进行到 50% 时（即 250ms 之后），它就已经达到 100% 的完整尺寸了。但在收缩的过程中，从 0 到 100% 的变化会花费我们为过渡所指定的**所有时间**（500ms），因此**感觉上会慢一半**。

要修复这个问题，只需同时覆盖过渡的持续时间即可：我们既可以单独覆盖 transition-duration 这一个属性，也可以用 transition 这个简写属性来覆盖所有的值。如果选择后者的话，就不需要显式指定 ease 了，因为它本来就是初始值：

```
input:not(:focus) + .callout {
    transform: scale(0);
    transition: .25s;
}

.callout {
    transform-origin: 1.4em -.4em;
    transition: .5s cubic-bezier(.25,.1,.3,1.5);
}
```

图 8-12

以  rgb(100%, 0%, 40%) 和 rgb(50%, 50%, 50%)（即灰色 gray）这两种颜色为例，我们用 cubic-bezier(.25,.1,.2,3) 这个调速函数进行弹性过渡会得到这样的结果。RGB 三个通道的值是独立进行插值运算的，因此这个过渡过程中可能会产生 rgb(0%, 100%, 60%) 这样怪异的颜色。你可以到 play.csssecrets.io/elastic-color 亲身体验

虽然弹性过渡在很多种类的过渡中都可以收到不错的效果（比如本节"难题"中的那些例子），但在某些时候**它产生的结果可能会相当糟糕**。典型的**反面案例**出现在对**颜色**属性的弹性过渡中。尽管两种颜色发生弹性过渡的结果可能会**相当有趣**（参见**图 8-12**），但这种效果在 UI 场景下通常是不合适的。

为避免不小心对颜色设置了弹性过渡，可以尝试**把过渡的作用范围限制在某几种特定的属性上**，而不是像以前那样什么都不指定。当我们在 transition 简写属性中不指定任何属性时，transition-property 就会得到它的初始值：all。这意味着只要是可以过渡的属性，都会参与过渡。因此，如果我们以后在提示框打开状态的样式规则中增加一行 background 声明，那么弹性过渡也会作用在这个属性上。所以最终完美版的代码应该是这样的：

小提示

说到把过渡的作用范围限制在特定属性上，你甚至可以通过 transition-delay 属性把各个属性的过渡过程**排成列队**，这个属性的值实际上就是 transition 简写属性中的第二个时间值。举例来说，如果 width 和 height 都需要过渡效果，而且你希望高度先变化然后宽度再变化（很多弹出框脚本库已经把这种动画效果推广开来了），就可以这样写：transition: .5s height, .8s .5s width;（也就是说，让 width 过渡的延时正好等于 height 过渡的持续时间）。

```
input:not(:focus) + .callout {
    transform: scale(0);
    transition: .25s transform;
}

.callout {
    transform-origin: 1.4em -.4em;
    transition: .5s cubic-bezier(.25,.1,.3,1.5) transform;
}
```

▶试一试 play.csssecrets.io/**elastic**

■ CSS 过渡
http://w3.org/TR/css-transitions

■ CSS 动画
http://w3.org/TR/css-animations

相关规范

43 逐帧动画

背景知识
基本的 CSS 动画，"缓动效果"

难题

在很多时候，我们需要一个很难（或不可能）只通过某些 CSS 属性的过渡来实现的动画。比如一段卡通影片，或是一个复杂的进度指示框。在这种场景下，基于图片的逐帧动画才是完美的选择；不过想在网页中以一种灵活的方式来实现这种动画，可谓是一项惊人的挑战。

看到这里，你可能会产生这样一种疑问："难道不能用 GIF 动画吗？"对大多数情况来说，答案是"能"，GIF 动画可以完美胜任。但是，GIF 动画也有一些短板，在某些场景下可能会让整体效果大打折扣。

■ GIF 图片的所能使用的颜色数量被限制在 **256 色**。

图 8-13
半透明的加载提示（来自 **dabblet. com** 网站）；这个效果用 GIF 动画是无法实现的

- GIF **不具备 Alpha 透明的特性**。当我们不确定 GIF 动画的下层是什么时，这往往是一个大问题。比如对于加载提示来说，半透明效果是十分常见的（参见**图 8-13**）。

- 我们无法在 CSS 层面修改动画的某些参数，比如动画的持续时间、循环次数、是否暂停等。GIF 动画一旦生成，上述所有参数就固定在文件内部了；如果想作修改，就只能动用图像处理软件去重新生成一个 GIF 文件。从可移植性的角度来看，这种特性确实不错，**但对调试过程来说相当不便**。

2004 年，Mozilla 发起了一个建议：**在 PNG 格式中增加对逐帧动画的支持**，就像 GIF 格式同时支持静态图像和动画一样。这种格式被称作 APNG。它在设计时就考虑到了如何向后兼容：它会把动画的第一帧画面以传统 PNG 文件的方式进行编码，因此对于那些不支持 APNG 特性的旧版看图软件来说，至少可以把第一帧正常显示出来。尽管看起来大有前途，但 APNG 并没有获得足够的推广。时至今日，只有极少数的浏览器和图像处理软件支持这种格式[①]。

网页开发者甚至动用过 JavaScript 在浏览器中实现灵活的逐帧动画，比如用一张拼合图片（image sprite）作为背景，然后用 JavaScript 动态地控制它的 background-position。你甚至还可以找到一些专门为此设计的小型类库！我们能否只借助清爽易读的 CSS 代码就满足这个需求呢？

解决方案

假设我们已经把动画中的所有帧全部拼合到一张 PNG 图片中了，如**图 8-14** 所示。

图 8-14

旋转菊花所需要的八帧画面已经合并到一起了（图片尺寸为 800×100）

然后用一个元素来容纳这个加载提示（别忘了在里面写一些文字，来确保可访问性），并把它的宽高设置为单帧的尺寸：

```html
<div class="loader">Loading...</div>
```

```
.loader {
    width: 100px; height: 100px;

    background: url(img/loader.png) 0 0;

    /* 把文本隐藏起来 */
```

HTML

[①] 关于 APNG 的更多信息，请参阅 wikipedia.org/wiki/APNG。

```
    text-indent: 200%;
    white-space: nowrap;
    overflow: hidden;
}
```

目前它的效果如**图 8-15** 所示：第一帧显示出来了，但还没有动画效果。如果我们尝试对它应用各种不同的 background-position 值，就会发现 -100px 0 会让它显示出第二帧，-200px 0 会显示第三帧，以此类推。于是我们的第一反应就是用下面的方法来让它动起来：

```
@keyframes loader {
    to { background-position: -800px 0; }
}

.loader {
    width: 100px; height: 100px;
    background: url(img/loader.png) 0 0;
    animation: loader 1s infinite linear;

    /* 把文本隐藏起来 */
    text-indent: 200%;
    white-space: nowrap;
    overflow: hidden;
}
```

图 8-15

加载提示的第一帧显示出来了，但还没有动画效果

但是，在下面这几幅静态截图（动画每经历 167ms 时的情形）中，你会发现这样其实是行不通的（参见**图 8-16**）。

图 8-16

实现逐帧动画的首次尝试失败了，因为我们并不需要帧与帧之间的过渡状态

我们似乎走错了路，但其实已经相当接近真正的答案了。这里的秘诀是采用 steps() 这个调速函数，而不是基于贝塞尔曲线的调速函数。

你可能会问："采用什么调速函数？！"就像我们在前一节所看到的，所有基于贝塞尔曲线的调速函数都会在关键帧之间进行插值运算，从而产生平滑的过渡效果。这个特性很棒，因为在通常情况下，平滑的过渡确实是我们使用 CSS 过渡和动画的原因。但在眼前的场景下，**这种平滑特性恰恰毁掉了我们想实现的逐帧动画效果**。

与贝塞尔曲线调速函数迥然不同的是，steps() 会根据你指定的步进数

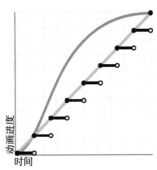

图 8-17

对比 steps(8)、linear 以及默认的 ease 这三种调整函数的差异

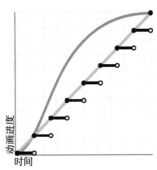 图中纵轴标注：动画进度；横轴标注：时间

量，把整个动画切分为多帧，而且整个动画**会在帧与帧之间硬切**，不会做任何插值处理。通常，这种硬切效果是我们极力避免的，因此我们很少听到关于 steps() 的讨论。在 CSS 调速函数的世界里，基于贝塞尔曲线的调速函数就像是处处受人追捧的白天鹅，而 steps() 则是旁人避之唯恐不及的丑小鸭。不过，在这个案例中，后者却是我们通向成功的关键。一旦把整个动画的代码修改为下面的形式，这个加载提示就瞬间变成我们想要的样子了：

```
animation: loader 1s infinite steps(8);
```

别忘了 steps() 还接受可选的第二个参数，其值可以是 start 或 end（默认值）。这个参数用于指定动画在每个循环周期的什么位置发生帧的切换动作（关于默认值 end 的行为，参见**图 8-17**），但实际上这个参数用得并不多。如果我们只需要一个单步切换效果，还可以使用 step-start 和 step-end 这样的简写属性，它们分别等同于 steps(1, start) 和 steps(1, end)。

▶试一试　play.csssecrets.io/**frame-by-frame**

致　敬

向 Simurai（http://simurai.com/）脱帽致敬，感谢他在"**用 steps() 实现拼合图片的动画效果**"（http://simurai.com/blog/2012/12/03/step-animation）这篇文章中提出了这个实用的技巧。

■ CSS 动画
http://w3.org/TR/css-animations

相关规范

44

闪烁效果

背景知识
基本的 CSS 动画,"逐帧动画"

难题

还记得当年的 `<blink>` 标签吗?当然记得。这个标签已经成为了这个行业的一枚文化印记,见证了那个"刀耕火种"的年代,而今已随大江东去,长存谈笑声中。这个标签一直饱受诟病,一个原因在于它违背了结构和样式分离的准则,另一个更重要的原因在于,它在 20 世纪 90 年代末期被滥用了,而这对于当时的互联网用户来说简直就是一场灾难。甚至它的发明者 Lou Montulli 也曾这样说道:"(我认为)blink 标签是我为互联网所创造的最糟糕的东西。"

现在 `<blink>` 带来的噩梦早已远离我们,但有时候我们却不得不承认,闪烁动画仍然是不可或缺的。我们一开始可能会极力排斥这个想法,但总有一天会意识到,在某些使用场景下,闪烁效果**对可用性是有益的,而不是有害的**。

有一种常见的用户体验设计手法,就是通过数次闪烁(不超过三次)来提示用户界面中有某处发生了变化,或者用来凸显出当前链接的目标(如果页面中某元素的 ID 与 URL 中的 #hash 相匹配,则它就是链接的目标)。在此类场景下使用闪烁,可以有效地把用户的注意力引导到某个特定区域。只要我们把闪烁的次数限制在一定范围之内,就可以完全避免 `<blink>` 标签的那种负面作用。另一种取其精华(有效引导用户的注意力)同时弃其糟粕(令用户分心、烦躁,甚至可能诱发癫痫)的方法,是让闪烁过程"平滑"起来(也就是说,其效果不是"开"和"关"状态之间的硬切,而是让这两个状态的切换具有一个平滑的过渡)。

不过,如何才能实现上述要点呢? `<blink>` 标签有一个纯 CSS 版的替代物,就是 `text-decoration: blink`,但它的功能极为有限,无法满足上述定制需求;而且就算这个属性的功能已经够用了,它的浏览器支持度也相当差。那我们可以用 CSS 动画来实现它吗?还是说只能求助于 JavaScript 这最后一根救命稻草?

解决方案

用 CSS 动画确实可以实现各种类型的闪烁效果，比如对整个元素进行闪烁（通过 opacity 属性），对文字的颜色进行闪烁（通过 color 属性），对边框进行闪烁（通过 border-color 属性），等等。在下面的内容中，我们将只讨论文字的闪烁效果，因为这是最常见的需求。不过，我们介绍的原理同样适用于元素其他部分的闪烁效果。

要实现一个平滑的闪烁效果其实很简单。我们迈出的第一步可能是这样的：

```
@keyframes blink-smooth { to { color: transparent } }

.highlight { animation: 1s blink-smooth 3; }
```

这基本上成功了。这段文字可以平滑地从它原来的颜色淡化为透明色，但随后会**生硬地跳回**原来的颜色。我们把文字颜色随时间发生的变化用图形的方式记录下来（参见**图 8-18**），有助于我们接下来的分析。

这可能正是我们预先设想的效果。如果是这样的话，那就大功告成了！但如果我们希望文字颜色的变化不仅是平滑隐去的，同时还是平滑显现的，那就还得继续努力一番。为了达到这个结果，我们想到了一个办法：修改关键帧，让状态切换发生在每个循环周期的中间。

```
@keyframes blink-smooth { 50% { color: transparent } }

.highlight {
    animation: 1s blink-smooth 3;
}
```

现在它似乎就是我们所期望的效果了。不过这里还有一个问题，虽然在这个特定的动画中表现得不是很明显（因为颜色或透明度的过渡很难体现出各种调速函数的特征），但我们心里一定要明白：这个动画一直是处在加速过程中的，不论是在文字显现还是隐去时——这对某些动画来说可能会显得不太自然（比如类似脉搏跳动的动画）。在那种情况下，我们可以从工具箱中请出另一件法宝：animation-direction。

animation-direction 的唯一作用就是反转每一个循环周期（reverse），或第偶数个循环周期（alternate），或第奇数个循环周期（alternate-reverse）。它的伟大之处在于，**它会同时反转调整函数**，从而产生更加逼真的动画效果。我们可以把它用在需要闪烁的元素上，比如：

```
@keyframes blink-smooth { to { color: transparent } }

.highlight {
    animation: .5s blink-smooth 6 alternate;
}
```

图 8-19

animation-direction 属性接受的值共有四个，本图以一段从 black 变化到 transparent 并循环三次的动画为例，展示了这四个值各自对动画的作用效果

请注意，我们必须把动画循环的次数翻倍（而不是像前面的方法那样把循环周期的时间长度翻倍），因为现在一次淡入淡出的过程是由两个循环周期组成的。基于同样的原因，我们也要把 animation-duration 减半。

如果我们想得到的是一个平滑的闪烁动画，现在就可以收工了。不过，假如我们只想得到最普通的那种闪烁效果呢？应该如何实现？我们首先想到的办法可能是：

```
@keyframes blink { to { color: transparent } }

.highlight {
    animation: 1s blink 3 steps(1);
}
```

但是，这个尝试会华丽地失败：什么动静也没有。原因在于，steps(1) 本质上等同于 steps(1, end)，它表示当前颜色与 transparent 之间的过渡会在一次步进中完成，于是**颜色值的切换只会发生在动画周期的末尾**（参见图 8-20）。因此，**我们会看到起始值贯穿于整个动画周期，而终止值只在动画结尾的无限短的时间点处出现。**如果我们改用 steps(1, start)，结果就完全相反了：颜色值的切换会发生在动画周期最开始，于是我们始终只能看到纯透明的文字，没有任何动画或闪烁效果。

以这个逻辑来看，我们接下来可以换用 steps(2) 来碰碰运气，两种步进方式（start 或 end）都可以试一下。现在我们终于可以看到闪烁效果了，但这个闪烁效果要么是由半透明切到纯透明，要么是由半透明切到实色，原因同上。由于我们无法通过配置 steps() 来让这个切换动作发生在动画周期的中间点（只能发生在起点或终点），唯一的解决方案是调整动画的关键帧，让切换动作发生在 50% 处，就像我们在本节刚开始所做的那样：

```
@keyframes blink { 50% { color: transparent } }

.highlight {
```

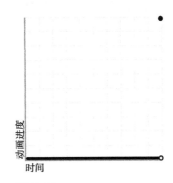

图 8-20

实际上 steps(1) 对动画的作用结果是这样的

```
    animation: 1s blink 3 steps(1); /* 或用step-end */
}
```

现在终于成功了！谁能猜到这个传统的硬切闪烁居然会比现代流畅的平滑闪烁更难实现？ CSS 永远让你惊喜不断……

▶ 试一试 play.csssecrets.io/**blink**

■ CSS 动画
http://w3.org/TR/css-animations

相关规范

打字动画

背景知识
基本的 CSS 动画，"逐帧动画"，"闪烁效果"

难题

有些时候，我们希望一段文本中的字符逐个显现，模拟出一种打字的效果。这个效果在技术类网站中尤为流行，用等宽字体可以营造出一种终端命令行的感觉。如果使用得当，它确实可以让整个网页的设计感提升一个档次。

通常来说，这个效果需要用到一堆又臭又长、难以理解的 JavaScript 代码。实际上这完全是纯表现层的问题，但用 CSS 来实现似乎仍是痴人说梦。慢着，或许它并非遥不可及？

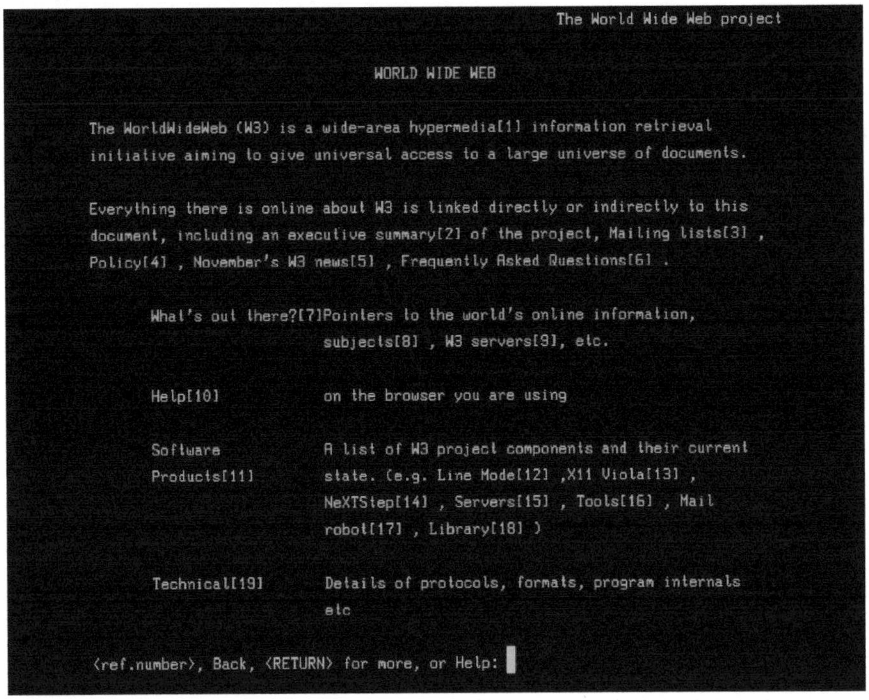

图 8-21

我们在为 CERN（欧洲核子研究委员会）打造一款**单行模式浏览器**的 Web 版模拟器（http://line-mode.cern.ch）的时候，用到了该动画效果的一个变种

解决方案

　　核心思路就是**让容器的宽度成为动画的主体**：把所有文本包裹在这个容器中，然后让它的宽度从 0 开始以步进动画的方式、一个字一个字地扩张到它应有的宽度。你可能已经察觉到了，这个方法是有局限的：**它并不适用于多行文本**①。然而幸运的是，在绝大多数情况下，我们把这种效果应用在类似标题的单行文本上。

　　另外一件需要注意的事情是，**动画的持续时间越长，动画效果越差**：持续时间较短的动画会让界面显得更加精致，在某些场景下还是有益于可用性的。反之，动画的持续时间越长，越容易让用户感到厌烦。因此，**即使这个技巧可以用在大段文本身上，也不一定是个好主意。**

　　好的，我们开始写代码吧！假设我们需要把这个动画效果应用到最顶级的标题（<h1>）上，并且已经它把设置为等宽字体了，结构代码如下所示（效果见**图 8-22**）：

CSS is awesome!

图 8-22

我们的起点

```html
<h1>CSS is awesome!</h1>
```

　　我们可以很容易地给它加上一个动画，让它的宽度从 0 变化到完整的宽度，就像这样：

---

① 理论上来说，我们也可以让多行文本实现这种动画效果，但这样一来就需要给每一行文本包一层容器，同时还要维护合适的动画延时（也就是说，整件事情得不偿失）。

```
@keyframes typing {
    from { width: 0 }
}

h1 {
    width: 7.7em; /* 文本的宽度 */
    animation: typing 8s;
}
```

代码看起来非常合理，对吧？但我们在**图 8-23** 中可以看到，它产生的结果简直就是车祸现场，跟我们想要的打字效果一点关系也没有。

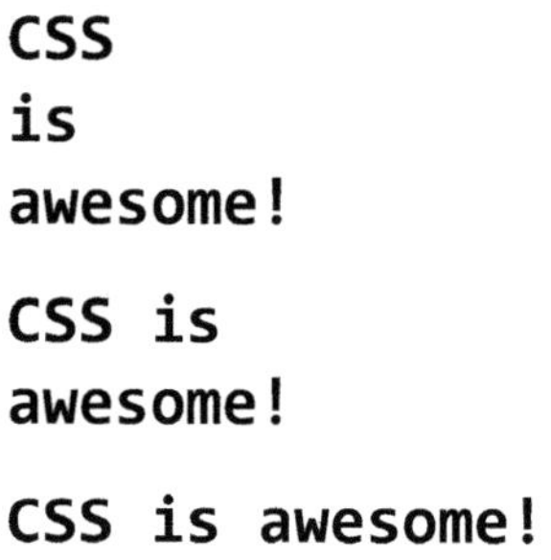

你可能已经猜到问题出在哪儿了。首先，我们忘了用 white-space: nowrap; 来阻止文本折行，因此文本的行数会随着宽度的扩张不断变化。其次，我们忘了加上 overflow: hidden;，所以超出宽度的文本没有被裁切掉。不过，当我们修复了这两个小问题之后，真正的大问题才会浮出水面（参见**图 8-24**）。

- 最明显的问题是整个动画是平滑连贯的，而不是逐字显现的。

- 另一个不那么明显的问题是，目前我们已经用 em 单位指定了宽度，虽然它比像素单位要好一些，但仍然不够理想。这个宽度为什么是 **7.7**？我们是怎么算出来的？

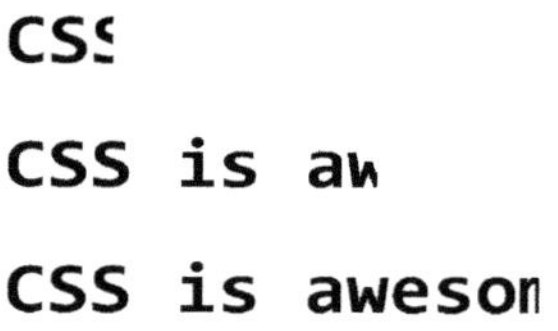

我们可以用 steps() 来修复第一个问题，就像"**逐帧动画**"和"**闪烁效果**"中所做的那样。但不幸的是，我们所需要的步进数量是由字符的数量来决定的，这显然是很难维护的，而且对于动态文字来说更是不可能维护的。不过，我们稍后将看到，可以用一小段 JavaScript 代码来把这件事情自动化。

第二个问题可以通过 ch 单位来缓解。这个 ch 单位是由 **CSS 值与单位（第三版）**（http://w3.org/TR/css3-values）规范引入的一个新单位，表示"0"字形的宽度。它应该是最不为人知的一个新单位，因为在绝大多数场景下，我们并不关心 0 这个字符显示出来到底有多宽。但对等宽字体来说，这是个例外。**在等宽字体中，"0"字形的宽度和其他所有字形的宽度是一样的。**因此，如果我们用 ch 单位来表达这个标题的宽度，那取值实际上就是字符的数量：在这个例子中就是 **15**。

我们把上面的这些想法综合起来：

```
@keyframes typing {
    from { width: 0; }
}

h1 {
    width: 15ch; /* 文本的宽度 */
    overflow: hidden;
    white-space: nowrap;
    animation: typing 6s steps(15);
}
```

CSS
is
awesome!

CSS is
awesome!

CSS is awesome!

图 8-23
我们尝试打字动画的第一步，完全没有模拟出打字的感觉

CSS

CSS is aw

CSS is aweson

图 8-24
我们的第二次尝试已经相当接近了，但还差那么一点

在 **图 8-25** 所展示的这几帧截图中可以看到，我们终于得到了期望已久的效果：这段文字是逐字显现出来的。不过，它看起来还不够逼真。你能看出它还缺了点什么吗？

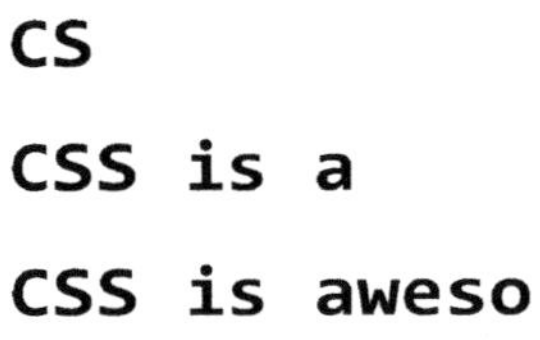

画龙点睛的最后一步，就是给它加上一个**闪烁的光标**。我们在上一节中已经弄清楚了闪烁动画的原理。在这个例子中，我们可以用一个伪元素来生成光标，并通过 opacity 属性来实现闪烁效果；我们也可以用右边框来模拟光标效果，这样就可以把有限的伪元素资源节省下来留作他用：

CS

CSS is a

CSS is aweso

图 8-25

现在这段文字终于可以逐字显现了，但似乎还缺了点什么

```css
@keyframes typing {
    from { width: 0 }
}
@keyframes caret {
    50% { border-color: transparent; }
}

h1 {
    width: 15ch; /* 文本的宽度 */
    overflow: hidden;
    white-space: nowrap;
    border-right: .05em solid;
    animation: typing 6s steps(15),
               caret 1s steps(1) infinite;
}
```

请注意，与文字逐个跳出的动画不同，光标的闪烁动画是需要无限循环的（即使所有的文字都显示完整之后仍然如此），因此我们需要用到 infinite 关键字。此外，这里并不需要指定边框的颜色，因为我们希望边框颜色自动与文字颜色保持一致。在 **图 8-26** 中，你可以看到整个动画效果的几幅静态截图。

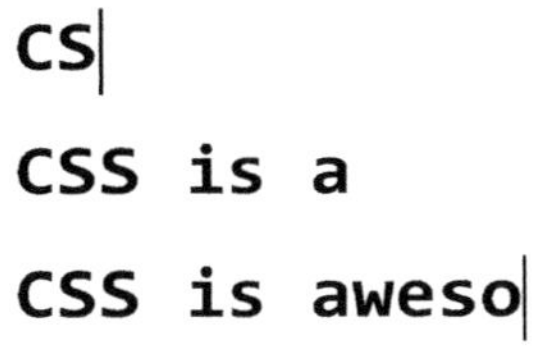

CS|

CSS is a

CSS is aweso|

图 8-26

在加上逼真的闪烁光标之后，我们的动画终于圆满完成了

这个动画现在的表现相当完美，不过还不是很易于维护：需要根据每个标题的字数来给它们分别指定不同的宽度样式，而且还需要在每次改变标题内容时同步更新这些宽度样式。显然，这种场景正是 JavaScript 的用武之地：

```javascript
$$('h1').forEach(function(h1) {
    var len = h1.textContent.length, s = h1.style;

    s.width = len + 'ch';
    s.animationTimingFunction = "steps("+len+"),steps(1)";
});
```

只需短短几行 JavaScript 代码，就可以取得两全其美的结果：不仅动画生动逼真，而且代码易于维护！

所有这些都是极好的，但如果浏览器不支持 CSS 动画的话又会如何？本质上所有与动画相关的效果都会被丢弃，所以最终起作用的样式只有如下几行：

```
h1 {
    width: 15ch; /* 文本的宽度 */
    overflow: hidden;
    white-space: nowrap;
    border-right: .05em solid;
}
```

图 8-27

对于不支持 CSS 动画的浏览器来
说，它们得到的回退样式是这样
的（**上图**：支持 ch 单位的情况；
下图：不支持 ch 单位的情况）

CSS is awesome!|

CSS is awesome! |

浏览器是否支持 ch 单位会决定最终的显示效果，实际显示出的回退样式将是**图 8-27** 所示的两种情况之一。如果你不希望出现第二种情况，也可以补一行以 em 作为单位的回退样式。如果你不希望在回退结果中看到一个不能闪烁的光标，可以把生成光标的边框样式写到关键帧中，这样当浏览器不支持动画时，就只会显示出一条看不见的透明边框了。代码如下所示：

```
@keyframes caret {
    50% { border-color: currentColor; }
}

h1 {
    /* ... */
    border-right: .05em solid transparent;
    animation: typing 6s steps(15),
               caret 1s steps(1) infinite;
}
```

这差不多已经实现了回退措施所能产生的最佳结果：在旧版浏览器中，没有动画效果，但同时也没有任何功能失常的情况出现，所有的文本都是具有完美可访问性的，而且文字的样式也与我们的设想别无二致。

▶ 试一试 play.csssecrets.io/**typing**

- CSS 动画
  http://w3.org/TR/css-animations

相关规范

- CSS 值与单位
  http://w3.org/TR/css-values

46

状态平滑的动画

背景知识

基本的 CSS 动画，animation-direction（在"闪烁效果"中曾简要
提及）

难题

不是所有动画都是在页面一加载好就立即播放的。更常见的情况是，
我们想**通过动画来响应用户的动作**，比如用户的鼠标悬停在某个元素上
（:hover），或者按住鼠标键（:active），等等。在这种场景下，我们将无
法控制动画实际的循环次数，因为用户的动作会随时中断动画，而此时动画
不可能刚好插到我们事先指定的循环次数。举例来说，用户的鼠标可能会
触发一个华丽的 :hover 动画，而在动画还没有播完的时候，鼠标就从元素
上移走了。在这种情况下，你觉得动画会如何收场呢？

如果觉得"动画应该停留在当前状态"或者"动画应该平滑地过渡回
开始状态"，那你就要大跌眼镜了。在默认情况下，动画只会**立即停止播放，
并生硬地跳回开始状态**[①]。对于某些非常细微的动画来说，这种行为还算可
以接受。但在绝大多数时候，这只会产生非常生硬的用户体验。我们有可能
改变这种行为吗？

[①] 这是我们尽可能采用过渡的另一个原因。此时动画会生硬地跳回开始状态，但过渡的行为则
完全不同，**过渡会反向播放**，从而平滑地过渡回原始状态。

图 8-28

我是在做一个简单的网页时，下定决心要为这个问题找到一个解决方案的。我当时打算把这个网页作为生日礼物送给我的朋友Julian（http://juliancheal.co.uk）。请注意右侧的圆形图片，这张图片原本是横幅的。圆形区域没有显露出图片的右半部分，而当用户的鼠标移到图上时，图片会缓慢地向左滚动，从而显露出原先被裁掉的部分。在默认情况下，当用户把鼠标移开时，图片会生硬地跳回原始位置，这很容易让人误以为 UI 崩坏了。因为这是一个非常小的网站，而这张图片又非常显眼，所以我实在无法对这个问题视而不见

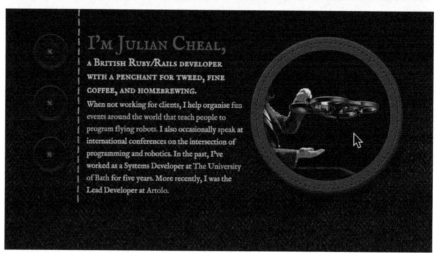

解决方案

假设我们有一张非常长的宽幅照片（比如**图 8-29**），但我们只能提供一个 150×150 的正方形区域来展示它。为了突破这种窘境，我们想到了动画的方法：在默认情况下只显示这张照片的左边缘，当用户跟它交互（比如鼠标悬停）的时候，让它滚动并显露出剩余的部分。我们只需要用到一个元素就可以显示这张图片了，稍后再给它的背景定位属性加上动画：

```
.panoramic {
    width: 150px; height: 150px;
    background: url("img/naxos-greece.jpg");
    background-size: auto 100%;
}
```

图 8-29

naxos-greece.jpg 这张图片的完整样貌；我们在本篇攻略中会一直用到它（照片拍摄者为 Chris Hutchison）

现在，它看起来如**图 8-30** 所示，没有任何动画效果或交互效果。接下来，我们可以试试手动改变它的 background-position 属性值。实际上当这个值从原本的 0 0 一直变化到 100% 0 时，我们就会看到这张图片从左侧一直滚动到右侧的完整过程。这不就是我们需要的动画关键帧嘛！

```
@keyframes panoramic {
    to { background-position: 100% 0; }
}

.panoramic {
    width: 150px; height: 150px;
    background: url("img/naxos-greece.jpg");
    background-size: auto 100%;
    animation: panoramic 10s linear infinite alternate;
}
```

图 8-30

这张图片被裁切后的效果

这个方法立竿见影。它的效果有些像全景视图，仿佛身临其境环顾左右。不过，这个动画是在页面加载后就立即触发的，在某些场景下这很可能会**干扰**到用户。比如说，在一个旅游网站上，用户可能想集中注意力去阅读纳克索斯岛的说明文字，而不是一直观赏这张全景图片。因此，如果动画是**当用户鼠标悬停时才开始播放**的，那效果就更加理想了。于是，我们接下来又迈出了这一步：

```
.panoramic {
    width: 150px; height: 150px;
    background: url("img/naxos-greece.jpg");
    background-size: auto 100%;
}

.panoramic:hover, .panoramic:focus {
    animation: panoramic 10s linear infinite alternate;
}
```

当我们把鼠标悬停到图片上时，它真的达到了我们的期望：它会从图片的最左侧区域开始，向右慢慢滚动，并逐渐显示出图片的右侧区域。不过，当我们把鼠标移出图片时，它就会生硬地跳回最左侧（参见**图 8-31**）。我们终于碰到本节开头所描述的那个问题了！

图 8-31

鼠标悬停时动画是十分平滑的，但当鼠标移出时，动画就直接跳回初始状态了，整个效果功亏一篑

为了修复这个问题，我们需要换个角度来思考：我们在这里到底想要实现什么样的结果。我们需要的并不是在 :hover 时应用一个动画，因为这意味着动画被中断时的状态是无处保存的。我们需要的是**当失去 :hover 状态时暂停动画**。幸运的是，有一个属性正好是为暂停动画的需求专门设计的：animation-play-state！

图 8-32

现在鼠标移出后只会将动画暂停，再也不会生硬地跳回初始状态了

因此，我们需要把动画加在 .panoramic 这条样式中，但是让它一开始就处于暂停状态，直到 :hover 时再启动动画。这再也不是添加和取消动画的问题了，而只是**暂停和继续一个一直存在的动画**，因此**再也不会有生硬的跳回现象了**。最终代码如下所示，你可以在**图 8-32** 中看到实际效果：

```
@keyframes panoramic {
    to { background-position: 100% 0; }
}

.panoramic {
    width: 150px; height: 150px;
    background: url("img/naxos-greece.jpg");
    background-size: auto 100%;
    animation: panoramic 10s linear infinite alternate;
    animation-play-state: paused;
}

.panoramic:hover, .panoramic:focus {
    animation-play-state: running;
}
```

▶试一试 play.csssecrets.io/**state-animations**

■ CSS 动画
http://w3.org/TR/css-animations

相关规范

沿环形路径平移的动画

背景知识

CSS 动画，CSS 变形，"平行四边形"，"菱形图片"，"闪烁效果"

难题

几年前，当 CSS 动画横空出世时，大家都兴奋不已。当时 Chris Coyier（http://css-tricks.com）问我有没有办法用 CSS 动画来让一个元素沿着环形路径动起来。刚开始的时候，我以为这只是一道好玩的 CSS 练习题，但后来才发现，有不少实际案例真的会用到这个效果。举例来说，Google+ 就用到了这样的动画效果：当一个圈子的成员数量超过 11 但仍有新成员加入时，已有成员的头像会在环形路径上转动，并为这个新成员腾出空间。

在俄罗斯的一家技术网站 habrahabr.ru 上，我们还可以看到另一个有趣的例子（参见图 8-34）。和其他所有经过精心设计的网站一样，它的 404 页面也提供了一个导航菜单，引导用户跳转到网站的几大核心页面。它别出心裁的地方在于，把各个菜单项设计成了一颗颗在环形轨道上运转的星球，并在菜单上方打出标语"飞向宇宙中的另一颗星球"。每颗星球都附有一行注解文字，因此这些星球在沿着环形轨道进行移动的同时，需要保持自身的角度不发生变化，否则它们的注解文字就会飘乎不定、很难看清。

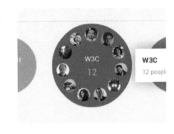

图 8-33

Google+ 在展示新成员加入"圈子"的动作时，使用了一个基于环形路径的动画效果

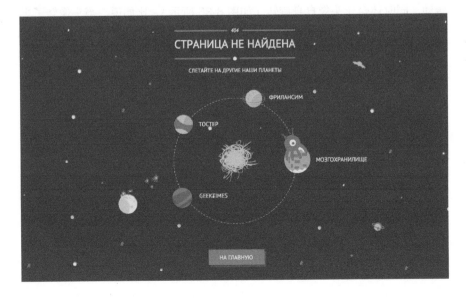

图 8-34

俄罗斯技术网站 habrahabr.ru 的404 页面

类似的例子还有很多,不一而足。可是,我们怎样才能用 CSS 来实现这样的效果呢?

接下来要讨论的是一个非常简单的例子,我们会让一幅头像图片沿着环形路径动起来,可以看作是上述 Google+ 效果的简化版本。结构代码是这样的:

```html
<div class="path">
    <img src="lea.jpg" class="avatar" />
</div>
```

图 8-35

在应用了一些基本的样式之后,我们的起点就是这样的。现在我们可以放手玩一玩 CSS 动画了

在开始考虑动画之前,我们先给它加上一些基本的样式(比如尺寸、背景、外边距等),这样它就会变成**图 8-35** 中的样子了。这些样式是相当基础的,这里就不详细展开了,但如果你对此还有一些疑问的话,可以自己研究一下后面的示例链接。有一点需要我们牢记在心:这条环形路径的直径是 **300px**,因此半径就是 **150px** [①]。

在添加完基本的样式之后,我们就要开始思考动画了。我们希望这个头像顺着外围的橙色大圆以转圈的方式进行移动。如何利用 CSS 动画来达到这个目的呢?当这个问题拦在面前的时候,很多人可能会不加思索地写出下面的代码:

```css
@keyframes spin {
    to { transform: rotate(1turn); }
}

.avatar {
    animation: spin 3s infinite linear;
    transform-origin: 50% 150px; /* 150px = 路径的半径 */
}
```

这一步迈出的方向是正确的,但问题在于,它不仅让头像沿着环形路径转动,同时还会让头像自身旋转(如**图 8-36** 所示)。比如说,当头像转了半圈的时候,是头朝下的。如果有文字的话,那文字也会是颠倒的,这在可读性方面可是一个严重的问题。因此我们希望它只是**沿着环形进行移动**,同时保持**自己本来的朝向**。

图 8-36

这几张静态截图说明我们迈出的第一步还不够成功

---

① 如果你还不确定如何用 CSS 来生成**环形**,请参阅"自适应的椭圆"。

在当时，不论是我还是 Chris 都没有想出一个合理的办法。我们当时所能想到的最好办法就是用大量的关键帧来模拟出环形的路径，而这显然从哪个层面看都不是一个好主意。革命尚未成功，同志仍须努力啊！

需要两个元素的解决方案

那次讨论已经告一段落，但我心里其实一直没有放下。终于，在 Chris 提出这个挑战的几个月后，我交出了一份答卷。这个答案背后最主要的思路与"平行四边形"或者"菱形图片"中提到的"嵌套的两层变形会相互抵消"如出一辙：**用内层的变形来抵消外层的变形效果**。不过，这一次可不是静态的抵消了，这次的抵消作用是**贯穿于整个动画的每一帧**的。需要注意的是，跟上述两篇攻略一样，我们需要两层元素。因此，需要把原来清爽的 HTML 代码稍作处理，给头像套上一层额外的 div：

```html
<div class="path">
    <div class="avatar">
        <img src="lea.jpg" />
    </div>
</div>
```

我们把早先尝试的那个动画应用到 `.avatar` 这个容器身上。但现在的效果仍然是**图 8-36** 中的老样子，因为这个元素自身仍然会旋转。不过，假设我们对头像元素**设置另一个旋转动画，让它以相反的方向自转一周**，会发生什么呢？这两层旋转的作用会在头像上相互抵消，我们只会看到父元素旋转所产生的环绕动作！

不过还有一个问题需要考虑：我们当前所面临的并不是一个可以抵消的静态旋转变形，而是一个在一定角度范围内连续运转的动画。举例来说，如果角度是固定的 `60deg`，我们可以用 `-60deg`（或 `300deg`）来抵消它，如果是 `70deg`，那我们可以用 `-70deg`（或 `290deg`）来抵消。但现在它可能是 `0-360deg`（或 `0-1turn`）的任意角度，那我们该用什么来抵消它呢？答案比看起来要简单得多。只需把头像的动画设置为相反的角度范围（`360-0deg`）即可，就像这样：

```css
@keyframes spin {
    to { transform: rotate(1turn); }
}
@keyframes spin-reverse {
    from { transform: rotate(1turn); }
}

.avatar {
    animation: spin 3s infinite linear;
    transform-origin: 50% 150px; /* 150px = 路径的半径 */
}

.avatar > img {
```

```
    animation: spin-reverse 3s infinite linear;
}
```

这样一来，在任意时间点上，假设第一套动画的旋转角度是 x，那么第二套动画的旋转角度就正好是 360 − x，因为前者的角度值是不断增加的，而后者则是相应减少的。这正是我们所期望的。于是在**图 8-37** 中可以看到，它终于产生了我们梦寐以求的效果。

图 8-37
我们现在达到了想要的动画效果，但代码稍显臃肿

虽然效果已经达到了，但这段代码仍然是有必要继续改进的。比如说，两套动画中的各个参数其实是重复了两次的。如果我们需要调整动画周期的话，还要修改两处，这显然是不够 DRY 的。我们可以很容易地解决这个问题，让内层动画从父元素那里继承所有的动画属性，然后把动画名覆盖掉就可以了：

```
@keyframes spin {
    to { transform: rotate(1turn); }
}
@keyframes spin-reverse {
    from { transform: rotate(1turn); }
}

.avatar {
    animation: spin 3s infinite linear;
    transform-origin: 50% 150px; /* 150px = 路径的半径 */
}

.avatar > img {
    animation: inherit;
    animation-name: spin-reverse;
}
```

不过再想一想，如果只是为了反转第一套动画，就又建了一套新动画，有点浪费啊。还记得我们在"**闪烁效果**"中所提到的 animation-direction 属性吗？在那一篇攻略中，我们已经领会到了 alternate 这个值的实用之处。而在这里，我们将会用到 reverse 这个值，它可以得到**原始动画的反向版本**，这样我们就可以利用一套关键帧实现两套旋转动画：

```
@keyframes spin {
    to { transform: rotate(1turn); }
```

```
}

.avatar {
    animation: spin 3s infinite linear;
    transform-origin: 50% 150px; /* 150px = 路径的半径 */
}

.avatar > img {
    animation: inherit;
    animation-direction: reverse;
}
```

这样就差不多了！这个方案可能还算不上完美，毕竟需要加一层额外的元素，但是，我们只用了不到 10 行 CSS 代码就实现了一个非常复杂的动画，已经相当不容易了！

▶ 试一试　play.csssecrets.io/**circular-2elements**

单个元素的解决方案

上面的技巧很有效，但还不够理想，因为它需要修改 HTML 结构。当我最开始想出这个技巧时，就立即写了一封邮件发给 CSS 工作组的邮件列表[①]（那时候我还不是其中一员），建议规范允许开发者为同一个元素指定多个变形原点。这样的话，只需要一个元素就可以实现本节所讨论的动画效果了，因此这看起来是一个非常合理的功能需求。

这次讨论相当热烈，把讨论推向高潮的正是 CSS 变形规范当时的一位编辑 Aryeh Gregor 所说的那句让人一时摸不着头脑的话：

> "transform-origin 只是一个语法糖而已。实际上你总是可以用 translate() 来代替它。"
>
> ——Aryeh Gregor

他确实一语道破天机：每个 transform-origin 都是可以被两个 translate() 模拟出来的。比如，下面两段代码实际上是等效的：

```
transform: rotate(30deg);
transform-origin: 200px 300px;



transform: translate(200px, 300px)
           rotate(30deg)
           translate(-200px, -300px);
transform-origin: 0 0;
```

[①] 你可以在 lists.w3.org/Archives/Public/www-style/2012Feb/0201.html 读到完整的讨论。

这乍看起来确实有些费解，但只要我们牢记**变形函数并不是彼此独立的**，这个道理就会逐渐清晰起来。每个变形函数并不是只对这个元素进行变形，而且会**把整个元素的坐标系统进行变形**，从而影响所有后续的变形操作。**这也说明了为什么变形函数的顺序是很重要的**，变形属性中不同函数的顺序如果被打乱，可能会产生完全不同的结果。如果你对此仍有疑惑，**图8-38**应该可以帮助你消除困扰。

图 8-38

如何用两次位移变形（translate）来代替变形原点（transform-origin）的作用。红色圆点表示每次变形的原点。**上图**：演示了 transform-origin 的原理；**下图**：以分步的方式演示了两次位移代替 transform-origin 的原理

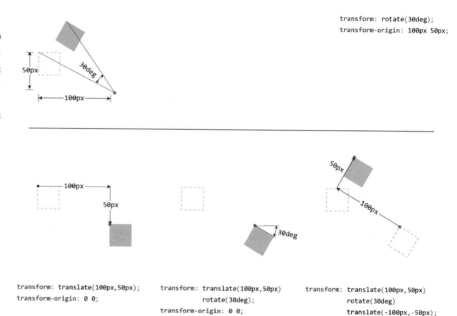

因此，借助这个思路，我们就可以基于同一个 `transform-origin` 来实现前面用到的两个旋转动画（我们会再次把动画分成两套，因为现在它们的关键帧已经完全不一样了）：

```
@keyframes spin {
    from {
        transform: translate(50%, 150px)
                   rotate(0turn)
                   translate(-50%, -150px);
    }
    to {
        transform: translate(50%, 150px)
                   rotate(1turn)
                   translate(-50%, -150px);
    }
}
@keyframes spin-reverse {
    from {
        transform: translate(50%,50%)
                   rotate(1turn)
                   translate(-50%,-50%);
    }
    to {
```

```
            transform: translate(50%,50%)
                       rotate(0turn)
                       translate(-50%, -50%);
    }
}

.avatar {
    animation: spin 3s infinite linear;
}

.avatar > img {
    animation: inherit;
    animation-name: spin-reverse;
}
```

这段代码看起来臃肿得可怕，但别着急，我们接下来会大幅度改进它的。请注意，我们现在已经不需要不同的变形原点了，而这正是我们先前需要动用两个元素（和两套动画）的唯一理由。由于现在所有变形函数所使用的都是相同的原点，我们可以把这两套动画合并为一套，并只用在 `.avatar` 这一个元素上[①]：

```
@keyframes spin {
    from {
        transform: translate(50%, 150px)
                   rotate(0turn)
                   translate(-50%, -150px)
                   translate(50%,50%)
                   rotate(1turn)
                   translate(-50%,-50%)
    }
    to {
        transform: translate(50%, 150px)
                   rotate(1turn)
                   translate(-50%, -150px)
                   translate(50%,50%)
                   rotate(0turn)
                   translate(-50%, -50%);
    }
}

.avatar { animation: spin 3s infinite linear; }
```

代码质量显然已经上了一个台阶，但仍然比较冗长、难以理解。我们可以让它更加简单直观一些吗？确实还有几个值得一试的改进方法。

我们先从最简单的地方入手，把连续的 `translate()` 变形操作合并起来，尤其是 `translate(-50%, -150px)` 和 `translate(50%, 50%)` 这样的情况。但遗憾的是，百分比值和绝对长度是无法合并的（除非使用 `calc()`，但那样一来代码同样会相当臃肿）。尽管如此，单纯水平方向上的位移还是

[①] 请注意，到了这一步，就不再需要两层 HTML 元素了：我们可以把 avatar 这个类直接加在图片上，然后就可以去掉它外层的容器元素了，因为我们不再需要对这两层元素分别设置样式了。

可以相互抵消的，因此这基本上相当于我们只在 *Y* 轴上做了两次位移操作（translateY(-150px) translateY(50%)）。此外，由于同一关键帧内的两次旋转也会相互抵消，我们还可以把旋转之前和之后的水平位移动作去掉，再把垂直位移合并起来。这样一来就得到了如下的关键帧：

```
@keyframes spin {
    from {
        transform: translateY(150px) translateY(-50%)
                   rotate(0turn)
                   translateY(-150px) translateY(50%)
                   rotate(1turn);
    }
    to {
        transform: translateY(150px) translateY(-50%)
                   rotate(1turn)
                   translateY(-150px) translateY(50%)
                   rotate(0turn);
    }
}

.avatar { animation: spin 3s infinite linear; }
```

这样代码会稍短一些，重复度也稍低一些，但还不够好。我们还能更进一步吗？如果**把头像放在圆心并以此作为起点**（如**图 8-39** 所示），我们就可以消除最开始的那两个位移操作了，而实际上这两个位移在本质上所做的就是把它放在圆心。然后，这个动画就会变为：

图 8-39

如果我们在一开始是把头像居中的，那么关键帧代码还可以再稍微精简一些；此外，万一浏览器不支持动画的话，这个状态也将是我们得到的回退样式（这种样式可能是也可能不是我们希望看到的）

```
@keyframes spin {
    from {
        transform: rotate(0turn)
                   translateY(-150px) translateY(50%)
                   rotate(1turn);
    }
    to {
        transform: rotate(1turn)
                   translateY(-150px) translateY(50%)
                   rotate(0turn);
    }
}

.avatar { animation: spin 3s infinite linear; }
```

这似乎已经是我们在当下所能做到的最优结果了。代码还没有彻底满足 DRY 的要求，但已经相当简短了。我们已经尽可能**减小了代码的重复度，而且除去了冗余的 HTML 元素**。如果要让它变得完全 DRY，避免路径的半径值在代码中重复出现，那就需要请出预处理器了。这一步就作练习留给各位读者去思考吧！

▶试一试　play.csssecrets.io/**circular**

按规范分类

CSS 动画
w3.org/TR/css-animations

42 缓动效果 196

43 逐帧动画 205

44 闪烁效果 209

45 打字动画 212

46 状态平滑的动画 217

47 沿环形路径平移的动画 221

CSS 背景与边框
w3.org/TR/css-backgrounds

1 半透明边框 18

2 多重边框 20

3 灵活的背景定位 22

4 边框内圆角 25

5 条纹背景 27

6 复杂的背景图案 33

7 伪随机背景 43

8 连续的图像边框 46

9 自适应的椭圆 52

12 切角效果 63

14 简单的饼图 75

15 单侧投影 87

19 折角效果 105

22 文本行的斑马条纹 119

26 自定义下划线 129

30 扩大可点击区域 147

32 通过阴影来弱化背景 153

34 滚动提示 159

35 交互式的图片对比控件 164

CSS 背景与边框（第四版）
dev.w3.org/csswg/css-backgrounds-4

12 切角效果 63

CSS 基本 UI 特性
w3.org/TR/css3-ui

2 多重边框 20

4 边框内圆角 25

35 交互式的图片对比控件 164

CSS 盒对齐
w3.org/TR/css-align

40 垂直居中   185

CSS 伸缩盒布局
w3.org/TR/css-flexbox

40 垂直居中   185
41 紧贴底部的页脚   191

CSS 字体
w3.org/TR/css-fonts

24 连字   123
25 华丽的 & 符号   125

CSS 图像
w3.org/TR/css-images

5 条纹背景   27
6 复杂的背景图案   33
7 伪随机背景   43
8 连续的图像边框   46
12 切角效果   63
14 简单的饼图   75
19 折角效果   105
22 文本行的斑马条纹   119
26 自定义下划线   129
34 滚动提示   159
35 交互式的图片对比控件   164

CSS 图像（第四版）
w3.org/TR/css4-images

5 条纹背景   27

CSS 复杂的背景图案
6 复杂的背景图案   33
14 简单的饼图   75

CSS 内部与外部尺寸模型
w3.org/TR/css3-sizing

36 自适应内部元素   173

CSS 遮罩
w3.org/TR/css-masking

11 菱形图片   60
12 切角效果   63

CSS 文本
w3.org/TR/css-text

20 连字符断行   113
23 调整 tab 的宽度   121

CSS 文本（第四版）
dev.w3.org/csswg/css-text-4

20 连字符断行   113

CSS 文本装饰效果
w3.org/TR/css-text-décor

26 自定义下划线   129
27 现实中的文字效果   132

CSS 变形
w3.org/TR/css-transforms

10 平行四边形   57
11 菱形图片   60
12 切角效果   63
13 梯形标签页   71

14 简单的饼图	75	
19 折角效果	105	
35 交互式的图片对比控件	164	
40 垂直居中	185	
47 沿环形路径平移的动画	221	

CSS 过渡
w3.org/TR/css-transitions

11 菱形图片	60
12 切角效果	63
17 染色效果	93
33 通过模糊来弱化背景	157
42 缓动效果	196

CSS 值与单位
w3.org/TR/css-values

3 灵活的背景定位	22
32 通过阴影来弱化背景	153
40 垂直居中	185
41 紧贴底部的页脚	191
45 打字动画	212

图像混合效果
w3.org/TR/compositing

17 染色效果	93
35 交互式的图片对比控件	164

滤镜效果
w3.org/TR/filter-effects

16 不规则投影	91
17 染色效果	93
18 毛玻璃效果	97
33 通过模糊来弱化背景	157
35 交互式的图片对比控件	164

全屏 API
fullscreen.spec.whatwg.org

32 通过阴影来弱化背景	153

可缩放矢量图形（SVG）
w3.org/TR/SVG

6 复杂的背景图案	33
14 简单的饼图	75
28 环形文字	138

选择符
w3.org/TR/selectors

31 自定义复选框	149
38 根据兄弟元素的数量来设置样式	178

TURING
图灵教育

站在巨人的肩上
Standing on the Shoulders of Giants

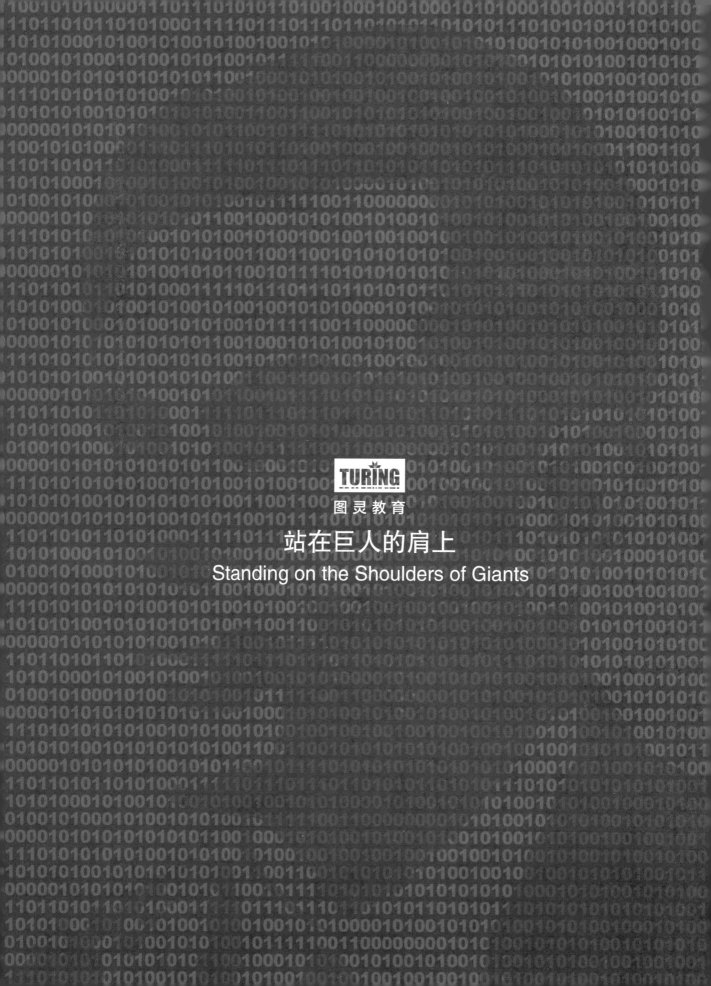

TURING
图灵教育

站在巨人的肩上
Standing on the Shoulders of Giants